LIVRE
D'AGRICULTURE PRATIQUE,

CONTENANT TOUT CE QU'IL EST UTILE DE SAVOIR

SUR :

1° L'AGRICULTURE PROPREMENT DITE ;
2° L'HORTICULTURE, OU CULTURE DES JARDINS ET DES FLEURS ;
3° L'ARBORICULTURE, OU TRAITÉ DES ARBRES EN GÉNÉRAL, NOTAMMENT DES ARBRES FRUITIERS, COMPRENANT LA CRÉATION DE PÉPINIÈRES COMMUNALES, etc., etc.

Complété

PAR LA CULTURE DE LA VIGNE, L'ÉDUCATION DES ABEILLES, LA LÉGISLATION RURALE — ET LE CALENDRIER DU CULTIVATEUR, OU INDICATION DU TRAVAIL DE CHAQUE MOIS DE L'ANNÉE.

OUVRAGE DÉDIÉ AUX ÉCOLES ET AUX CULTIVATEURS.

PAR J. J. DUPRAT.

Que j'aime le mortel noble dans ses penchants,
Qui cultive à la fois son esprit et ses champs !
DELILLE.

A LEVIGNACQ-DES-LANDES, chez l'Auteur.

1859.

LIVRE

D'AGRICULTURE PRATIQUE.

Mont-de-Marsan. — Ve Leclercq, impr. de la Préfecture.

LIVRE
D'AGRICULTURE PRATIQUE,

CONTENANT TOUT CE QU'IL EST UTILE DE SAVOIR

SUR :

1° L'AGRICULTURE PROPREMENT DITE ;

2° L'HORTICULTURE, OU CULTURE DES JARDINS ET DES FLEURS

3° L'ARBORICULTURE, OU TRAITÉ DES ARBRES EN GÉNÉRAL, NOTAMMENT DES ARBRES FRUITIERS, COMPRENANT LA CRÉATION DE PÉPINIÈRES COMMUNALES, etc., etc.

Complété

PAR LA CULTURE DE LA VIGNE, L'ÉDUCATION DES ABEILLES, LA LÉGISLATION RURALE — ET LE CALENDRIER DU CULTIVATEUR, OU INDICATION DU TRAVAIL DE CHAQUE MOIS DE L'ANNÉE.

OUVRAGE DÉDIÉ AUX ÉCOLES ET AUX CULTIVATEURS.

PAR J. J. DUPRAT.

Que j'aime le mortel noble dans ses penchants,
Qui cultive à la fois son esprit et ses champs !
DELILLE.

A LEVIGNACQ-DES-LANDES, chez l'Auteur.

—

1859.

PRÉFACE.

Avant de commencer notre cours d'agriculture, nous croyons devoir expliquer en deux mots les motifs qui nous donnent la hardiesse de le publier, et dire l'esprit dans lequel il a été conçu :

Réunir en peu de lignes les principes élémentaires de la science agricole et horticole qu'il faut aller puiser épars dans une multitude d'ouvrages spéciaux, souvent inabordables pour une partie des lecteurs ; — mettre ainsi ces connaissances usuelles et pratiques à la portée de toutes les intelligences ; — donner aux cultivateurs des notions claires et précises sur tout ce qu'il leur importe le plus de savoir ; — offrir aux maîtres et aux élèves des écoles rurales auxquels notre livre est plus spécialement destiné un *vademecum* qui aide la mémoire des uns dans la direction de ce nouvel enseignement, des autres dans leurs études : tel est le but que nous nous sommes proposé.

Nous ne dirons pas combien de recherches ce travail simplificatif nous a coûtées ; nous devons seulement déclarer que nous avons compulsé tous les ouvrages des savants justement estimés ; tels que : *Maison rustique du 19ᵐᵉ siècle, Dombasle, Neveu-Derotrie, Louis Du-Bois, etc., etc.*, et en avons extrait ce qui nous a paru le plus utile. — Notre livre est donc non seulement le résumé de notre propre expérience ; mais encore et en quelque sorte l'analyse des meilleurs traités d'agriculture.

Est-ce à dire toutefois que nous ayons la prétention d'avoir rempli le modeste programme que nous nous étions tracé ? — Nous ne l'espérons pas ; mais toute œuvre est perfectible : — Aussi comptons nous sur les conseils d'une critique amie pour nous signaler les défauts, les erreurs peut-être de cet opuscule et toujours les améliorations à y introduire.

Nous demandons ces conseils en toute humilité et les réclamons comme un secours nécessaire.

Un mot maintenant sur le plan de l'ouvrage.

Le cours d'agriculture que nous présentons au public, est divisé en trois parties.

La première contient l'Agriculture proprement dite ; comprenant l'étude du sol, les amendements, les engrais, les instruments aratoires et les travaux qui ont pour but les labours, la culture des céréales, des fourrages et autres plantes commerciales, et ceux qui ont trait aux irrigations, au drainage, à la récolte, à l'utilisation des produits et aux soins à donner aux animaux domestiques.

La deuxième partie comprend l'Horticulture, ou jardinage, ayant pour objet tout ce qui a rapport à la culture spéciale des différents légumes, des plantes aromatiques et médicinales, des fleurs, etc.

La troisième partie traite de l'Arboriculture, et comprend la *création de pépinières communales*, les semis, les greffes, les plantations, le verger, la taille, l'ébourgeonnement, le choix des meilleures espèces de fruits, la culture des arbres fruitiers, etc., etc.

Terminé par la culture de la vigne, l'éducation des Abeilles, *La Législation rurale* et le Calendrier du Cultivateur.

Ces trois branches d'une même science, distinctes en apparence, se lient tellement dans la pratique qu'elles font évidemment partie de la culture du sol et doivent être enseignées simultanément. — En effet, un domaïne, une métairie, une ferme quelconque, se composant tout à la fois de terres labourables, de prairies, de jardins, d'arbres fruitiers, de vignes, de forêts, d'animaux domestiques, etc., un cours d'agriculture doit comprendre nécessairement toutes les notions contenues dans notre livre.

Nous n'avons pas cru devoir surcharger notre ouvrage d'une foule de figures qui rappelleraient inutilement aux cultivateurs la forme des instruments aratoires, des animaux, des céréales et autres plantes. Les habitants des campagnes savent toutes ces choses mieux que par les livres : ils les connaissent par leurs yeux aussi bien que les plus habiles dessinateurs.

J. J. DUPRAT.

INTRODUCTION

ORIGINE ET IMPORTANCE DE L'AGRICULTURE.

CONSIDÉRATIONS GÉNÉRALES.

De tous les métiers exercés par le bras de l'homme, de tous les arts cultivés par son intelligence, le *Labourage* a été le seul *divinement* imposé au roi de la création.

L'Agriculture remonte à l'origine du monde. — Dès les premiers siècles, les hommes sentirent la nécessité d'accroître leurs ressources à mesure que la population devenait plus nombreuse et que leurs besoins se multipliaient. C'est ainsi que les hommes commencèrent à défricher la terre et lui confièrent diverses semences, dont les produits firent ensuite leur nourriture.

Faible et grossière d'abord, la culture acquit peu à peu une plus grande importance ; les meilleurs cultivateurs devinrent les personnages les plus considérés de leur tribu. Plustard, ce fut parmi eux que l'on choisit les généraux, les consuls, les sénateurs, etc.

Aujourd'hui, comme dès l'origine du monde, le travail agricole apparaît tellement en harmonie avec les forces, les facultés, les goûts, les besoins de l'homme, qu'il devient pour ainsi dire l'indispensable obligation de son existence.

A l'agriculture seule a été confié le noble soin de nourrir le genre humain et d'entretenir dans chacun de nous cette lampe mystérieuse qu'on appelle la vie Les plus illustres personnages, quels que soient le rang qu'ils occupent, les dignités dont ils sont revêtus, sont forcés deux fois le jour de venir, en confessant leur dependance, adresser à l'homme des champs cette prière que lui même n'adresse qu'à Dieu : *Donnez-nous aujourd'hui notre pain de chaque jour.*

Dieu l'a voulu ainsi pour honorer dans l'humble cultivateur son coopérateur dans l'ordre de la nature, son associé dans les soins bienfaisants de sa providence.

L'agriculture possède donc des titres à notre reconnaissance inscrits au premier feuillet des archives du monde et dignes de fixer l'attention du législateur, du philosophe et de l'économiste.

Apprendre de bonne heure à manier la bêche, la charrue, la faucille, tous ces honorables instruments de la fécondité de la terre, de l'aisance du cultivateur, de l'indépendance du citoyen, de la moralité de l'homme, c'est apprendre à être honnête et heureux. La vie des champs apaise les passions, accroît la bienveillance, rapproche les hommes et leur apprend à s'aimer les uns les autres, en travaillant ensemble à tirer de la terre, selon la parole de Dieu, tous les trésors promis à l'union de la force et de l'intelligence.

L'histoire des peuples anciens et modernes atteste que les grands hommes ont toujours et partout honoré le travail agricole comme la source la plus féconde de la prospérité des États : Cincinnatus et tant d'illustres romains déposaient le glaive pour aller conduire la charrue ; Dioclétien trouvait plus de bonheur à gouverner ses laitues à Salone qu'à tenir dans Rome les rênes de l'Empire du monde ; le grand Condé soignait ses œillets de la même main qui gagnait des batailles ; et, dans la Chine, on voit encore le Souverain tracer lui-même, chaque année, un sillon et donner ainsi à ses sujets l'exemple du labourage.

Mais à aucune époque et sous aucun gouvernement, il faut le reconnaître, l'agriculture n'a été autant en honneur que de nos jours. Sa Majesté l'Empereur, dans sa sollicitude pour le bien-être des classes laborieuses, a conçu une grande et féconde pensée qui consiste à propager dans les campagnes les connaissances agricoles et horticoles avec toutes les méthodes perfectionnées que l'on doit aux progrès de la science.

Et, dans ce but, un programme d'agriculture pratique a été proposé à Sa Majesté par M. le Ministre de l'instruction publique dans son rapport du 16 février 1856, et approuvé par l'Empereur pour les écoles normales primaires d'abord pour être introduit plus tard, comme complément nécessaire, dans les écoles rurales.

Cette mesure pleine de prévoyance et de sagesse, en généralisant l'enseignement de l'agriculture en France, produira à coup sûr un bien immense.

Car, en présence des déficits dont le retour n'est que trop fréquent. et des causes qui, en augmentant la population, augmentent aussi la consommation, il est du devoir de tous et de chacun de redoubler d'efforts pour accroître la production alimentaire en grains et en bestiaux et assurer la subsistance nationale par nos propres produits, sans être obligés, comme dans les dernières années qui viennent de s'écouler, d'aller échanger à l'étranger l'or de la France pour des céréales. Il s'agit donc de cultiver de plus en plus et de mieux en mieux.

Une voix puissante l'a proclamé : « Les progrès de l'a-
» griculture doivent être un des objets de *notre constante*
» *sollicitude*; car c'est de son amélioration ou de son déclin
» que date la prospérité ou la décadence des empires. »

Ces paroles mémorables du Chef de l'Etat ne doivent-elles pas stimuler le zèle des agriculteurs et encourager les efforts de ceux qui consacrent leurs loisirs au perfectionnement de l'agriculture ?

En conséquence, les livres qui apprennent aux cultivateurs les moyens de faire rendre à la terre tout ce qu'il est scientifiquement possible de lui demander, ne sauraient être trop nombreux ni trop répandus dans les campagnes. Du reste, l'amélioration de l'agriculture qui est une question d'intérêt général, offre un champ assez vaste pour exercer toutes les intelligences, tous les dévouements ; et la concurrence qui s'établit naturellement entre des ouvrages analogues ne peut que tourner au profit de la science et hâter le progrès.

Pendant longtemps, nous avons cultivé de nos mains les champs, les vignes, les jardins et les arbres fruitiers. Nous ne donnons, par conséquent, sur les divers procédés de culture que des conseils sanctionnés par le succès de l'expérience.

Les parties les plus arriérées de l'agriculture en France sont l'horticulture et surtout l'arboriculture. — Quand on voit acheter fort cher des fruits à peu près sauvages, fruits qu'il serait cependant si facile d'améliorer par le moyen des greffes, on se demande si un bon arbre tient plus de place qu'un mauvais. — Or, il est évident que la culture des bonnes espèces, soit en fruits, soit en légumes, n'est pas plus difficile que celle des mauvaises ou des médiocres. Ce ne sont pas d'ailleurs les consommateurs qui manquent ; ce sont les produits. — Aussi, soumettons-nous avec confiance à tous les cultivateurs, dans l'espoir de la voir adopter, principalement *l'idée originale de la création de pépinières communales et particulières,* destinées à propager *sans frais* dans les campagnes les arbres fruitiers et par suite les bonnes espèces de fruits, presque inconnues dans certains départements.

Dans quelques années, lorsque l'enseignement agricole et horticole sera répandu dans les campagnes ; que les fermes se seront enrichies d'un enclos bien fourni, de légumes plus variés, de fruits plus abondants et plus savoureux ; qu'une alimentation meilleure et un notable accroissement de bien-être auront pénétré dans chaque ménage ; est-il défendu d'espérer qu'alors nous aurons rattaché au foyer de la famille cette foule de jeunes gens qu'en éloigne parfois un malaise, hélas ! trop réel, et qu'éblouit et qu'entraîne le mirage trompeur des villes ?

Le public qui ne se trompe jamais dans ses appréciations, jugera si les idées neuves contenues dans notre ouvrage et les procédés que nous indiquons d'après notre propre expérience pour créer de précieuses ressources alimentaires, méritent de fixer son attention.

Faire aimer le séjour de la campagne, les travaux des champs, la culture des jardins et des arbres fruitiers ;

Propager dans les campagnes les connaissances nécessaires pour augmenter les produits en céréales, en légumes et en fruits ;

Faciliter l'étude de la science agricole dans les écoles rurales :

Tel est le but que nous nous sommes proposé.

Puissent nos efforts être couronnés de succès !

Puisse notre livre contribuer à faire aimer aux hommes les bienfaits que la Providence répand sur une vie modeste et laborieuse, et leur persuader de plus en plus que le travail est une chose sainte aux yeux de Dieu, honorable aux yeux des hommes, source de l'aisance, sauvegarde de la santé, gage assuré du bonheur!

LIVRE D'AGRICULTURE PRATIQUE.

PREMIÈRE PARTIE.

AGRICULTURE PROPREMENT DITE.

CHAPITRE PREMIER.

ÉTUDE DU SOL.

> « Les biens que donne la terre sont les
> seules richesses inépuisables, et tout fleurit
> dans un Etat où fleurit l'Agriculture. »
>
> SULLY.

DÉFINITION DE L'AGRICULTURE.

D. — *Qu'est-ce que l'Agriculture?*

R. — *L'Agriculture* proprement dite est la culture des
champs ; mais on entend généralement par agriculture
l'art de cultiver la terre. C'est par cet art, le premier et le

plus utile de ceux que l'industrie humaine a inventés, que l'on parvient à tirer de la terre les grains, les fruits, les légumes, les plantes ou végétaux nécessaires aux besoins des hommes et des animaux ; subsistances que la nature inculte ne produirait qu'à l'état de fruits sauvages, qui seraient impropres à l'alimentation.

D. — De quelle importance est l'étude du sol ?

R. — Rien n'est plus important pour le cultivateur que de connaître les diverses espèces de terres qui forment la couche labourable de ses champs. De cette connaissance peut dépendre souvent sa fortune ou sa ruine, surtout s'il est exposé, comme les fermiers à changer de domaine, et à transporter ses cultures dans un canton différent de ceux qu'il a précédemment cultivés.

Les conditions et les opérations de culture devant changer, en effet, selon les diverses espèces de sol, on comprend sans peine qu'un fermier se ruinerait infailliblement s'il continuait sur un sol sablonneux, par exemple, le mode de culture qui lui a réussi dans la ferme qu'il vient de quitter et qui se composait de terres à sol compacte, fort, argileux. Il est donc utile d'observer avec attention les différents terrains, et de s'habituer à distinguer les diverses natures de sol que l'on doit cultiver.

D. — Faudra-t-il recourir pour cela aux analyses chimiques et à l'emploi des réactifs, ainsi que les savants et les géologues le pratiquent dans leurs laboratoires ?

R. — Pas le moins du monde : le premier inconvénient serait de s'exposer à des erreurs considérables dans des opérations délicates et difficiles pour lesquelles il faut des études spéciales, des moyens d'action qui ne sont pas à la portée des cultivateurs, et de ne rien comprendre, ou à peu près, aux résultats de ces opérations qui, le plus souvent, seraient erronnés.

Ces connaissances doivent être très-simples, très-élémentaires, et se borner à celles qu'on peut acquérir au moyen des sens et de l'observation directe.

C'est en examinant les différentes natures de sol, en observant l'aspect qu'ils présentent, les végétaux qu'ils produisent spontanément, en les comparant les uns aux autres, qu'on parviendra à en avoir une idée nette et une connaissance suffisante.

Section Première.

SOL ARABLE.

D. — *Qu'est-ce que le sol arable?*

R. — Le *sol arable*, ou *terre végétale*, est la partie de la terre labourable propre à la végétation.

D. — *De quoi est formé le sol arable?*

R. — Le sol arable est formé principalement de *sable*, d'*argile* et de *carbonate de chaux*.

§ I. — SABLE.

D. — *Qu'est-ce que le sable?*

R. — Le *sable* est une terre formée de petits grains de gravier. — C'est un mélange de silice ou pierre à fusil extrêmement divisée, de petits cailloux ou fragments de quartz, et de matières étrangères qui le colorent. Le sable retient difficilement l'humidité ; il n'a pas de *liant* et ne peut pas se pétrir avec l'eau.

§ II. — ARGILE.

D. — Qu'est-ce que l'argile ?

R. — *L'argile* ou *glaise* est une matière terreuse compacte, douce au toucher, susceptible de former pâte avec l'eau, dont elle absorbe une si grande quantité, qu'en se desséchant ensuite elle diminue considérablement de volume et se fend à l'air en fragments très-durs — L'argile a beaucoup de *liant* ; elle peut s'étirer et se mouler sous toutes les formes.

C'est en général l'*argile grasse*, ou *argile plastique* qui, par sa présence, rend les terres *fortes*, *grasses*, *froides* et *humides*.

§ III. — CARBONATE DE CHAUX.

D. — Qu'est-ce que le carbonate de chaux ?

R. — On appelle *carbonate de chaux* des matières pierreuses et terreuses dont on peut extraire de la chaux par une simple calcination du carbonate.

La dénomination de *calcaire* donnée à divers sols est due à la présence et aux proportions du carbonate de chaux.

Aucun sol n'est exclusivement composé de sable pur, d'argile pure, de carbonate de chaux pur ; chacune de ces terres prises isolément est improductive ; mélangées ensemble par la nature ou par la main de l'homme, ces substances deviennent fertiles, et leur mixtion constitue tous les sols depuis les plus médiocres jusqu'aux plus riches, en raison de ce que l'une ou l'autre de ces terres domine, ou bien qu'elles sont combinées dans des proportions convenables.

Section Deuxième.

CLASSIFICATION DES TERRES.

D. — Comment divise-t-on les terres arables?

R. — On divise les terres arables en trois classes; savoir : 1° les *terres sablonneuses*, plus ou moins légères; 2° les *terres argileuses*, plus ou moins compactes; 3° les *terres calcaires*, plus ou moins pures.

§ I. — TERRES SABLONNEUSES.

D. — Qu'appelle-t-on terres sablonneuses?

R. — On appelle *terres sablonneuses*, ou *siliceuses*; et vulgairement *terres légères*, celles dans lesquelles le sable prédomine; ces terres retiennent difficilement l'humidité; elles sont faciles à labourer, à herser et à rouler dans tous les temps.

Les sols sablonneux étant naturellement très-divisés et sans consistance sont susceptibles de s'échauffer au printemps; par la même raison, ils se dessèchent promptement et deviennent brûlants en été.

Dans les contrées froides et pluvieuses, ils sont parfois fertiles alors que les sols argileux cessent de l'être; dans les pays chauds ou tempérés, sujets à des sécheresses de quelque durée, ils se dépouillent au contraire de toute végétation pendant le cours de la belle saison, tandis que les terres fortes sont encore couvertes de verdure.

Le seigle, le sarrazin, le millet, le panis, le sorgho, les pommes de terre, les carrottes réussissent bien dans les sols sablonneux.

§ II. — TERRES ARGILEUSES.

D. — Que nomme-t-on terres argileuses ?

R. — On nomme *terres argil uses*, ou terres fortes, celles qui contiennent une grande quantité d'argile ou glaise. Ces sortes de terres sont de couleurs très-variées, tantôt rouges ou grisâtres, tantôt bleuâtres ou brunes. Il est presque toujours fort difficile de trouver le moment de les labourer. — En hiver, elles forment une pâte tenace, que la charrue soulève sans la diviser autrement qu'en longues lanières. — En été, elles deviennent d'une dureté souvent insurmontable, et les labours qu'elles exigent sont encore très-laborieux.

Tout ce qui tend à diviser les terres argileuses sera toujours employé avec succès, ainsi qu'il sera expliqué au chapitre : *Amendements.*

Les terrains forts et argileux conviennent au froment, au maïs, à l'avoine, aux fèves, à la luzerne, au trèfle, etc.

§ III. — TERRES CALCAIRES.

D. — Qu'est-ce que les terres calcaires ?

R. — Les *terres calcaires* sont celles dont la composition a pour base la chaux existant naturellement dans le sol et sous différentes formes.

On nomme aussi *terres crayeuses* celles où la craie forme la presque totalité du terrain végétal ; et *terres marneuses*, lorsque la marne en forme les principales parties.

Dans les *terres gypseuses*, le plâtre forme la base du terrain.

On reconnaît les sols calcaires à leur couleur blanchâtre. Les terres calcaires sont pâteuses à l'humidité ; elles se gercent et deviennent comme de la cendre à la sécheresse.

Ces sortes de terrains sont ordinairement peu fertiles.

D. — Quel est le meilleur des sols ?

R. — De tous les sols arables le meilleur est celui qu'on appelle *terre franche* ; son aspect est généralement noirâtre ; elle est grasse au toucher, sans être trop pâteuse, ni trop friable ; elle est également perméable à l'eau, à l'air et à la chaleur.

Les terres franches sont le passage insaisissable en pratique des sols argileux aux sols sablonneux et semblent faire alternativement partie des uns et des autres. Les proportions d'argile qu'elles contiennent varient du tiers à la moitié et quelquefois au delà.

Les terres franches conviennent au plus grand nombre des végétaux usuels. — Toutes les céréales y prospèrent ainsi que la plupart des plantes économiques. — Rarement elles ont besoin d'amen 'ements. — Elles s'accommodent de tous les engrais. — Elles partagent enfin presque tous les avantages des meilleures terres *sablo-argileuses.*

Section Troisième.

HUMUS.

D. — Qu'est-ce que l'humus ?

R. — Le sol arable contient encore une substance que les chimistes nomment *humus*, et que nous nommerons *terreau.* C'est une réunion de matières organiques provenant des plantes ou autres corps qui se sont décomposés. Ce terreau, d'un aspect pulvérulent et noirâtre, est un des plus précieux éléments d'un sol.

L'humus est la partie fertilisante de la terre végétale ; il absorbe le plus facilement les matières aqueuses atmosphériques et l'oxigène de l'air ; il retient la plus grande quantité d'eau, et la conserve le plus longtemps ; enfin, exposé au soleil, il s'échauffe beaucoup dans un espace de temps déterminé : telles sont ses propriétés essentielles.

La valeur du terrain, principalement sablonneux, s'accroît avec la quantité de l'humus, tant que celle-ci n'excède pas ce qui est nécessaire au sol pour perdre sa trop grande cohésion ; au-delà de cette quantité, elle décroît dans la même proportion. Dans les terres ordinaires et bien cultivées. on trouve de 3 à 6 p. % d'humus. On n'en trouve au-delà de cette quantité que dans les terrains tourbeux ou sujets à des inondations.

D'ailleurs le mérite d'une terre dépend pour ainsi dire autant du *sous-sol* que de sa propre composition.

Section Quatrième.

SOUS-SOL.

D. — Qu'est-ce que le sous-sol ?

R. — Toute terre arable n'a qu'une certaine épaisseur qui varie de 10 ou 15 centimètres à 1 mètre. Au-dessous, on trouve toujours une autre terre qui varie souvent dans un même champ, et qui n'est pas propre à la culture. Cette terre sur laquelle repose le sol cultivable, est dite *sous-sol*. Tantôt c'est du sable, tantôt de l'argile, des roches, du tuf ou chiste, etc. Eh bien ! Qui ne comprend qu'une terre, quoique sablonneuse, retiendra l'eau, si elle a pour *sous-sol* de l'argile, et qu'une terre argileuse sera desséchante si elle a du sable pour *sous-sol*.

C'est donc au cultivateur à se rendre compte de ces faits. — A tout moment la charrue, la bêche, le curage des fossés, etc. apprennent de quelle nature est le sous-sol de la terre labourable. C'est là un des points principaux de l'agriculture, puisqu'on apprend par ces observations, les principales choses qu'il faut savoir sur les terres ; comment elles absorbent l'eau, et comment il arrivera qu'elles la conserveront ou ne la conserveront pas.

Il arrive fort souvent que le sous-sol est d'une espèce toute différente du sol. — Lorsque le sous-sol est *marneux* ou *calcaire*, et que la couche supérieure offre à peine des traces de chaux, l'approfondissement du sol, par le défoncement complet ou successif, produit des effets surprenants, et l'améliore en même temps d'une manière durable, parce que la marne lorsqu'elle est amenée à la surface du sol et mise en contact avec l'air, se divise et se pulvérise, de manière à pouvoir facilement être mêlée avec la terre végétale.

Sous un terrain *argileux* ou *glaiseux*, on trouve aussi quelquefois une couche de terre sablonneuse : si elle se trouve à trois ou quatre décimètres de profondeur, elle produit un sol éminemment fécond qui ne souffre jamais de l'humidité ni de la sécheresse.

Le terrain qui n'a que peu d'épaisseur, et qui recouvre le *granit*, le *tuf* et autres roches presque indécomposables, ne peut s'améliorer qu'en y transportant de la terre végétale pour en augmenter la couche.

Section Cinquième.

EXPOSITION DU SOL.

D. — Qu'est-ce qui constitue l'exposition du sol?

R. — La terre ne se féconde pas seule; et avec quelque prodigalité que la nature lui ait communiqué les qualités essentielles du sol, elle n'en resterait pas moins impropre aux exploitations rurales, si l'air lui parvenait sans lumière, la lumière sans chaleur, et la chaleur sans une humidité constante et propice. Le concours de toutes ces circonstances atmosphériques constitue l'*exposition du sol*. —

Sans une heureuse exposition, les terres les plus franches sont frappées de stérilité ; avec elle, les terres les plus maigres donnent de riches produits.

L'exposition du *midi* est en général très-avantageuse dans nos climats tempérés. Les terrains exposés au *levant* acquièrent un degré de chaleur supérieur à ceux qui sont tournés au *couchant*. L'exposition du *nord* est la moins avantageuse.

Lorsque la stérilité du sol est le résultat de la composition du sol même, on lui rend sa fécondité intime en ajoutant aux principes qu'il possède, le principe qui lui manque.

On y parvient au moyen des *amendements* et des *engrais*.

CHAPITRE DEUXIÈME.

AMÉLIORATION DU SOL.

Section Première.

AMENDEMENTS.

D. — *En quoi consiste l'amélioration du sol ?*

R. — L'amélioration du sol consiste à corriger les défauts du terrain, soit par des moyens *chimiques*, soit par des moyens *mécaniques*.

D. — Quels sont les moyens chimiques?

R. — Les *moyens chimiques,* propres à modifier la nature du sol, sont : le sable, l'argile, la chaux, la marne. le terreau et toutes sortes d'engrais ou débris de substances organiques.

D. — Quels sont les moyens mécaniques?

R. — Les *moyens mécaniques* sont : les labours, l'ameublissement et les divers travaux propres à changer la forme de la superficie, diminuer l'adhérence de ses parties constituantes et favoriser ou empêcher l'écoulement ou l'évaporation de l'eau et l'échauffement plus ou moins rapide du sol.

D. — De quelle importance est l'usage des amendements?

R. — La question des amendements est d'un grand intérêt dans l'agriculture ; ce moyen d'améliorer le sol est trop peu connu et surtout trop peu pratiqué dans une grande partie de la France, et cependant c'est une condition absolument nécessaire à la prospérité agricole du pays.

Pour que les plantes que doit produire le terrain puissent sucer sans obstacle les principes nutritifs qu'il possède, et se développer librement, il faut que le sol soit dégagé des plantes étrangères, des pierres inutiles, des eaux stagnantes; il faut que les éléments en soient remués à une certaine profondeur, et mélangés avec des engrais apportés, ou des espèces de terres propres à fertiliser le sol que l'on cultive.

Les amendements bien appropriés portent avec eux sur les terrains les qualités qu'ils n'ont pas, et c'est notamment le principe calcaire et ses diverses combinaisons qu'on emploie à cet effet. Il suffit de les y répandre en petite proportion.

D. — Quelles sont les principales substances comprises sous le nom d'amendements calcaires ?

R. — Les amendements calcaires sont : la chaux, la marne, les plâtras et débris de démolition.

§ I. — EMPLOI DE LA CHAUX COMME AMENDEMENT.

D. — Indiquez les divers moyens d'employer la chaux sur le sol ?

R. — *Trois procédés principaux* sont en usage pour répandre la chaux. *Le premier et le plus simple,* celui qu'on emploie dans la plupart des lieux où la chaux est à bon marché, la culture peu avancée, la main-d'œuvre chère, consiste à mettre la chaux immédiatement sur le sol par petits tas, distants entre eux de 6 mètres en moyenne et contenant, suivant les doses du chaulage, depuis 18 jusqu'à 36 décim. cubes. Lorsque la chaux, par suite de son exposition à l'air, est réduite en poussière, on la répand sur le sol de manière à ce qu'elle y soit exactement répartie.

Le deuxième procédé diffère du premier en ce qu'on recouvre chaque tas d'une couche de terre, de 15 à 30 centimètres d'épaisseur, suivant la grosseur des tas, équivalant à cinq ou six fois le volume de la chaux éteinte ; lorsque la chaux commence à se gonfler pour fuser, on remplit de terre les fentes et les crevasses qui se font dans la terre de l'enveloppe, et lorsqu'elle est réduite en poussière, on remanie chaque tas en mélangeant la terre et la chaux ; puis on étend le tout sur le sol.

Le troisième procédé, usité dans les pays les mieux cultivés, lorsque la chaux est chère, et qui réunit tous les avantages des chaulages, sans offrir aucun de leurs inconvénients, consiste à faire des composts de chaux et terre ou terreau. Pour cela, on fait un premier lit de terre, terreau ou gazon de 30 centim. d'épaisseur, qu'on recouvre d'un lit de chaux ; sur cette chaux, on place un second lit de terre, puis un second de chaux, et successivement un troisième de terre et de chaux qu'on recouvre encore de terre. Dix jours suffisent pour fuser la chaux ; on coupe alors et on mélange le compost ; on le recoupe une seconde fois avant l'emploi, qu'on retarde autant que possible, parce que l'effet sur le sol est d'autant plus puissant que le mélange est plus ancien, plus parfait, et surtout lorsqu'il aura été fait avec de la terre contenant plus d'humus.

La chaux en compost ne nuit jamais au sol, elle porte avec elle le surplus d'engrais que demande le surplus de produits. Les sols légers, graveleux ou sablonneux ne peuvent jamais en être surchargés.

La chaux convient aux sols qui ne contiennent pas déjà en excès les combinaisons calcaires.

D. — Quels sont les soins à prendre dans le chaulage ?

R. — Quel que soit le procédé en usage pour l'emploi de la chaux, il est essentiel que, comme tous les amendements calcaires, elle soit *employée en poudre et non en pâte*, sur le sol non mouillé. On doit absolument éviter, avant de la recouvrir, toute pluie qui la mouillenait, la réduirait en grumeaux ou en pâte, ce qui nuit essentiellement à son effet, plus encore que le raisonnement ne peut l'expliquer.

Elle ne doit être placée que sur un sol dont la couche végétale et la surface s'égouttent naturellement.

Dans un sol marécageux, à moins que la couche supérieure ne soit bien desséchée, et dans un sol très-humide, dont l'eau de la surface ne s'écoule pas très-facilement, les propriétés de la chaux restent comme enchaînées, et ne se font apercevoir que lorsque, par de nouveaux travaux, on a assaini et égoutté la couche végétale.

Pour que la chaux produise son effet sur la première récolte, elle doit être mélangée au sol quelques temps avant la semaille ; cependant, lorsqu'on l'emploie en compost, il suffit que le compost soit anciennement fait.

D. — Quelle est la dose convenable de chaux par hectare?

R. — La dose du chaulage varie avec la consistance des sols ; elle doit être faible dans les sols légers et sablonneux, elle peut sans inconvénient être forte dans les terrains argileux. La quantité moyenne de chaux que la terre demande par an pour soutenir sa fécondité, est de trois hectolitres par hectare.

D. — Quels sont les effets de la chaux sur le sol?

R. — Les effets de la chaux sont de détruire les mauvaises herbes et de faire disparaître les insectes. Par son influence la terre prend de la consistance lorsqu'elle est trop légère, et s'adoucit lorsqu'elle est trop argileuse ; la surface du sol argilo-siliceux, auparavant unie et blanchâtre, s'ameublit, et devient rousse et comme cariée; elle sèche, durcit et se fend par la chaleur ; elle fuse et se délite par la pluie qui succède. Cet ameublissement spontané facilite beaucoup la main-d'œuvre du cultivateur, le travail et la marche des racines dans le sol, et l'action réciproque de l'atmosphère sur le sol qui reste ouvert à ses influences.

§ II. — EMPLOI DE LA MARNE COMME AMENDEMENT.

D. — Indiquez la nature et la composition de la marne?

R. — La *marne* est un composé de carbonate de chaux et d'argile plus ou moins sablonneuse. On la trouve en général sur le bord des plateaux en grand nombre que présentent les terrains d'alluvion. et sous la couche qui les forme, à plus ou moins de profondeur, comme placée par une main bienfaisante pour donner aux sols l'activité et les moyens de production que la nature ne leur avait pas départis.

La marne se présente sous différents aspects et sous diverses variétés qui offrent une composition très-variable ; ce qui a fait diviser la marne en *argileuse*, *sablonneuse* et *pierreuse*, dénominations un peu vagues, il est vrai, mais qui cependant sont utiles dans la pratique.

L'importance de la marne en agriculture doit la faire rechercher partout où elle peut être de quelque utilité.

Les creusements de fossés, de puits la mettent souvent au jour ; les couches sablonneuses l'annoncent aussi ; presque toujours elles la recouvrent ou la supportent.

On peut encore la rechercher par des sondages dans les parties inférieures du sol. Les extractions de marne à de grandes profondeurs ne sont pas nouvelles en France : PLINE parle de marne qu'on tirait dans les Gaules à plus de cent pieds de profondeur.

La marne est plus près de la surface dans les endroits où la terre paraît plus sèche, où le sol argilo-siliceux est rougeâtre plutôt que gris.

D. — Quels sont les divers précédés de marnage ?

R. — Il y a de plus grandes variations dans les marnages que dans les chaulages. Les doses varient suivant le plus ou moins de consistance des sols, la richesse ou la pauvreté de la marne.

Le but du marnage est d'amener le sol à avoir les qualités et les avantages des sols calcaires. Les doses que conseille THAER, le résumé des marnages nombreux que donne ARTHUR YOUNG, nous ont mis dans le cas de conclure, dans l'*Essai sur la marne*, que la proportion de 3 p. $^0/_0$ en moyenne de carbonate de chaux dans la couche labourable doit suffire.

D. — Quels sont les soins à prendre dans le marnage ?

R. — La première condition du succès de la marne dans un sol, c'est qu'il s'*égoutte et se débarrasse des eaux* de la surface.

Les *charrois des marnages* doivent être faits par un beau temps afin que les terres ne soient pas broyées et pétries sous les pas des animaux, des hommes et des voitures; il faut profiter d'un temps sec pour marner et pour étendre la marne sur le sol.

L'opération du marnage doit être renouvelée tous les dix ans.

La marne est donc comme la chaux, comme tous les agents calcaires, un principe de salubrité aussi bien que de fécondité du sol arable.

La marne doit être déposée et étendue sur le sol au commencement de l'hiver ; les pluies et les gelées font qu'elle se délite : au printemps, on répand cette poudre marneuse sur toute l'étendue du champ, quelques temps avant de le labourer. De cette manière, les effets de la marne deviennent sensibles mêmes dès les premières récoltes.

§ III. — EMPLOI DES PLATRAS.

D. — Quel est l'influence des plâtras sur la végétation?

R. — Les *plâtras* ou débris de démolition ont une *grande influence sur la végétation* ; leur effet sur le sol semble quelquefois plus avantageux que celui de la chaux. Les plâtras, comme les autres amendements calcaires, demandent à être répandus sur la terre non mouillée, et veulent être enterrés peu profondément par un beau temps. Leur effet fécondant s'exerce exclusivement sur les sols non calcaires ; ailleurs ils sont plutôt nuisibles qu'utiles et rendent le sol plus sensible à la sécheresse.

Il paraît qu'en Italie ils sont très-estimés comme amendements, on les emploie préférablement dans les sols argileux.

§ IV. — AMENDEMENTS STIMULANTS.

D. — Qu'entend-t-on par stimulants?

R. — Par *stimulants* on entend des substances minérales formées de différents sels, dont les fonctions utiles paraissent être, en général, d'exciter les forces végétatives.

D. — Quels sont les amendements stimulants?

R. — Les substances qui paraissent jouer dans le sol le double rôle d'amendement et de stimulant, sont principalement le *plâtre* et les *cendres*.

D. — Qu'est-ce que le plâtre?

R. — Le *plâtre, sulfate de chaux*, ou *gypse*, est une espèce de pierre que l'on réduit en poudre par la cuisson. Le plâtre est un composé calcaire qui se distingue de tous les autres par ses effets sur le sol. Il paraît convenir particulièrement aux terres argilo-siliceuses qui en exigent plus que les terrains calcaires; les luzernes, le trèfle, les fèves, haricots, pois, vesces et toutes les légumineuses en profitent le plus; mais on l'accuse alors de rendre les graines produites d'une difficile cuisson.

Lorsque le sol et la saison sont favorables, le *plâtre double souvent le produit* des fourrages; les plantes prennent alors un vert intense, une vigueur extraordinaire qui les font contraster avec celles des portions non plâtrées.

Lorsque FRANKLIN voulut faire connaître et répandre l'usage du plâtre en Amérique, pour convaincre ses compatriotes, il écrivit sur un champ de trèfle, aux portes de Washington, avec de la poussière de plâtre, cette phrase : *Ceci a été plâtré*; l'effet du plâtre fit saillir en relief ces mots en tiges vigoureuses et plus vertes; tout le monde fut convaincu, et le plâtre fut popularisé en Amérique.

D. — Quand et comment faut-il employer le plâtre ?

R. — On *sème le plâtre au printemps* sur la végétation déjà commencée : cependant *semé au mois d'août*, après la moisson, sur les trèfles de l'année, il en fait produire une bonne coupe au mois d'octobre, et les récoltes de l'année suivante en éprouvent encore tout l'effet.

On le répand à la main, le soir ou le matin, à la rosée, par un temps calme et couvert, avant ou après une petite pluie ; de grandes pluies nuisent beaucoup à son effet.

Le plâtre est de tous les amendements celui dont l'effet se produit à plus petite dose.

Le plâtrage ne doit pas être répété trop souvent sur le même sol, parce que le sol aime à changer d'engrais comme de récolte, et le plâtre serait comme beaucoup de bonnes choses qui demandent à être employées avec mesure et modération.

D. — Quel est l'emploi des cendres ?

R. — Les *cendres de bois* qu'on néglige encore dans beaucoup de lieux, se vendent fort cher dans un grand nombre de localités, après qu'elles ont été lessivées, sous le nom de *charrées*.

Les effets des cendres sur la végétation et sur le sol sont très-remarquables ; elles ameublissent les sols argileux, et donnent de la consistance aux sols légers ; elles détruisent les mauvaises herbes ; elles conviennent plutôt aux sols humides qu'aux sols secs, pourvu qu'ils soient bien égouttés ; elles favorisent la végétation de toutes les récoltes, des récoltes d'hiver et de printemps, des céréales et des légumineuses.

Les cendres demandent à être répandues sèches par un temps non pluvieux et sur un sol non mouillé. On les emploie avec grand avantage sur les près et les pâturages. La dose doit s'accroître avec l'humidité du sol. La quantité moyenne est de 20 hectolitres par hectare.

On emploie les cendres plus souvent seules et sans fumier ; cependant, dans les pays où l'on en connaît mieux le prix et l'usage, on est resté convaincu que l'union du fumier avec les cendres double réciproquement leur action, et que ce mélange accroît beaucoup la fécondité naturelle du sol.

D. — Dans quelle saison faut-il employer les cendres ?

R. — Les cendres s'emploient dans toutes les saisons, à l'exception de l'hiver : au printemps, on les emploie de bonne heure sur les près et pâturages, puis à la semaille des orges, des avoines, du maïs ; dans le cours de l'été, elles fécondent les navettes et les blés noirs, et, en automne, on les emploie pour la semaille des froments et des seigles.

La pratique préfère les cendres lessivées aux cendres vives, le raisonnement n'appuie pas ces faits ; mais, en agriculture plus encore qu'ailleurs : l'expérience vaut mieux que la science.

§ V. — AMENDEMENTS PAR LE MÉLANGE DES TERRES.

D. — Comment peut-on améliorer le sol par le mélange des terres ?

R. — On peut améliorer un sol argileux en y mêlant du sable, et un sol sablonneux en y mêlant de l'argile.

Les boues argileuses qu'on retire des fossés, des mares, etc., sont à la fois de bons engrais et d'excellents amendements pour les sols siliceux. — Dans les terres fortes, la présence des graviers, des cailloux, des fragments quartzeux est un indice certain de fécondité.

Pour améliorer un sol rude et tenace, on y mêle du sable que l'on répand en automne, ayant soin d'en régler la quantité d'après la nature du terrain.

Le mélange des terres produit toujours de bons résultats; il donne de la vigueur à la végétation des plantes, et améliore le sol comme le ferait un bon fumier.

Section Deuxième.

ENGRAIS.

D. — Que désigne-t-on sous le nom d'engrais ?

R. — On désigne sous le nom d'*engrais* les divers débris des animaux et des végétaux dont la décomposition peut fournir des produits liquides ou gazeux propres à la nutrition des plantes.

Les engrais sont à la terre ce que la nourriture est aux animaux. Sans engrais, la végétation devient faible et languissante ; le sol le plus fertile s'épuise et ne produit point de belles récoltes.

Les engrais étant la richesse de l'agriculture, il est très-important d'en produire beaucoup.

D. — *Quelles sont les matières qui peuvent servir d'engrais?*

R. — Les matières qui peuvent servir d'engrais sont : les corps et excrements d'animaux, les plantes, les graines, la vase, le terreau, le tan, le mare de raisin, le curage des fossés et boue des routes, la suie, les balayures et toutes les substances liquides, ou purin, c'est à-dire les écoulements de l'écurie, l'eau de fumier, les eaux grasses des lavoirs, des savonneries et des fabriques qui emploient des matières végétales ou animales ; le suint du lavage des laines ; enfin les urines des habitations, etc., etc.

D. — *Comment divise-t-on les engrais ?*

R. — On divise les engrais en trois espèces : 1° les *engrais animaux*; 2° les *engrais végétaux*; 3° les *engrais mixtes.*

D. — *Citez des exemples de chacune de ces trois espèces d'engrais?*

R. — Les divers détritus, ou débris de substances animalisées, tels que chair, sang et excréments, sont des *engrais animaux*; les pailles, les débris de plantes et les récoltes enfouies en vert forment des *engrais végétaux*;

si l'engrais est formé en partie de végétaux et en partie d'excréments, c'est de l'*engrais mixte*, ou du *fumier*.

§ I. — DES ENGRAIS ANIMAUX.

D. — Quel est le plus puissant des engrais?

R. — Les animaux fournissent les engrais les plus puissants : les excréments des herbivores diffèrent entre eux suivant l'espèce de l'animal ; et ceux des animaux de la même espèce, suivant la qualité de leur nourriture. Les fumiers des bestiaux nourris de grains ont plus de puissance comme engrais que ceux des animaux qui n'ont été nourris que de tiges et de feuilles desséchées. — Le fumier des bêtes à cornes constitue, dans le plus grand nombre des exploitations, l'élément principal de l'engrais ; les plus abondants après celui-ci sont ceux de moutons, puis de chevaux, de porcs, de volaille ; enfin, les excréments d'homme que l'on emploie de diverses manières ou que l'on réduit en *poudrette*. — Ainsi, on peut dire que les débris des animaux et les déjections animales offrent les plus riches agents de la fertilisation des terres.

§ II. — DES ENGRAIS VÉGÉTAUX.

D. — Quelles sont les plantes qui peuvent être employées comme engrais ?

R. — Les plantes ou les matières végétales qui peuvent être employées à l'amélioration des terres, sont : la paille, le feuillage, la bruyère, la fougère le jonc et toute espèce de *soutrage* que l'on transforme le plus ordinairement en litière pour augmenter la masse du fumier. — Les plantes ainsi employées font alors partie des engrais mixtes dont il sera parlé ci-après.

D. — Qu'appelle-t-on engrais en vert?

R. — Lorsqu'on sème des plantes pour en enterrer la fane et engraisser ainsi le sol, on appelle ce procédé *engrais par enfouissement en vert.* — Il faut enfouir ces végétaux au moment où ils sont en fleur. — Les engrais verts conviennent plutôt aux terres légères qu'aux terres fortes. On ne les emploierait pas avec le même succès dans les terrains argileux que dans les terrains chaux où l'élément calcaire domine, et dans les sables brûlants, où ils procurent de la fraîcheur aux racines des plantes.

D. — Quelles sont les plantes que l'on peut cultiver pour être enfouies vertes?

R. — les végétaux herbacés qu'on peut utiliser comme engrais verts, sont : les *lupins,* les *fèves,* les *pois,* les *vesces,* le *sainfoin,* le *millet,* le *sarrasin,* le *trèfle,* le *maïs,* le *seigle,* les *raves,* etc.

La fève est le meilleur des engrais verts pour le froment et les prés. On la fauche pendant le cours de la floraison ou peu de temps après, puis on l'enterre à la charrue au fond des sillons.

La pratique des engrais verts est générale *en Italie.* Dans toute la Toscane, on sème du *maïs* au mois d'août pour l'enterrer à la charrue vers le commencement d'octobre. — Aux alentours de Côme ce sont les *haricots* qu'on préfère. — Sur quelques points du Milanais, on enfouit le *navet* en vert, malgré les utiles produits qu'on pourrait en tirer pour la nourriture des bestiaux.

Les beaux chanvres du Bolonais sont dus à l'enfouissement du *seigle* en fleur, et les habitants de Turin utilisent la même céréale comme engrais, entre la culture du maïs et celle du froment.

La pratique des récoltes enfouies est aussi assez générale dans quelques-uns de nos *départements méridionaux*. Le *lupin* et le *sarrasin* y sont cultivés communément dans l'unique but de suppléer à l'insuffisance des engrais. Ces deux plantes, d'une croissance rapide, peu difficiles sur le choix du terrain, peuvent être semées à l'aide d'un seul labour, sur un chaume retourné immédiatement après la moisson, et enfouies au moment de l'épanouissement de leurs fleurs, de manière à ne retarder aucunement les semailles d'automne. — Les fèves, les pois, les vesces sont préférées pour les terres argileuses.

§ III. — DES ENGRAIS MIXTES.

D. – Qu'entend-on par engrais mixtes ?

R. — *Par engrais mixtes,* on entend les divers *fumiers* composés généralement de déjections animales, mêlées aux *litières* et aux débris de la nourriture des bestiaux.

D. — Comment peut-on diviser les fumiers ?

R. — On peut diviser tous les fumiers en deux classes : 1° les *fumiers chauds,* résultant d'une alimentation en fourrages ou grains secs, et notamment ceux des chevaux, moutons, poulets, dindons, etc., qui conviennent spécialement aux terres *humides* et *froides* ; 2° les *fumiers frais*, qui résultent de la nourriture aqueuse consommée abondamment surtout par les vaches et les bœufs dont les excréments contiennent une grande proportion d'eau qui les rend plus spongieux et plus propres à entretenir la *fraîcheur* près des racines. — Les fumiers frais sont préférables pour les terres *sablonneuses, légères* et *chaudes.*

§ IV. — CONFECTION DES FUMIERS.

D. — *Quel est la méthode générale de faire le fumier ?*

R. — La méthode générale pour faire le fumier est de répandre du *soutrage* dans les cours, d'y porter successivement les fumiers des écuries et d'entasser ensuite le tout pour provoquer la fermentation.

Les avantages de cette méthode ressortent de la nécessité où l'on se trouve de *soutrer* les basse-cours qui, sans cette précaution, deviendraient souvent des bourbiers impraticables.

Sous le point de vue de la salubrité, *cette pratique paraît essentiellement vicieuse.* L'eau du fumier arrive souvent jusqu'aux portes de l'habitation et des écuries ; elle attire, en été, un grand nombre d'insectes qui tourmentent les bestiaux ; les gaz humides et malfaisants qui s'en dégagent sont nuisibles à la santé.

D. — *Indiquez le moyen d'améliorer cette méthode ?*

R. — Le moyen d'améliorer cette méthode générale de faire le fumier et d'éviter les inconvénients d'insalubrité qui en sont la suite incontestable, consiste dans le procédé suivant :

Dès que le *soutrage* est broyé, on y porte une couche de fumier d'écurie, et immédiatement on y répand de la chaux vive. Au lieu de laisser croupir ce fumier autour des habitations, on le transporte dans les champs, où on l'entasse ; puis on le couvre d'une couche de terre d'environ 15 centimètres d'épaisseur. — De cette manière, on peut faire la quantité de fumier que l'on veut ; et la question de salubrité se trouve résolue.

Le même procédé s'applique avec avantage aux fumiers d'écurie : après avoir laissé accumuler une certaine quantité de fumier dans les parcs ou étables, on y répand une couche de chaux vive ; on enlève immédiatement le tout que l'on transporte pour le mettre en tas dans les champs en le recouvrant d'une couche de terre, ainsi que nous venons de le dire.

D. — Quels sont les avantages de cette méthode ?

R. — Indépendamment du bénéfice qui résulte pour l'amélioration du fumier de répandre la chaux vive dans les écuries, celles-ci se trouvent en même temps désinfectées, surtout si, lorsqu'on a enlevé le fumier, on a soin de ressuyer le sol avec une petite quantité de chaux réservée à cet effet.

D. — Quelle est la quantité de chaux nécessaire à la confection du fumier ?

R. — Pour bien confectionner le fumier, il faut l'addition d'un 26° de chaux, c'est-à-dire 3 barriques pour une quantité de fumier que l'on suppose devoir être de 20 charretées. — Trois barriques de chaux équivalent à 9 hectolitres, ainsi que chaque charrette de fumier.

OBSERVATION.

Il est nécessaire d'avoir toujours de la chaux en réserve, et à cet effet on peut l'entasser dans un coin de grange bien sec, où elle se conserve parfaitement.

Il faut éviter l'emploi de la chaux hydraulique, laquelle se convertirait en une espèce de pierre.

D. — Quel est le mode général d'emploi des fumiers?

R. — Le mode le plus général d'emploi des fumiers consiste à les porter sur les champs à l'aide de voitures, lesquelles sont vidées en cinq ou six tas que l'on répand également sur la terre et que l'on recouvre immédiatement par le labourage.

Les bons cultivateurs pensent, avec raison, que le fumier perd la plus grande partie de sa valeur lorsqu'il est exposé quelque temps à la pluie et surtout au soleil, et lorsqu'il est employé longtemps avant les semailles. — Aussi convient-il d'ensemencer la terre le jour même qu'elle est fumée.

On pourrait différer l'ensemencement de quelques jours, en ayant soin de recouvrir, par un labour, le fumier qu'on a répandu sur la terre : en opérant ainsi, on retiendrait dans le sol la plus grande partie des gaz et des liquides utiles, dont la végétation profiterait ultérieurement.

D. — Quelle est la quantité de fumier qu'on doit répandre sur un champ?

R. — La quantité de fumier qu'on doit répandre sur un champ varie selon la qualité du sol, la nature des ensemencements, et surtout selon les ressources que possède le cultivateur. En général, 25 à 30 charretées de fumier sont pour un hectare une assez belle fumure.

D. — Qu'y a-t-il à observer dans l'emploi des fumiers?

R. — Les fumiers les plus actifs qui par un contact immédiat nuiraient aux graines et aux racines des plantes, peuvent tous être directement appliqués à l'agriculture, pourvu qu'une masse suffisante de terre les sépare des graines et des extrémités spongieuses des racines, pendant les premiers temps de la végétation. — On peut, de cette façon, employer directement les engrais les plus actifs, et cela sans leur faire éprouver aucune déperdition préalable.

§ V. — COLOMBINE.

D. — Que désigne-t-on sous le nom de colombine?

R. — On désigne sous le nom de *colombine*, la fiente des pigeons; on étend même cette dénomination à celle de tous les oiseaux de basse-cour. — La colombine de pigeonnier est un engrais très-puissant pour la plupart des végétaux. — Une voiture de ce fumier peut servir pour féconder 80 ares. — On emploie principalement cet engrais, qui est sans contredit le plus riche parmi ceux qu'on nomme fumiers, dans les cultures industrielles, notamment celles du lin, du tabac et des colzas.

§ VI. — GUANO.

D. — Qu'est-ce que le guano ?

R. — Le *guano* est la fiente d'oiseaux sauvages. On en a rencontré des bancs énormes dans les îles de la mer du sud, et l'industrie s'en est emparée. — Un grand nombre d'essais ont été faits avec avantage. — C'est le maïs surtout pour lequel le guano est un excellent engrais ; mais il doit être employé en petite quantité, de même que la colombine.

§ VII — TOURBE.

D. — Quel est le moyen d'employer la tourbe ?

R. — Le meilleur moyen d'employer la *tourbe* comme engrais est de la brûler et d'en répandre les cendres pour activer la végétation des prairies naturelles et artificielles et des blés d'automne.

§ VIII. — SUIE.

D. — De quel avantage est l'emploi de la suie ?

R. — La *suie* a beaucoup d'activité comme engrais. — On doit la conserver pour raviver la végétation des prairies, détruire la mousse qui croît dans celles qui sont basses, et raviver les arbres à fruits dont le dépérissement prochain est annoncé par leurs feuilles jaunes à l'époque où la végétation générale est dans toute sa vigueur. — Pour cet effet, on place la suie entre deux terres à la naissance des premières racines ; on arrose de temps en temps pour établir la fermentation ; son effet est infaillible lorsque les arbres ne sont pas trop vieux.

Elle offre, en outre, l'avantage de préserver les jeunes plantes sur lesquelles on l'a répandue des atteintes de la puce de terre et des chenilles qui ravagent si souvent les semis de choux, de navets et de raves.

§ IX. — COMPOSTS.

D. — Qu'est-ce que les composts ?

R. — Les *composts* sont des engrais économiques composés de substances de diverses natures, placées par couches les unes sur les autres.

D. — Comment peut-on faire les composts ?

R. — On peut faire les composts de la manière suivante :

Sur un emplacement à portée d'un cloaque d'eau pour en faciliter l'arrosage, on entasse 1° une couche d'herbages ou végétaux quelconque ; 2° une couche de chaux vive, de cendres et de suie ; 3° une couche de paille ou autres débris habituellement négligés ou perdus ; 4° une couche de chaux vive et de suie ; le tout arrosé d'eau de temps en temps jusqu'à décomposition complète. L'arrosage fini, on recouvre ce tas de terre.

Par tout ce qui précède, on doit conclure que si l'agriculture manque de fumier, c'est qu'on ne sait pas ou qu'on ne veut pas en faire. L'agriculteur préfère acheter ce qu'il pourrait obtenir à si bas prix par une simple application dirigée avec intelligence.

RÈGLE GÉNÉRALE.

Confiez le fumier à la terre dès qu'il est consommé et que la fermentation ammoniacale est terminée. Dès ce moment, une exposition prolongée à l'air n'ajouterait rien à ses qualités, et diminuerait la quantité des principes dont la terre s'imprègne au profit de la végétation. — Etendez le fumier sur les prés, à l'approche des pluies ou des rosées abondantes.

Section Troisième.

ÉCOBUAGE.

D. — *En quoi consiste l'écobuage*?

R. — *L'écobuage* ou *incinération* consiste à écroûter la superficie du sol. On enlève le gazon à trois doigts d'épaisseur; on construit, à égales distances, des fours d'un mètre de diamètre, avec ces mottes de gazon en guise de briques; la surface recouverte de gazon tourné en bas, et en ménageant la porte du four du côté par où souffle le vent; on y allume du bois de peu de valeur après que les mottes ont été suffisamment exposées à l'air qui les dessèche. Le pieu, qui avait servi de pivot à la construction du four, laisse un trou qui sert de cheminée à la flamme et à la fumée; on le recouvre d'une motte de terre, pour que la chaleur s'évapore moins vite; on bouche aussi les crevasses qui se forment. — Après vingt-quatre heures de combustion, les mottes sont réduites en poussière que l'on divise sur le sol, et on donne un léger labour.

D. — *Quel est le but de l'écobuage*?

R. — L'écobuage a pour but de délivrer le sol des races de plantes invétérées, et de changer en sels fertilisants les végétaux qui les infestent.

Dans certains pays, on écobue les champs tous les quatre ou cinq ans, et l'on obtient ainsi tous les ans des récoltes superbes. L'écobuage est plus profitable aux sols argileux qu'aux sols légers.

L'usage de l'écobuage est fort ancien. On peut juger, d'après les écrits de VIRGILE, que les bons effets qu'il produit étaient connus et justement appréciés des Romains du temps d'AUGUSTE. Il s'est conservé en Italie d'où il se répandit d'abord en France, vers le commencement du XVIIe siècle et plus tard en Angleterre. De nos jours il n'est pas une contrée d'Europe où il ne soit plus ou moins connu.

Section Quatrième.

DÉFRICHEMENTS.

D. — Qu'est-ce que défricher un terrain?

R. — *Défricher* un terrain, c'est le débarrasser de tous les végétaux ou autres obstacles qui se rencontrent à la surface, pour le mettre en état de culture. — Le but des défrichements est donc de transformer les terrains incultes en terres labourables.

D. — Quels sont les divers procédés de défrichement?

R. — Quand il s'agit d'opérer sur de petites portions de terrains, les défrichements s'exécutent à la main au moyen de pioches que l'on enfonce dans le sol à une profondeur d'environ 20 centimètres. — Cette opération est pénible et dispendieuse.

Les défrichements à la charrue sont plus usités et offrent l'avantage d'opérer sur de grandes étendues de terrain, à peu de frais. — Ce procédé consiste à donner au sol inculte, au moyen d'une bonne charrue appropriée à cet effet, plusieurs labours successifs assez profonds pour détruire aussi complètement que possible la végétation des plantes adventices, ramener à la surface la majeure partie des racines, et mettre les autres dans l'impossibilité de repousser.

Dès que les gazons renversés sont suffisamment desséchés, on donne un second labour un peu plus profond que le premier, afin de recouvrir les tranches, précédemment soulevées, d'une certaine quantité de terre de la couche inférieure.

Quelques cultivateurs remplacent ce labour par un simple hersage.

Un troisième labour, exécuté en travers et suivi d'un hersage, contribue encore à ameublir le sol et à détruire de plus en plus les mauvaises herbes. — Les défriches peuvent alors produire des céréales ou être converties en prairie.

Section Cinquième.

IRRIGATIONS.

D. — Qu'est-ce que l'irrigation?

R. — L'irrigation est l'arrosement artificiel des terrains qui, sans cette précaution, souffriraient de la sécheresse.

D. — Quelle est l'origine des irrigations?

R. — La pratique des irrigations remonte à l'origine des sociétés ; la *Bible*, source et premier livre des connaissances humaines, attribue à l'irrigation la première cause de la fertilité de l'Egypte. Les grecs suivirent l'exemple des égyptiens, et les romains, témoins des bienfaits de l'arrosage, introduisirent cette merveilleuse pratique en Italie et en Espagne. — En France, la pratique des irrigations est également très-ancienne.

D. — Quels sont l s avantages de l'irrigation?

R. — De tous les moyens dont la main de l'homme peut favoriser l'agriculture, il n'en est pas d'aussi fécond en bons résultats, d'aussi puissamment efficace que celui des irrigations. Par ce moyen, des sables arides sont convertis en riches prairies ; des terres infertiles produisent d'abondantes moissons. — Un grand nombre de cours d'eau charrient des parties fécondantes qui influent puissamment sur la végétation. Cependant les différentes natures de sols, comme les diverses espèces de végétaux, ne demandent pas des arrosements également copieux et fréquents ; car, si une humidité suffisante est constamment nécessaire à la végétation, une humidité surabondante lui est nuisible. Cette humidité suffisante est conséquemment relative à la nature du sol et à l'espèce de ses produits.

D. — A quels terrains l'irrigation est-elle surtout avantageuse?

R. — L'irrigation est surtout avantageuse aux terrains élevés et dans les climats chauds, où la pluie est rare précisément à l'époque où elle serait le plus nécessaire. Mais aucun terrain n'est plus favorable à l'irrigation que la prairie. Aucune récolte n'en retire autant de profit que l'herbe; la surface gazonnée permet d'ailleurs, bien mieux que la terre arable, à l'eau de couler et de se répandre également sur toute la superficie.

D. — *Combien distingue-t-on de sortes d'irrigations?*

R. — On en distingue de deux sortes : 1° *l'irrigation par inondation* ou submersion ; 2° *l'irrigation par infiltration.*

D. — *Comment pratique-t-on l'irrigation par inondation?*

R. — *L'irrigation par inondation* exige que le sol soit entouré au moins de trois côtés, d'une petite digue qui retienne l'eau sur la place inondée. Elle doit avoir lieu plus généralement à la fin de l'automne et en hiver. Cette eau doit séjourner le temps nécessaire pour que le sol soit bien imprégné, et pour qu'elle ait déposé le limon précieux entraîné par elle ; après quoi, il faut l'écouler le plus promptement possible. Dès que l'herbe commence à s'élever, il faut cesser d'inonder les prairies Après la première coupe, si le temps est sec, on peut donner une inondation qui ne doit pas se prolonger au-delà de deux jours.

D. — *Comment se pratique l'irrigation par infiltration?*

R. — *L'irrigation par infiltration* est très-favorable, pendant les sécheresses de l'été, surtout dans les terrains

légers et brûlants. Cette espèce d'irrigation est particulièrement adoptée pour les prairies situées sur les bords des
rivières et des ruisseaux qui peuvent fournir un volume
d'eau suffisant.

Pour obtenir de cette irrigation tout le succès désirable,
il faut maintenir les eaux, dans les rigoles qui entourent
la prairie, à 17 centimètres au dessous du niveau du terrain que l'on veut arroser de cette manière.

Section Sixième.

DRAINAGE.

D. — Qu'est-ce que le drainage?

R. — Le *drainage* est l'assainissement des terres au
moyen de tuyaux appelés *drains* qui facilitent l'écoulement souterrain de l'excès des eaux de source et de pluie.

Le drainage est l'un des plus puissants moyens d'amélioration pour l'agriculture et c'est l'un des objets qui, à ce titre,
doivent occuper le plus vivement l'attention des petits
comme des grands cultivateurs. Le Gouvernement en a
compris toute l'importance et il a rendu un véritable
service à l'agriculture lorsqu'il a fait une loi qui facilite les
opérations du drainage en permettant, avec toutes les
précautions convenables, aux propriétaires qui drainent
leurs terres de faire passer les travaux d'écoulement dans
les propriétés de leurs voisins.

D. — Quels résultats obtient-on du drainage?

R. — Les résultats qu'on obtient du drainage sont multiples : il augmente la fertilité des terres en les débarrassant des eaux stagnantes qui nuisent considérablement à la végétation ; il facilite la circulation de l'air dans la terre ; il rend le sol plus friable, et susceptible d'être travaillé plus tôt, plus tard, plus aisément ; il offre une plus grande somme de surfaces pénétrables à l'action bienfaisante de la chaleur et de la rosée ; il augmente l'épaisseur de la couche arable en entraînant l'imperméabilité du sous-sol ; il avance la maturité des récoltes ; enfin, à tous ces avantages, le drainage ajoute la salubrité pour les hommes et les animaux.

D. — *A quelle époque remonte l'origine du drainage ?*

R. — Depuis un temps immémorial le moyen de faciliter l'écoulement des eaux que les terres retiennent en trop grande abondance, était connu des agriculteurs qui pratiquaient, à cet effet, des tranchées ou rigoles plus ou moins profondes qu'ils remplissaient de pierres, de cailloux, de sarments ou de broussailles, que l'on recouvrait d'une couche de terre, et auxquelles on donnait le nom de fossés couverts, pierrées, coulisses, rigoles souterraines, saignées, etc. ; et ces fossés souterrains exrçaient sur les terres des effets aussi favorables que ceux que l'on obtient avec les tuyaux.

Depuis que cette opération a été perfectionnée par l'emploi de tuyaux en terre cuite, elle s'est appelée *drainage*, et c'est sous ce nom nouveau qu'elle a occupé et qu'elle occupe l'attention des savants et des cultivateurs.

Le mot *drainage* est d'origine anglaise, mais le système en lui-même est très-ancien. Les romains l'ont beaucoup pratiqué sous une autre forme. — Les fossés profonds de 1 mètre à 1 m. 50 c., étaient connus en France au XVIᵉ siècle.

Les nombreux essais auxquels on s'est livré depuis dix ans en Angleterre et plus récemment en France, ne laissent plus, aujourd'hui, aucun doute sur les bienfaits du drainage qui, comme tant d'autres opérations, mérite de la part de ceux qui l'exécutent une connaissance parfaite des terres auxquelles il convient d'appliquer ce procédé d'amélioration.

D. — *Quels sont les terrains qui ont le plus besoin d'être drainés ?*

R. — En général, les terrains où l'on aperçoit quelques jours après la pluie des flaques d'eau, ceux qui, dans certaines parties, présentent une végétation languissante et peu hâtive, où les tiges des plantes jaunissent longtemps avant la maturité, ceux enfin où l'on rencontre les plantes qui se plaisent sur un sol humide, telles que le jonc, la prêle, la laiche, etc., sont ceux qui ont le plus besoin d'être drainés. Quant aux terrains tourbeux et marécageux, proprement dits, les bons résultats de l'opération ne peuvent présenter aucun doute.

Mais il ne suffit pas de connaître les signes qui indiquent les endroits où le drainage peut être appliqué avantageusement ; il faut encore, pour la réussite de cette opération, que chaque propriétaire sache distinguer les différentes qualités de terre qui composent son domaine ; car c'est d'après la nature du sol que l'on peut déterminer la profondeur des tranchées, la distance de l'une à l'autre et la pente qu'on doit leur donner.

D. — En quoi consiste l'opération du drainage ?

R. — L'opération du drainage consiste à pratiquer dans un terrain humide des tranchées au fond desquelles on place des tuyaux en terre cuite abordés les uns aux autres et recouverts de la terre qu'on a extraite de ces tranchées. L'eau qui imprègne le sol, rencontre par l'infiltration ces conduits dans lesquels elle s'introduit à travers les joints qui existent à leurs extrémités, et, si les pentes sont bien prises et bien établies, elle s'achemine naturellement vers un fossé spacieux ouvert sur le point le plus bas du sol et auquel viennent aboutir toutes les tranchées. — Ces conduits souterrains jouent le rôle de veines artificielles servant à purger la terre de toute l'humidité qui lui est nuisible.

D. — Quelle doit être la profondeur des tranchées ?

R. — La détermination de la profondeur des tranchées a donné lieu à de vives discussions. Plusieurs considérations ont permis de fixer d'une manière certaine le minimum de la base destinée à supporter les tuyaux ou drains. Ainsi, d'après les règles prescrites par l'expérience, la profondeur des tranchées doit varier suivant la nature et la disposition du sol, de 90 centimètres à 1 mètre 30 c.

Il arrive quelquefois que la disposition des lieux oblige d'augmenter la profondeur de certains drains jusqu'à

2 mètres 50 centim., et même 3 mètres pour franchir une partie haute, et pour leur conserver la pente nécessaire afin qu'ils puissent conduire l'eau dans le fossé d'écoulement ; mais on ne doit pas dépasser cette profondeur.

Lorsqu'on opère sur des terrains presque horizontaux, on ne peut donner aux drains la pente nécessaire qu'en faisant décroître leur profondeur de l'aval vers l'amont, et quant à leur direction, il est indifférent qu'ils soient parallèles, perpendiculaires ou obliques à celle des sillons. — Dans les terrains inclinés, au contraire, on doit diriger les tranchées parallèlement à la ligne de la plus grande pente afin que dans leur parcours elles puissent recevoir par l'infiltration le produit de toutes les veines d'eau. — Dans les sols argileux, qui sont ceux qui retiennent le plus l'eau, la profondeur des drains ne doit pas être aussi grande que dans les sols calcaires et siliceux.

Du reste, tous ceux qui ont écrit sur le drainage conseillent, avec raison, de n'entreprendre cette opération qu'après avoir ouvert dans chaque champ une ou deux tranchées d'essai poussées à des profondeurs successivement croissantes jusqu'à 2 mètres, qu'on laisse ainsi pendant quelques temps, afin d'observer la manière dont l'eau se réunit dans chaque partie de ces tranchées ; il devient alors facile de reconnaître, quand elles existent, les veines poreuses dans lesquelles l'eau se rassemble plus abondamment, ce qui permet de déterminer la profondeur qu'il convient d'adopter définitivement pour que les tranchées à ouvrir produisent le plus grand effet possible avec la moindre dépense relative.

D. — Quel doit être l'écartement des tranchées?

R. — L'écartement des tranchées, comme leur profondeur, est subordonné à une foule de circonstances parmi lesquelles l'une des plus importantes est la nature du sous-sol. Quand il est poreux ou qu'il repose sur une couche perméable dont les drains peuvent enlever les eaux, les tranchées doivent être plus profondes, et, par conséquent, plus écartées. Quand, au contraire, le sous-sol est imperméable, c'est-à-dire, lorsqu'il ne permet pas la filtration de l'eau, il convient de les rapprocher davantage.

En général l'écartement des tranchées doit être proportionné à leur profondeur, c'est-à-dire que, plus les drains seront profonds, plus ils devront être éloignés les uns des autres, et réciproquement.

La distance moyenne entre les drains doit être de 10 à 12 mètres dans les terres fortes.

D. — Quel est le prix moyen du drainage par hectare?

R. — A moins de circonstances tout-à-fait exceptionnelles, le prix moyen du drainage par hectare peut être évalué à 200 fr. L'augmentation de produit due au drainage étant généralement de 40 p. %, cette dépense sera recouvrée en trois ans par les cultivateurs qui auront fait drainer leurs terres.

Quoique ce mode d'amélioration n'ait de nouveau que le nom, il faut avouer que les *fossés couverts* dont on se servait anciennement n'étaient, quant à leur profondeur et à leur écartement, soumis à aucune méthode, et sous ce rapport, on ne peut s'empêcher de reconnaître le perfectionnement que la science, depuis quelques années, a donné au moyen de préserver les terres d'une humidité surabondante.

Cependant, les propriétaires qui reculeraient devant la dépense d'un drainage régulier au moyen de tuyaux en terre cuite, devraient, au moins provisoirement et à titre d'essai, pratiquer l'ancien système d'assainissement des sols. — Ce mode est sans contredit beaucoup plus économique que le nouveau drainage, et quand le travail est bien fait, les fossés couverts, garnis de cailloux, de tuyaux en planches ou madriers, ou même de sarments, peuvent très-bien fonctionner pendant longtemps.

CHAPITRE TROISIÈME.

FAÇONS GÉNÉRALES A DONNER AUX SOLS.

Section Première.

LABOURS.

D. — Quelles sont les conditions essentielles d'un bon labour?

R. — Les conditions essentielles de tout labour sont de ramener à la surface la couche la plus profonde de la terre végétale; d'enfouir à sa place la couche superficielle épuisée; d'ameublir la terre et de la rendre perméable à l'air, à la chaleur et à l'humidité ; de niveler enfin le champ de sorte que les eaux de la pluie s'y tamisent également, et que la lumière en atteigne toutes les molécules avec la même intensité.

D. — Quelle doit être la profondeur des labours?

R. — La profondeur des labours doit varier selon l'épaisseur de la couche arable, selon la végétation particulière des espèces et la longueur des racines des plantes cultivées. — Ainsi, les labours doivent être plus profonds sur des sols légers que sur des terres fortes; sur des terres sèches que sur des terres humides ; sur des champs remplis de mauvaises herbes que sur ceux qui en sont exempts. — L'expérience prouve que les cultivateurs qui ont l'habitude de labourer profondément, sont ceux qui ont généralement les plus belles récoltes.

D. — Quels sont les inconvénients des labours peu profonds?

R. — Les terres labourées peu profondément donnent des récoltes médiocres, parce qu'elles sont sujettes, pendant l'hiver, à la stagnation des eaux qui fait pourrir les racines des plantes, et à une sécheresse extrême en été.

Les labours profonds, au contraire, permettent à l'eau de descendre beaucoup plus bas que les racines des céréales, et de leur communiquer, même à l'époque des plus fortes sécheresses, une fraîcheur constante et salutaire, en formant au-dessous d'elles un réservoir naturel dans lequel elles se plongent, et qui, par l'effet du soleil pendant les grandes chaleurs, fournit une humidité suffisante dans le couches supérieures.

D. — Peut-on labourer en tout temps?

R. — Les terrains facilement perméables à l'eau peuvent être labourés à peu près en tout temps ; il n'en est pas de même des autres. — Lorsqu'ils surabondent d'humidité, la terre s'attache au soc et au versoir de la charrue ; elle se comprime en bandes boueuses qui, en se desséchant, deviennent excessivement dures et difficiles à herser ; les animaux, en piétinant le sol, le gâtent encore davantage. — Lorsque les terrains sont trop secs, il est presque impossible de les labourer ; ils se divisent en mottes d'une extrême dureté que la herse ne peut briser.

Les labours doivent être faits au moment où les pluies ont suffisamment humecté les terres ; mais ce moment ne se présente pas toujours d'une manière opportune.

D. — Quelle est l'époque favorable aux divers labours?

R. — La principale difficulté que rencontre le laboureur, est la brièveté du temps qu'il peut employer à la préparation des terres ; s'il ne profite pas des journées favorables de l'automne et de l'hiver, les pluies printanières sont quelquefois si peu fréquentes, que dès le 1er mai, époque de l'ensemencement de certaines plantes, il devient souvent impossible de labourer convenablement. — Les labours d'automne, qui contribuent plus que les autres à l'ameublissement des terres, s'effectuent sans difficulté peu de temps après qu'elles ont été dépouillées de urs récoltes. — Les labours du printemps peuvent être ratiqués dès le 15 février pour être renouvelés au moment des semailles. — Les labours d'été servent à la préaration des terres qui viennent de porter des récoltes et u'on veut semer immédiatement.

D. — *Indiquez les divers modes de labours ?*

R. — Les labours s'effectuent ordinairement à la charrue. On ne retourne à la bêche que les jardins et les sols e peu d'étendue.

Selon les circonstances, ou les habitudes locales, on laboure tantôt à *plat*, ou en *planches*, tantôt en *billons*.

D. — *Qu'est-ce que labourer à plat ?*

R. — On laboure à *plat*, lorsque la charrue, en allant en revenant, tourne la terre du même côté ; en sorte ue le champ, ainsi labouré, offre une surface unie.

D. — *Qu'est-ce que le labour en planches ?*

R. — Le labour *en planches*, très-usité, consiste à former des *marges* d'égale largeur entre elles et séparées ar des rigoles d'écoulement des eaux.

D. — *Qu'est-ce que labourer par billons ?*

R. — Labourer *par billons*, ou *par ados*, c'est laisser e distance en distance des sillons creux, et élever la terre ui se trouve entre ces raies plus ou moins profondes, en rme de tuile creuse renversée. — On laboure généralement ainsi les terres destinées à l'ensemencement du seigle du froment.

Pour les autres semailles, le labourage en planches est préférable.

D. — Quels sont les avantages et les inconvénients du billonnage?

R. — On a beaucoup dit pour et contre le *billonnage*. Les uns trouvent qu'au moyen de billons bien faits on fournit aux plantes une couche labourable plus épaisse, qui contribue efficacement à leur belle végétation; que sur les ados, l'humidité n'est jamais trop grande, quoique la sécheresse soit rarement redoutable, parce que la terre meuble du dessous conserve et communique pendant long-temps sa fraîcheur jusqu'aux racines; que dans les temps de pluie, l'eau dont les plantes sont surchargées est plus promptement essuyée; enfin que le sarclage est plus facile.

D'un autre côté, on répond : que si les billons sont larges et fort élevés, la meilleure terre se trouve inutilement amassée dans le milieu et mise hors d'action par la profondeur à laquelle elle est enfouie; que si, dans les climats humides, la sommité des ados se trouve à l'abri des infiltrations, les bas-côtés y sont d'autant plus exposés, que l'eau s'accumule toujours dans les parties basses des rigoles, et qu'il est souvent impossible de faire des saignées dans le sens des diverses pentes du terrain; que, dans les temps de sécheresse, lorsqu'il survient une pluie d'orage, au lieu de pénétrer dans la croûte durcie qui forme la surface du sol, elle ne fait que glisser à sa superficie, de sorte que quelquefois les rigoles sont insuffisantes pour ontenir l'eau qui s'y est jetée, tandis que l'ados se trouve presque aussi sec qu'auparavant ; que la multiplicité des raies occasionne une perte notable de terrain ; que les billons très-étroits dont l'usage se lie nécessairement à celui des *semis sous raies*, sont accompagnés, dit M. Mahieu DE DOMBASLE, d'un si grave inconvénient qu'ils devraient être proscrits comme méthode générale de culture.

Si donc les billons ont par fois des avantages incontestables, le labour à plat ou en planches doit être préféré dans la plupart des cas.

Section Deuxième.

HERSAGE.

D. — *En quoi consiste le hersage ?*

R. — Le *hersage* consiste à briser et émietter les mottes d'un champ labouré, au moyen d'un instrument appelé herse.

D. — *Qu'est-ce qu'une herse ?*

R. — La *herse* est un châssis de bois de forme triangulaire ou quadrangulaire, hérissé de dents de bois ou de fer.

Les herses à dents de bois suffisent aux travaux des terres sablonneuses ou peu compactes ; — Les autres sont indispensables aux hersages des terres argileuses et tenaces.

D. — *Que faut-il observer dans la pratique des hersages ?*

R. — Le hersage des terres légères est toujours facile ;

Il n'en est pas de même des terres fortes et argileuses : celles-ci doivent être hersées peu de temps après qu'elles ont été labourées. Quand les mottes sont trop humides, elles se pétrissent sous les pieds des animaux et le travail se fait mal ; lorsqu'elles sont trop sèches, elles roulent sans se briser et s'arrondissent en forme de gros cailloux qu'on est obligé d'écraser à coup de maillet; ce qui exige beaucoup de temps et de peine. — Il faut donc choisir l'instant où la terre est suffisamment ressuyée, sans avoir perdu toute son humidité.

Section Troisième.

ÉMOTTAGE AU ROULEAU.

D. — *Qu'est-ce que rouler le sol?*

R. — *Rouler*, c'est faire passer sur le sol labouré un rouleau de bois uni, ou armé de pointes nombreuses pour briser les mottes, diviser les terres argileuses et affermir les sols sablonneux.

Le rouleau à pointes en fer peut être employé non-seulement pour briser énergiquement les mottes après un labour récent, mais encore pour ameublir des terres anciennement labourées, et les préparer à recevoir la semence.

Le roulage, peu pratiqué dans certaines contrées, convient à toutes sortes de terrains.

La plupart des rouleaux sont mis en mouvement à l'aide d'un châssis de bois dans lequel les deux extrémités de leur axe sont emboîtées.

Section Quatrième.

EXTIRPATEUR.

D. — Qu'appelle-t-on extirpateur ?

R. — On appelle *extirpateur* une espèce de charrue sans coutre et sans versoir, composé de plusieurs socs légers, de forme triangulaire, et que l'on dirige à l'aide de deux mancherons emmortaisés à droite et à gauche dans un châssis de bois disposé à cet effet.

D. — A quoi sert l'extirpateur ?

R. — L'extirpateur, dont l'emploi ne remonte pas à une date fort ancienne, sert bien avantageusement à soulever, mêler et diviser la terre sans la retourner.

L'addition de coutres destinés à fendre la couche de terre arable avec plus de facilité, est une innovation fort heureuse qui mérite l'attention des laboureurs.

Section Cinquième.

SCARIFICATEUR.

D. — En quoi consiste le scarificateur ?

R. — Le *scarificateur* est un instrument aratoire ayant des coutres tranchants, fixés sur des châssis munis de mancherons, et portant un age à l'aide duquel on peut modifier leur entrure.

D. — Quand est-ce qu'on emploie le scarificateur ?

R. — L'emploi du scarificateur est encore moins connu en France que celui de l'extirpateur. On peut l'utiliser avec succès dans les sols rocailleux qui contiennent des gazons non découpés, des racines traçantes ou autres mauvaises herbes. — Le scarificateur peut précéder la charrue dans les défrichements pour en faciliter l'action.

Les scarificateurs diffèrent des extirpateurs en ce que les premiers sont garnis de coutres qui agissent à la manière des dents d'une herse, mais avec plus de force ; tandis que les seconds sont pourvus de socs horizontaux à peu près semblables à ceux des charrues.

Section Sixième.

HOUE A CHEVAL.

D. — Qu'est-ce que la houe à cheval ?

R. — La *houe à cheval* est un instrument composé d'un ou de plusieurs fers de houe, fixés sur un bâtis en bois, et traîné par des animaux comme les charrues.

D. — Quelle est l'utilité de la houe à cheval ?

R. — La houe à cheval est d'une grande utilité en agriculture et sert à plusieurs opérations différentes :

1° Composée de deux fers placés à la distance voulue de certaines plantes sarclées, la houe à cheval sert à tracer les raies pour l'ensemencement du maïs et autres plantes en ligne. — Cet instrument prend alors vulgairement le nom de *marque* ; parce qu'il sert à marquer les sillons ;

2° Composé d'un seul fer, plus ou moins grand, la houe à cheval est employée pour couvrir les graines semées en lignes, au moyen d'une raie profonde que l'on trace entre les deux sillons formés par la marque.

On l'emploie aussi pour biner le maïs et pour butter certaines plantes semées en lignes.

La houe à cheval diminue toujours beaucoup le travail à la main, pourvu qu'on l'emploie avec quelque intelligence ; mais on doit suppléer, par le travail des ouvriers, à tout ce que la houe à cheval pourrait laisser de défectueux dans les cultures.

CHAPITRE QUATRIÈME.

—

CULTURE DES CÉRÉALES.

D. — *Qu'appelle-t-on céréales ?*

R. — On appelle *céréales* les graminées dont les semences farineuses servent à la nourriture de l'homme ou des animaux.

D. — *Quelles sont les céréales les plus utiles ?*

R. — Les céréales les plus utiles sont : le *froment*, le *seigle*, le *maïs*, l'*orge*, l'*avoine*, le *riz*, le *millet*, le *sorgho* et le *sarrasin*.

D. — La culture des céréales a-t-elle une grande importance?

R. — La culture des céréales a une très-grande importance pour nos contrées; notre climat leur est bien moins souvent préjudiciable qu'aux autres plantes agricoles. — Les principales d'entre elles forment la base de la nourriture des hommes sur une grande partie du globe; ce qui fait que l'on en trouve toujours un débit assuré sur tous les marchés. — Le pain de froment, de seigle ou de maïs, est la principale ressource de la population. Aussi le sort du pays est-il étroitement lié à l'abondance ou à la faiblesse des récoltes de céréales.

Section Première.

SEMAILLES.

D. — Quelles sont les connaissances qu'exige l'opération des semailles?

R. — Les *semailles* exigent des soins et des connaissances qui peuvent se résumer ainsi qu'il suit : choix des semences ; époque des ensemencements ; profondeur des semences ; quantité de semence à employer ; procédés de sémination ; moyens employés pour recouvrir la semence ; chaulage des grains.

§ I. — CHOIX DES SEMENCES.

D. — Que faut-il observer dans le choix des semences?

R. — C'est à l'époque même de la récolte qu'il faut faire un choix judicieux des graines destinées à la semaille de

la récolte suivante, parce qu'alors on peut déterminer quelles sont les variétés les plus productives et choisir les épis les plus mûrs, les plus beaux, e les mieux développé.
— On est assuré par ce moyen d'avoir une semence bien conditionnée et propre à produire des plantes vigoureuses.

D. — Est-il nécessaire de renouveler souvent la semence?

R. — Le changement de semence est nécessaire quand on s'aperçoit que les diverses variétés de plantes cultivées successivement sur le même sol, commencent à dégénérer, à s'abâtardir.

D. — Les semences nouvelles sont-elles préférables aux semences anciennes?

R. — Il est des graines qui conservent leurs facultés germinatives pendant plusieurs années. — La plupart des plantes agricoles possèdent cette propriété au moins pendant deux ans. — Cependant on a remarqué que les semences nouvelles fournissent de plus belles tiges, et que les vieilles produisent des grains mieux développés.

§ II. — ÉPOQUE DES SEMAILLES.

D. — Peut-on préciser l'époque des semailles?

R. — L'époque des semailles est subordonnée au climat, à l'exposition, à la rusticité de la plante, au temps où l'on se propose d'en récolter les produits. Plus une contrée est froide, plus il faut semer de bonne heure. — Le moment des semailles d'automne est indiqué par des signes naturels qui sont les mêmes pour tous les climats. — Voici les pa-

roles d'OLIVIER DE SERRES à ce sujet : » Les premières feuilles
» des arbres tombant d'elles-mêmes nous donnent avis de
» l'arrivée de la saison des semences. Les araignées de
» terre aussi par leurs ouvrages nous sollicitent à jeter nos
» blés en terre ; car jamais elles ne filent en automne que
» le Ciel ne soit bien disposé à faire germer nos blés de
» nouveau semés. Instructions générales qui peuvent servir
» et être communiquées à toutes nations, propres à chaque
» climat, et indiquées par la nature qui, par ces choses
» abjectes, sollicite les paresseux à mettre la dernière main
» à leur ouvrage, sans user d'aucune remise ni longueur. »

Ces préceptes sont excellents pour déterminer l'é-
poque la plus favorable à la semaille des plantes hiver-
nales.

Le moment des semailles du printemps est également
indiqué par la nature. Lorsque les arbres commencent à
se couvrir de verdure on peut exécuter les divers ensemencements ; ayant soin de saisir avec empressement le temps
le plus convenable sous le rapport de la température.

§ III. — PROFONDEUR DES SEMENCES.

*D. — A quelle profondeur faut-il enterrer les se-
mences ?*

R. — Il est généralement reconnu qu'aucune graine ne
germe enfoncée à plus de 15 à 18 centimètres. Les diverses
profondeurs auxquelles il convient d'enterrer la semence
des principales plantes agricoles doivent être fixées ainsi
qu'il suit :

8 à 10 centimètres, pour les féveroles ;

6 à 8 centimètres, d'orge et l'avoine ;

3 à 6 centimètres, le froment, le seigle, les betteraves,
les pois, les lentilles, les vesces ;

2 à 5 centimètres, le maïs, les haricots, le colza ;

2 à 3 centimèt., le lin et les autres graines oléagineuses;

1 à 2 centimètres, les carottes et les navets ;

Enfin les menues semences demandent à peine à être recouvertes. — Plus la graine est grosse, plus il faut l'enterrer profondément. — Plus le sol est argileux, moins il faut recouvrir les semences.

§ IV. — QUANTITÉ DE SEMENCE.

D. — Que faut-il observer dans la quantité de semence à employer ?

R. — La quantité de semence à employer sera indiquée à l'article de chaque céréale. Ici nous ferons observer seulement que cette quantité doit être diminuée dans un sol riche, où chaque pied talle beaucoup ; il faut également moins de semence pour les variétés d'automne que pour les variétés du printemps. — Au contraire, la quantité de semence doit être augmentée dans les terrains pauvres ou médiocres et dans les semailles tardives.

§ V. — PROCÉDÉS DE SÉMINATION.

D. — Quels sont les procédés employés pour distribuer la semence ?

R. — Trois procédés sont employés pour la distribution des semences : à la volée, au semoir ou en lignes, et au plantoir.

Les semailles à la volée sont le plus généralement employées ; ce procédé présente en effet le moins d'inconvénients pour les céréales et pour les prairies artificielles. — Le second procédé consiste à distribuer la semence *en lignes* avec la main ou au moyen d'instruments de diverses formes, appelés *semoirs*. — Le procédé au *plantoir* n'est employé ordinairement que pour les exploitations maraîchères.

§ VI. — MANIÈRE DE RECOUVRIR LA SEMENCE.

D. — Quels sont les procédés employés pour recouvrir la semence ?

R. — La herse à dents de fer pour les terres fortes, et à dents de bois pour les terres légères, sert à recouvrir les semences qui demandent à être enterrées à une certaine profondeur. — Pour les autres graines. on se sert d'une espèce de rouleau. de râteau ou tout autre instrument qui remplit le mieux le but qu'on désire obtenir.

§ VII. — CHAULAGE DES GRAINS.

D. — Qu'entend on par chaulage des grains ?

R. — On entend par *chaulage* l'opération qui consiste à imprégner de chaux les grains de semence.

D. — Quel est le but du chaulage ?

R. — Le but du chaulage est de préserver la future récolte de la carie, de la rouille et du charbon, par la destruction des œufs d'insectes qui pourraient se trouver déposés dans les grains de blé.

D. — Comment peut-on opérer le chaulage ?

R. — On peut opérer le chaulage de plusieurs manières,

et à l'aide de diverses substances ; telles que le vitriol bleu, la potasse, etc. ; mais la plus efficace et la moins dangereuse à employer, est la chaux, à laquelle on peut encore ajouter à son énergie par l'addition d'une petite quantité de sel marin. — C'est l'emploi de la chaux qui a donné son nom à cette opération.

Voici la méthode la plus usitée pour chauler le blé : On fait fuser la chaux à l'eau chaude jusqu'à ce qu'elle se délaie comme une bouillie fort claire ; on y fait tremper le blé pendant plusieurs heures, ayant soin de brasser le tout à plusieurs reprises.

La quantité de chaux nécessaire à cette opération est de 4 kilogrammes par hectolitre de blé, 20 litres d'eau et $^1/_2$ kilogramme de sel commun.

Section Deuxième.

FROMENT.

D. — Qu'est-ce que le froment ?

R. — Le *froment* est la céréale dont la farine donne le meilleur pain connu, le plus beau, le plus sain et le plus nourrissant dont l'homme puisse faire usage. Le son sert de nourriture aux animaux de basse-cour ; la paille sert d'aliment et de litière aux animaux. — Le blé-froment est le plus important et le plus riche produit du sol.

D. — Y-a-t-il plusieurs espèces de froment ?

R. — Les froments cultivés peuvent être partagés en deux divisions ou espèces principales : les *blés d'hiver,* qui se sèment en automne, et les *blés de mars*, qui se sèment au printemps.

Il y a aussi le *froment barbu* et le *froment sans barbes*.

Ces espèces principales se subdivisent en un grand nombre de variétés que l'on désigne sous les noms de froment commun d'hiver à grain doré ou jaunâtre ; froment blanc et froment rouge ordinaire sans barbe, dont il y a plusieurs sous-variétés ; de même que parmi le froment barbu.

D. — A quelle époque faut-il semer le froment?

R. — Dans le midi de la France, la meilleure époque pour semer les froments dits d'automne, est du 15 octobre au 1er novembre. — Il peut arriver que des semailles tardives donnent d'aussi bons produits que des semailles précoces. Mais, généralement, il est plus avantageux de semer toujours de bonne heure.

D. — Combien emploie-t-on de semence pour un hectare?

R. — Pour un hectare de terre labourée en billons, ou ados de un mètre de largeur, on sème ordinairement à la volée un hectolitre dix litres de grains. Pour les semis en lignes, ce qui est peu pratiqué, cette quantité peut être diminuée du tiers. — Si le sol est labouré à plat ou en planches, comme c'est l'usage dans certaines contrées, la quantité de semence doit être augmentée du quart.

D. — Quels sont les soins qu'exige le froment pendant sa végétation?

R. — Le froment n'exige d'autres soins d'entretien que

de le *sarcler* une fois au printemps, et d'arracher, avant la floraison, toutes les plantes nuisibles et surtout les chardons.

Section Troisième.

SEIGLE.

D. — *Qu'est-ce que le seigle ?*

R. — Après le froment, le *seigle* est une des plus précieuses céréales. La farine de seigle est moins blanche et moins nourrissante que celle du froment ; mais on en fait du pain d'assez bonne qualité, qui se conserve longtemps frais et qui sert à la nourriture de l'homme dans une grande partie de l'Europe. — Le seigle a l'avantage de prospérer dans les sols où la culture du froment serait peu productive et même impossible. — Le *grain* de seigle sert encore à nourrir et à engraisser les volailles. — On l'emploie également pour la fabrication de la *bière*, de l'*eau de vie*, etc. — Donné en *vert* aux bestiaux, il produit un fourrage excellent et très-abondant.

D. — *Quelles sont les variétés du seigle ?*

R. — On ne cultive qu'une seule espèce de seigle divisée en plusieurs variétés, savoir : le *seigle d'automne*, le *seigle de mars*, *le seigle de Russie* et *le seigle de la Saint-Jean*. — La première variété est la plus productive.

D. — *Quels sont les terrains qui conviennent au seigle ?*

R. — Le seigle réussit dans tous les terrains pourvu qu'ils ne soient pas trop humides. Il vient très bien dans les sols sableux qui n'ont pas même beaucoup de fonds. — Enfin, les terrains les plus médiocres peuvent être avantageusement appliqués au seigle.

D. — Comment cultive-t-on le seigle ?

R. — On cultive le seigle comme le froment. On le sème de la même manière et toujours à la volée. Le mois d'octobre est l'époque la plus convenable pour semer le seigle. — Partout où la culture en billons est usitée, la quantité de semence employée est de 80 litres par hectare. — Après avoir répandu la graine, on l'enterre en formant les ados par deux traits de charrue, et on égalise les billons avec un rateau de bois dans les terres sableuses et avec un sarcloir dans les terres fortes. — Le seigle n'exige d'autre façon que de le butter à la fin de mars au moyen de la houe à cheval.

Le seigle de printemps ne se cultive guère que dans les pays de montagnes et dans les lieux où des causes particulières empêchent les semailles d'automne.

Section Quatrième.

MÉTEIL.

D. — Qu'appelle-t-on méteil ?

R. — On appelle *méteil* un mélange de froment et de seigle qu'on sème et qu'on récolte ensemble. Il vaut mieux cultiver ces deux céréales séparement, à cause de l'inconvénient assez grave de la précocité plus grande du seigle.

Section Cinquième.

MAÏS.

D. — Qu'est-ce que le maïs?

R. — Le maïs, appelé aussi *blé de Turquie, blé d'Espagne, blé d'Inde, milloc,* est une plante très-utile et très-productive. Son grain sert à la nourriture des hommes et des animaux. On fait avec la farine de maïs de la *gaude* ou *escoton,* et une sorte de pain, en usage dans le midi de la France, appelé *mesture.* Les tiges du maïs sont un des meilleurs fourrages pour le bétail.

D. — Quelles sont les variétés de maïs?

R. — Les variétés de maïs diffèrent entre elles par la couleur, la forme, le volume des grains et l'époque de leur maturité.

Les variétés à grains roux sont : le *maïs d'été* qui mûrit dans le mois d'août ; le *maïs d'automne* qu'on récolte dans le mois d'octobre ; le *maïs quarantain* qui mûrit en quarante jours dans les conditions les plus favorables à sa culture. La durée ordinaire de sa végétation est d'environ trois mois ; le *maïs de Pensylvanie* ; le *maïs des Landes* ; le *maïs d'Espagne,* etc.; et le *maïs nain* ou *à poulet,* remarquable par la petitesse de ses dimensions.

Il y a également plusieurs variétés de maïs blanc et de maïs roux. — Parmi les variétés de maïs, les unes sont préférables à raison de la grosseur ou de la qualité des grains, les autres à cause de leur grand produit ou de leur précocité.

La durée ordinaire de la végétation du maïs est de 4 à 5 mois. — La quantité de semence est de 50 à 55 litres par hectare.

D. — *Comment sème-t-on le maïs ?*

R. — On sème le maïs de plusieurs manières : 1° à la volée et en sillons entre les traits tracés par la charrue, on recouvre à la herse. — Cette méthode est vicieuse et s'oppose ultérieurement à l'emploi pour le binage et les buttages, de la houe à cheval qui simplifie ces opérations ; — 2° en lignes parallèles de cinquante centimètres de largeur. Cette méthode, généralement suivie, consiste à tracer au moyen de la houe à cheval à deux lames, appelée *marque*, des raies peu profondes, dans lesquelles on jette la semence que l'on recouvre en traçant une autre raie plus profonde entre les sillons, avec une autre houe à cheval, à une seule lame plus grosse, de manière à jeter la terre à droite et à gauche dans les sillons ensemencés. Cette opération a encore pour but d'ameublir la terre à une profondeur convenable. Quelques jours après les semailles, on égalise le sol avec la herse. — Ce dernier mode de semis exige, bien entendu, que la terre soit labourée et hersée avant les semailles. — Les terres étant ainsi préparées à l'avance, on peut semer quand on veut. — L'époque ordinaire est le mois de mai ; — 3° on sème encore le maïs en déposant deux ou trois grains dans des trous espacés d'environ un mètre en tout sens, dans lesquels on met une poignée de fumier, et on les recouvre aussitôt avec le pied. Ce procédé est pratiqué dans les sols sableux et peu fertiles.

D. — *Quels sont les soins de culture du maïs ?*

R. — Quand les jeunes pieds de maïs montrent leur troisième ou quatrième feuille, on leur donne un premier sarclage et on commence à éclaircir les pieds trop rapprochés. — La seconde façon doit être donnée 15 à 20 jours après la première ; on butte, on sarcle et l'on éclaircit de nouveau. — La distance entre chaque pied de maïs varie selon la fécondité plus ou moins grande du terrain.

Section Sixième.

ORGE.

D. — *Qu'est-ce que l'orge ?*

R. — L'orge est un grain dont la farine donne un pain rude et grossier. — L'orge sert ordinairement à la nourriture des bestiaux. — Elle entre aussi dans la fabrication de la bière.

D. — *Comment cultive-t-on l'orge ?*

R. — L'orge, dont on connaît plusieurs variétés, n'est pas très-difficile sur le choix du terrain ; seulement les labours doivent être profonds et la terre bien ameublie. — On sème l'orge en automne ou au printemps, depuis la fin de mars jusqu'à la fin d'avril. — Sa végétation est très-rapide ; les orges semées au printemps ne restent guère plus de deux mois en terre. — La semence doit être recouverte un peu profondément. — Les façons qu'exige l'orge après la semaille sont peu nombreuses, et souvent totalement négligées. — Un léger hersage suffit.

Section Septième.

AVOINE.

D. — *Quels sont les usages de l'avoine?*

R. — L'*avoine* sert rarement à la nourriture de l'homme. — Ses grains rendent peu de farine, et le pain qu'on en obtient est noir, lourd, amer et d'une saveur désagréable. — On extrait de l'eau-de-vie du grain de cette plante. — L'avoine employée en vert est considérée comme un bon fourrage. — Mais ce sont ses grains qui font le principal mérite de l'avoine pour la nourriture des animaux de travail. Les chevaux auxquels on veut donner de l'ardeur, les moutons qu'on engraisse, les brebis nourrices dont on veut augmenter la quantité du lait, les oiseaux de basse-cour dont on cherche à accélérer la ponte printanière, se trouvent parfaitement bien de cette nourriture.

D. — *Quels sont les terrains convenables à l'avoine?*

R. — De toutes les céréales, l'avoine est la moins difficile sur le choix du terrain ; elle réussit partout ; cependant elle aime la fraîcheur et ne redoute l'humidité qu'autant qu'elle est trop permanente. — Cette plante est robuste et exige moins de soins que les autres céréales. — Toute sa culture se borne communément à un simple labour et à un sarclage.

D. — *A quelle époque sème-t-on l'avoine?*

R. — On sème l'avoine depuis le mois de septembre jusqu'au mois d'avril. — La première époque est préférable pour tous les sols légers où les froids ne sont point assez intenses pour endommager cette céréale, comme dans nos départements méridionaux. — Dans le centre de la France, on sème en février et mars, conformément à un vieux proverbe : avoine-de février remplit le grenier.

D. — Quelle est la quantité de semence employée ?

R. — Il est très-difficile, en agriculture, de préciser les quantités de semences. L'époque des semailles, la manière de labourer en planches ou en billons, les procédés de semis en lignes ou à la volée, la fertilité et l'humidité plus ou moins grandes du sol, les coutumes locales basées sur la connaissance du climat et sur une longue expérience, apportent des différences très-grandes pour toute espèce de céréale. — La quantité moyenne de semence pour l'avoine, comme pour l'orge, est de un hectolitre et demi par hectare.

D. — Comment sème-t-on l'avoine ?

R. — On sème toujours l'avoine à la volée et de trois manières différentes : tantôt on laboure le sol avant la semaille ; on sème et on recouvre à la herse. — Tantôt on répand la graine sur le vieux labour, et on l'enterre par une seule façon à l'extirpateur. — D'autres fois, on sème à la surface du champ non labouré, et l'on recouvre à la charrue.

Dans tous les cas, il importe que la semence soit à une assez grande profondeur pour profiter du peu de fraîcheur qu'elle ne trouverait pas plus près de la surface.

Section Huitième.

RIZ.

D. — Qu'est-ce que le riz ?

R. — Le riz est une plante annuelle qui appartient à la famille des graminées. Ses racines ressemblent à celles du froment; les tiges ont un mètre de haut; les feuilles longues et étroites se terminent en pointe ; les fleurs sont de couleur purpurine; les grains sont contenus un à un dans une balle sans arête ; ils sont ordinairement blancs.

D. — Quels sont les usages du riz ?

R. — Les usages du riz sont nombreux et variés : il sert de nourriture à une grande partie des peuples de l'Asie, de l'Afrique et de l'Amérique. — En Europe, on mange aussi le riz bouilli ; mais on en prépare surtout des potages, des gâteaux et des mets sucrés excellents. — La décoction du riz est très-employée en médecine dans les dyssenteries et comme boisson très-salutaire.

D. — Quels sont les inconvénients de la culture du riz?

R. — La culture du riz exige beaucoup d'eau et ne prospère que sur les terrains qu'on peut inonder à volonté, ou dans les contrées soumises à des pluies régulières et abondantes.—En France, il a été défendu d'établir des rizières, parce qu'elles y causaient des maladies dangereuses.

Section Neuvième.

MILLET ET PANIS.

D. — Quelle différence y a-t-il entre le millet et le panis ?

R. — Le *millet* et le *panis*, qui se cultivent absolûment de la même manière et sur les mêmes terrains, diffèrent entre eux par la forme de l'épi, la couleur et la grosseur des grains et par les usages auxquels on les destine. — Le millet se distingue facilement du panis par ses panicules volumineuses, à longues ramifications, lâches et pendantes au sommet ; ses graines sont jaunes et un peu plus grosses que celles de la seconde espèce. — Le panis a l'épi serré et rond ; ses ramifications sont courtes ; les feuilles sont moins larges, moins longues, moins velues que celles du millet ; ses grains sont un peu plus petits et plus noirâtres que ceux du millet. — Il y a même deux variétés de panis : Le Moha à épi court et serré ; et le panis d'Italie à épi aussi serré, mais beaucoup plus long. — La farine de millet sert à faire une espèce de pain appelé *millas* ; tandis que la farine de panis, plus noire et plus amère, est rarement employée à cet usage ; on s'en sert pour engraisser les cochons. — On emploi les graines du millet et du panis à la nourriture de tous les animaux domestiques et des oiseaux. — Mais pour certains oiseaux chantants tels que le chardonneret, le canari, la linotte, etc., on préfère le panis ; car le millet leur est nuisible.

D. — Comment cultive-t-on les millets ?

R. — Tous les millets se cultivent comme le maïs, quarantain ; ils aiment une terre légère et bien fumée. — Les millets, supportant la sécheresse mieux que les autres céréales, sont propres à succéder aux cultures printanières détruites par une cause quelconque.

Le millet et le panis réussissent très-bien après la moisson du seigle et du froment — Les semailles se font en ligne dans les sillons vides du seigle ; on recouvre la semence avec le sarcloir ; et, après la récolte du seigle, on sarcle, on éclaircit et l'on butte. Les semis ont lieu vers le 1er juin. — La récolte se fait vers la fin de septembre. — Le produit en grain des millets est considérable.

Section Dixième.

SORGHO.

D. — *Qu'est-ce que le sorgho ?*

R. — Le *sorgho*, appelé vulgairement *milloque* ou *milleroque*, est cette plante, connue de tout le monde, qui sert principalement à faire des *balais*. Le sorgho, souvent confondu avec le millet, en diffère cependant par ses usages économiques, sa culture et ses produits. — Sa tige forte et raide s'élève à la hauteur de 2 mètres. Ses feuilles sont plus larges et plus longues que celles du millet. Ses fleurs et ses graines sont disposées, à l'extrémité des tiges, en larges panicules formant une espèce de petit balai.

D. — *Quels sont les procédés de culture du sorgho ?*

R. — On cultive le Sorgho comme le maïs. — La manière de le semer, de le sarcler et de le butter, est exactement la même. — Il exige une terre fertile et chaude. — La graine sert à nourrir la volaille. — La farine de sorgho mélangée avec celle de maïs est utilisée pour engraisser les cochons. — La culture du sorgho est fort peu étendue parce que cette plante épuise le sol autant que le maïs, et qu'elle donne des produits en général moins fructueux.

D. — Qu'est-ce que le sorgho sucré ?

R. — Le *sorgho sucré*, dont on parle avec tant d'avantages depuis quelques temps, est une variété du sorgho proprement dit. On peut, à l'aide de procédés qui ne sont pas toujours à la portée des cultivateurs, extraire de la tige du sorgho un jus sucré dont on fait spécialement de l'alcool et du sucre. — C'est à ce titre que la culture du sorgho-sucré est recommandée comme une innovation très-avantageuse pour l'agriculture.

Rien de plus facile que de cultiver le sorgho comme essai : si les cultivateurs ne peuvent pas en extraire de l'eau-de-vie et du sucre, ils pourront toujours en faire des balais, qu'ils convertiront en argent.

Section Onzième.

SARRASIN.

D. — Quels sont les usages du sarrasin ?

R. — Le *sarrasin*, ou *blé noir*, est une plante précieuse pour les contrées froides et peu fertiles. On peut s'en servir, en temps de disette, pour faire du pain, qui n'est guère bon. — La farine de sarrasin est convertie en bouillie, en galettes et en gâteaux assez nourrissants. — Mais c'est à la nourriture de la volaille et des bestiaux que le grain est particulièrement consacré. — Les fleurs de sarrasin fournissent une riche pâture aux abeilles. — On cultive encore le sarrasin pour le faire servir d'engrais, en l'enfouissant au moment de sa floraison.

D. — Quelle est la culture du sarrasin?

R. — La culture du sarrasin exige peu de travail. Toute terre lui convient. — On place le sarrasin indifféremment avant ou après toute espèce d'autre récolte. Sa croissance est rapide ; — mais la moindre gelée le détruit. — Ordinairement, on ne donne qu'un labour au champ qui doit le recevoir. — On peut le semer à toute époque de la belle saison, en prenant garde qu'il ne soit exposé ni aux gelées du printemps ni à celles de l'automne. — Il ne faut que demi-hectolitre de semence par hectare quand on veut récolter la graine, et un hectolitre quand on veut le faire servir d'engrais. — La graine ne doit pas être enterrée profondément. On la recouvre par un simple coup de herse.

Section Douzième.

RÉCOLTE DES CÉRÉALES OU MOISSONS.

D. — Qu'est-ce que la moisson?

R. — La moisson est la récolte des céréales.

D. — Quelle est l'époque de maturité des céréales?

R. — Il existe pour chaque récolte des époques et des procédés différents que les cultivateurs connaissent parfaitement. Il est bon d'observer toutefois que la moisson ne doit pas être faite par un temps pluvieux, parce que l'humidité ferait fermenter le grain et altérerait la qualité de la farine.

D. — Que faut-il encore observer dans la récolte des céréales?

R. — Ne remettre jamais au lendemain ce que l'on peut faire le jour même, c'est une maxime populaire qui s'applique spécialement aux récoltes. — Le moment où il convient de moissonner est celui où le grain commence à être assez dur pour craquer sous la dent. - Il est cependant des céréales, sujettes à s'égrainer, comme le froment, le seigle et surtout l'avoine, qui doivent être coupées un peu avant leur parfaite maturité. — Il est reconnu que si l'on moissonne à propos, le grain prend ensuite du développement; il contient moins de son et le pain est plus blanc.

D. — Quelle est la quantité moyenne des produits en céréales?

R. — La quantité des produits en céréales est subordonnée à la qualité du sol et au soin avec lequel on l'a cultivé. La diversité des produits varie encore non-seulement de localité à localité, mais d'année en année. — La quantité de paille varie même plus que celle du grain. — En présence de données aussi vagues, il est difficile de fixer des évaluations un peu précises. — D'après les circonstances, le *froment* produit de 8 à 16 hectolitres par hectare. — La moyenne pour toute la France est de 12 hectolitres par hectare. — L'hectolitre de froment, bonne qualité, pèse 80 kilogrammes. La paille pèse ordinairement deux fois le poids du grain.

Le rendement du *seigle* est beaucoup plus variable que celui du froment : la moyenne, pour toute la France, est de 16 hectolitres par hectare. — Un hectolitre de seigle pèse environ 75 kilogrammes.

Le *maïs* produit de 20 à 30 hectolitres par hectare. Le poids d'un hectolitre de maïs est, en moyenne, de 75 k.

L'*orge* produit de 25 à 30 hectolitres par hectare. — Son poids est à peu près égal à celui du maïs.

La production de l'*avoine* peut être comparée à celle de l'orge. Dans les bonnes terres, l'avoine produit plus qu'aucune autre graminée. — Le poids d'un hectolitre d'avoine est d'environ 50 kilogrammes.

Les produits du *riz* sont considérables ; mais cette plante n'est guère cultivée en France, à cause de l'insalubrité des rizières.

Pour le *sarrasin*, 20 à 25 hectolitres de grain par hectare doivent être regardés comme une bonne récolte.

Le *millet* et le *panis* donnent des produits abondants en grains et en fourrage. Leur culture, comme succession et récolte, devrait être beaucoup plus répandue.

CHAPITRE CINQUIÈME.

PLANTES FOURRAGÈRES.

D. — Qu'appelle-t-on plantes fourragères ?

R. — On appelle *plantes fourragères* celles dont les tiges et les feuilles offrent aux bestiaux de trait une nourriture en vert l'été et en foin l'hiver.

D. — Combien y a-t-il de sortes d'herbages fourragers ?

R. — Il y en a deux sortes : 1° les *pâturages*, ou *pacages*, formés d'herbages qui croissent spontanément et qui sont consommés sur place par les bestiaux ; — 2° les *prairies*, dont les produits se fauchent et donnent le *foin*.

D. — Est-il bien nécessaire d'avoir des fourrages ?

R. — Il est tellement nécessaire d'avoir des fourrages que sans eux il n'est pas d'agriculture possible : car, il faut des bestiaux, de la viande, du laitage, de la laine, des engrais, des moteurs de la charrue et des animaux de trait. Il faut donc des pâturages et des fourrages.

D. — Combien distingue-t-on de sortes de prairies ?

R. — On en distingue deux sortes : les *prairies naturelles* et les *prairies artificielles*.

Section Première.

PRAIRIES NATURELLES.

D. — Qu'est-ce que les prairies naturelles ?

R. — Les *prairies naturelles* sont celles où les herbages croissent naturellement, c'est-à-dire, sans aucune culture. — On les améliore par les amendements, par la destruction des plantes nuisibles et par la régularité périodique des irrigations.

D. — Comment divise-t-on les prairies naturelles?

R. — On divise les prairies naturelles en *prairies hautes*, ou *près secs*, en *prairies basses*, et en *prairies marécageuses*.

§ I. — PRAIRIES HAUTES.

D. — Qu'appelle-t-on prairies hautes?

R. — On appelle *prairies hautes* les *près secs* situés sur les hauteurs ou sur les pentes. Leur qualité dépend de la nature et de la fertilité du terrain qu'elles recouvrent. — L'herbe qu'elles produisent est de bonne qualité ; mais si l'année est sèche, la quantité laisse beaucoup à désirer. — De plus, les prairies hautes donnent peu de regain.

D. — Qu'est-ce que le regain?

R. — Le *regain* est l'herbe qui repousse dans les prairies après avoir fauché le foin, et qui forme une seconde récolte.

§ II. — PRAIRIES BASSES.

D. — Qu'est-ce que les prairies basses?

R. — Les *prairies basses* sont les près qui se trouvent sur les bords des fleuves et des rivières, que l'on désigne quelquefois sous le nom de *barthes*, ou qui longent des cours d'eau moins considérables. — Lorsque ces prairies s'égouttent facilement, leur sol, recouvert par des alluvions fréquentes, et d'une grande fertilité, et donne par conséquent des produits remarquables soit en foin, soit en regain. — On fauche ce dernier pour le faire sécher, ou bien on le fait pâturer sur place.

§ III — PRAIRIES MARÉCAGEUSES.

D. — Qu'est-ce que les prairies marécageuses ?

R. — Les *prairies marécageuses* sont celles où les eaux séjournent constamment. Le foin qu'elles produisent est vaseux et de mauvaise qualité. L'herbe de ces sortes de prairies peut être utilisée en vert, ou plutôt pour augmenter la masse des fumiers.

§ IV. — SOINS NÉCESSAIRES AUX PRAIRIES.

D. — En quoi consistent les soins nécessaires aux prairies ?

R. — Les soins d'entretien que les prairies naturelles exigent sont : 1° les fumer au commencement de mars ; 2° détruire les mousses au moyen de hersages ou de ratissages proportionnés à la ténacité du sol ; ce travail peut se faire en hiver ; 3° arracher les plantes nuisibles ; si tout le près est envahi de mauvaises herbes, on l'amende avec la chaux vive ; et l'on ressème ensuite de la poussière de greniers à foin ; 4° détruire les taupes et les taupinières ; 5° nettoyer le sol des pierres et autres obstacles qui entraveraient la fauchaison ; 6° irriguer ou arroser, toutes les fois que cette utile opération est possible.

§ V. — FENAISON.

D. — Qu'entend-on par fenaison ?

R. — On entend par *fenaison* les travaux relatifs à la récolte des foins, tels que le fauchage, le fanage, l'emmeulage et l'engrangement.

D. — Quelle est l'époque la plus convenable pour faucher les prés ?

R. — L'époque la plus convenable pour faucher les prés est celle où les herbages qu'ils produisent sont en pleine fleur. La fenaison ne se fait bien que par le beau temps.

D. — Qu'appelle-t-on andain ?

R. — On appelle *andain* l'étendue, ou la quantité de foin, qu'un faucheur peut faucher d'un coup de faulx d'un bout à l'autre de la pièce.

D. — En quoi consiste le fanage ?

R. — Le *fanage* consiste à retourner les andains les uns après les autres, à l'aide d'une fourche en bois, pour faire sécher le foin. — A l'approche de la nuit, on entasse l'herbe desséchée pour la préserver de la rosée et de la pluie qui pourrait survenir. — Le lendemain, on recommence la même opération ; on étend de nouveau l'herbe sur le prés, on la retourne de temps en temps, et quand elle est bien sèche, c'est-à-dire quand le foin est fait, on le réunit en *meules* où il se conserve très-bien en attendant qu'on juge à propos de le transporter dans les greniers. — Quelquefois, au lieu de renfermer le foin dans des granges ou bâtiments couverts, ou en forme des meules énormes dans le voisinage des maisons. Quand ces meules sont bien faites, le foin s'y conserve long-temps.

Section Deuxième.

PRAIRIES ARTIFICIELLES.

D. — Qu'appelle-t-on *prairies artificielles?*

R. — On appelle *prairies artificielles* des champs ensemencés de plantes fourragères qu'on remplace ensuite par une autre culture.

D. — *Quelles sont les plantes le plus généralement employées pour former des prairies artificielles?*

R. — Ce sont la *luzerne,* le *trèfle,* le *sainfoin,* le *lupin,* le *ray-grass,* la *vesce, etc.*

§ I. — LUZERNE.

D. — *Qu'est-ce que la luzerne?*

R. — La *luzerne* est une plante vivace ayant les tiges droites, hautes de 40 à 60 centimètres, et peu rameuses ; ses fleurs sont violettes, purpurines, bleuâtres ou jaunes. — De toutes les plantes fourragères, la luzerne est la plus productive ; elle donne trois ou quatre coupes par an ; mais elle ne prospère que dans les terrains profonds et fertiles. — Elle languit dans les sols arides ou d'une humidité froide.

D. — *Comment sème-t-on la luzerne?*

R. — On sème la luzerne, dans la proportion de 10 à

15 kilogrammes par hectare, à un centimètre de profondeur, sur un terrain retourné profondément et parfaitement fumé. — On la sème seule ou avec une autre récolte, telle que l'avoine, l'orge, le seigle, etc.; ces plantes protègent les jeunes pousses de la luzerne qui s'améliore en vieillissant; elle dure plusieurs années. — Il faut avoir soin de faucher la luzerne avant l'épanouissement des fleurs. — Le plâtrage en multiplie la récolte; on amende aussi avec la chaux vive. — La luzerne doit être donnée avec modération aux bestiaux surtout en vert, et éviter qu'elle soit mouillée de rosée ou de pluie, dans la crainte de leur occasionner des tranchées venteuses, qui produisent ce que l'on nomme la *météorisation* ou *enflure*. — La même précaution doit être prise pour le trèfle.

D. — *Quand et comment fait-on la récolte de la graine?*

R. — La graine de luzerne étant toujours d'un prix assez élevé, il importe de la recueillir avec soin. — On choisit pour cela l'époque à laquelle le champ ensemencé offre la végétation la plus belle; ce qui a lieu ordinairement à la seconde coupe de la troisième année. — Lorsque la graine de luzerne est mûre, ce que l'on reconnaît en voyant les gousses qui la contiennent se dessécher et s'entr'ouvrir, on coupe la tête des tiges; on les expose au soleil pour forcer les laines à s'ouvrir; ensuite on les bat avec des fléaux et on les froisse avec les mains. — Quand la graine est nettoyée, il faut l'étendre dans les greniers et la remuer souvent, jusqu'à ce qu'elle soit parfaitement sèche. — Sans cette précaution, elle germerait et ses qualités se trouveraient altérées.

Les tiges de luzerne qui ont produit la graine seront fauchées immédiatement après la récolte et utilisées pour la litière des bestiaux.

§ II. — TRÈFLE COMMUN.

D. — Qu'est-ce que le trèfle commun?

R. — Le *trèfle commun* est une plante fourragère dont la culture se concilie avantageusement avec le système de l'assolement alterne. — L'utilité du trèfle commun est généralement reconnue aujourd'hui. — Ce précieux végétal n'épuise nullement le sol et le fourrage abondant qu'il produit peut être donné en vert dans les mêmes proportions que la luzerne, ou fané et employé en foin pour l'hiver ; mais il faut alors le mélanger par portions égales avec d'autre foin.

D. — Comment cultive-t-on le trèfle ?

R. — On sème le trèfle au *printemps*, avec l'avoine, l'orge, le colza, les blés de mars, etc. — *L'automne* ne convient pas dans nos régions méridionales. — Le trèfle et les céréales de printemps semés ensemble se prêtent un mutuel appui, et ne se nuisent pas, parce que l'un, dont la racine est pivotante, va chercher sa substance à une plus grande profondeur que les autres qui ne se nourrissent que des sucs superficiels du sol.

Le trèfle se plaît de préférence dans les terrains frais et profonds de nature argileuse. — Sa culture ne doit pas durer plus de deux ans sur le même sol ; à la troisième année, on remplace le trèfle par un autre produit agricole.

§ III. — TRÈFLE INCARNAT.

D. — Qu'est-ce que le trèfle incarnat ?

R. — Le *trèfle incarnat*, vulgairement appelé *farouch,* ou *farouche,* est un des meilleurs fourrages connus. — Cette plante a des fleurs d'un beau rouge formant un chaton ou épi de la longueur de 7 à 8 centimètres ; ses tiges grasses et rameuses s'élèvent souvent à la hauteur de 70 à 80 centimètres, et quelquefois plus dans les bonnes terres. Quoique le trèfle incarnat ne donne qu'une coupe, il offre une ressource précieuse comme fourrage en vert en ce que cette plante donne ses riches produits en avril et au commencement de mai ; époque de disette de fourrage. — De plus, le trèfle incarnat n'occupe la terre que pendant le temps où on la laisse vide de tout ensemencement, depuis la récolte d'automne jusqu'au moment des semailles de printemps.

D. — Quels sont les terrains propres à la culture du trèfle incarnat ?

R. — Tous les terrains qui ne sont pas trop humides ou excessivement calcaires, sont propres à la culture du trèfle incarnat. — On en sème avec succès sur des sols très-divers. — Vers le mois de décembre, on couvre le trèfle incarnat d'une légère couche de fumier bien consommé.

D. — A quelle époque faut-il semer le trèfle incarnat ?

R. — Il faut semer le trèfle incarnat depuis le 15 août

jusque vers le 15 septembre, immédiatement après la récolte du froment, du seigle ou de l'avoine. — On retourne par un léger labour à la charrue ou à l'extirpateur les chaumes destinés à l'ensemencement du farouch. — Dans les terres légères, un simple hersage suffit. — On sème à la volée et le plus également possible la graine de farouch, dans la proportion de 10 à 15 kilogrammes par hectare. Il est à propos de couvrir légèrement la graine mondée après la semaille, afin que la semence pénètre dans le sol et y germe plus facilement. — Lorsqu'on sème la graine en gousse, il suffit de la répandre sur le sol légèrement préparé, et même au milieu du maïs sans aucune préparation préalable ; elle réussit presque toujours très-bien ainsi, surtout si l'on a soin de semer à l'approche de la pluie.

On voit par là avec quelle facilité les pays dépourvus de fourrages, peuvent améliorer leur situation agricole.

§ IV. — SAINFOIN.

D. — Quels sont les avantages de la culture du sainfoin?

R. — Le *sainfoin*, préféré à la luzerne dans beaucoup de pays, est un fourrage excellent en lui-même ; il a l'avantage de croître dans les terrains les plus médiocres et de les améliorer sensiblement. — Les frais de culture du sainfoin ne sont pas considérables, la graine est peu chère et la terre ne demande pas les engrais qu'exigent les autres cultures. On peut semer le sainfoin en toute saison ; mais particulièrement au printemps. — On le coupe ordinairement deux fois par an. Le sainfoin dure 5 à 6 ans.

De même que le trèfle et la luzerne, le sainfoin ne doit revenir sur le même terrain qu'au bout d'un temps égal à sa durée.

§ V. — LUPIN.

D. — Qu'est-ce que le lupin?

R. — Le *lupin blanc*, *lupuline*, ou *minette*, est une plante à fleurs blanches qui a l'avantage incontestable de croître fort bien sur les sols de très-médiocre qualité, et de résister partout à la chaleur. — Le lupin craint le froid et l'humidité ; aussi ne le sème-t-on que vers la mi-avril, à raison d'un hectolitre par hectare.

§ VI. — RAY-GRASS.

D. — Qu'est-ce que le ray-grass?

R. — Le *ray-grass*, cultivé comme fourrage, peut se couper en vert quatre à cinq fois par an, et donne par conséquent des produits abondants. — On le sème au printemps. — La quantité de semence est de 12 à 15 kilogr. pour un hectare. Le ray-grass réussit mieux dans les terrains sablonneux que dans ceux qui sont argileux et humides.

§ VII. — VESCE.

D. — Qu'est-ce que la vesce?

R. — La *vesce*, dont on connaît plusieurs variétés, est une plante qui fournit encore un excellent fourrage. — La vesce, soit de printemps, soit d'automne, aime les terres fortes et élevées. L'emploi des vesces données en vert aux bestiaux, exige les précautions déjà recommandées pour la luzerne et le trèfle, dans la crainte des *météorisations*. — Pour les transformer en foin, on doit les couper au moment de l'épanouissement des dernières fleurs, c'est-à-dire lorsqu'une partie des gousses sont déjà formées, parce que c'est le moment où elles contiennent le plus de parties nutritives.

Les vesces doivent être recherchées en raison des époques auxquelles elles peuvent être consommées.

Il faut environ un hectolitre et demi de semence par hectare.

CHAPITRE SIXIÈME.

PLANTES COMMERCIALES.

D. — *Que désigne-t-on sous le nom de plantes commerciales?*

R. — On désigne sous le nom de *plantes commerciales*, celles qui sont employées à un tout autre usage qu'à la nourriture de l'homme et des animaux. Telles sont les plantes *textiles*, *oléagineuses* et *tinctoriales*.

Section Première.

PLANTES TEXTILES.

D. — *Qu'appelle-t-on plantes textiles?*

R. — On appelle *plantes textiles* celles dont on peut

filer les fibres et l'écorce, comme le *lin* et le *chanvre* principalement.

§ I. — LIN.

D. — *Quelles sont les précautions à prendre dans la culture du lin ?*

R. — Pour bien réussir dans ce genre de culture, il y a plusieurs précautions à prendre :

1° Choisir de bonne semence et la renouveler souvent, parce que le lin est une plante très-sujette à dégénérer par des semailles successives dans le même climat. La graine de *Riga* est particulièrement recherchée ;

2° Semer épais si l'on cultive le lin pour le fil, et plus clair si c'est pour la semence ;

3° Le sarcler avec soin pendant le printemps, pour le nettoyer des mauvaises herbes ;

4° Arracher la plante dès que les feuilles et les tiges ont pris une teinte jaune : en cueillant le lin prématurément, l'écorce en est plus blanche et plus forte ; mais on perd le profit de la semence ;

5° Quand le lin est récolté, il faut le mettre en paquets et le faire tremper dans l'eau courante pandant 24 heures ; après quoi, on le fait sécher. — On peut alors le *broyer* et le *peigner* quand on veut.

D. — *Quels sont les usages du lin ?*

R. — Le *lin* produit une filasse qui sert à faire des toiles fines et du fil à coudre. — Ses graines fournissent une huile abondante et estimée. — La farine de graine de lin est employée dans la médecine.

D. — Quels sont les terrains qui conviennent à la culture du lin ?

R. — Le lin est une des plantes qui épuisent le plus la terre. — Il exige un terrain fertile, bien fumé, bien préparé par plusieurs labours. — La sécheresse et le froid sont également nuisibles à cette plante délicate.

D. — Combien y a-t-il d'espèces de lin ?

R. — Il y a deux espèces de lin : le *lin d'hiver*, que l'on sème dans les premiers jours de l'automne et qui passe l'hiver en terre ; et le *lin d'été*, que l'on sème depuis le 15 mars jusqu'au 15 mai.

D. — Comment faut-il semer le lin ?

R. — Une fois que la terre destinée à recevoir l'ensemencement du lin est bien labourée, aplanie et égalisée, on sème la graine à la volée dans la proportion d'environ un hectolitre par hectare, et on la recouvre légèrement avec la herse, le rouleau ou le rateau. — Il convient de semer le lin épais, parce que plus il est long, plus on l'estime.

§ II. — CHANVRE.

D. — Qu'est-ce que le chanvre ?

R. — Le *chanvre* est une plante qui donne une filasse plus grossière que le lin ; mais il produit davantage.

D. — Quels sont les usages du chanvre ?

R. — Le chanvre sert à fabriquer des cordages, de

la ficelle et du fil qui sert à plusieurs usages et même à faire de belle et bonne toile de ménage.

D. — Comment cultive-t-on le chanvre ?

R. — On cultive le chanvre à peu près de la même manière que le lin. — Il se plaît dans une terre riche et profonde. — La semence doit être de l'année précédente, belle et féconde. — La maturité du chanvre se reconnaît lorsque la cime jaunit et que le pied blanchit. Dès que le chanvre est arraché, on le traite comme le lin.

D. — En quoi consiste le rouissage du chanvre et du lin ?

R. — Le *rouissage* consiste à faire tremper dans l'eau ou à exposer à la rosée le lin et le chanvre pour séparer l'écorce de la partie ligneuse, c'est à-dire pour détacher la filasse des tiges.

D. — Qu'est-ce que teiller le chanvre ?

R. — *Teiller* le chanvre, c'est, après avoir brisé les tiges, enlever à la main, d'un bout à l'autre, l'écorce qui recouvre la chènevotte ou tige. — On ne teille que les chanvres fins.

D. — Qu'est-ce que broyer le chanvre et le lin ?

R. — *Broyer* le chanvre et le lin, c'est briser entièrement la chènevotte pour dégager la filasse.

D. — Qu'est-ce que peigner ?

R. — *Peigner*, c'est diviser la filasse et séparer les diverses longueurs de brins. — La finesse du lin et du chanvre dépend beaucoup du soin qu'on a donné à cette opération.

Section Deuxième.

PLANTES OLÉAGINEUSES.

D. — Qu'appelle-t-on plantes oléagineuses ?

R. — On appelle *plantes oléagineuses* celles que l'on cultive pour en extraire l'huile que contiennent leurs semences.

D. — Quelles sont les plantes oléagineuses ?

R. — Les principales plantes oléagineuses sont : le *colza,* la *navette,* l'*œillette* ou *pavot,* la *cameline,* etc. On retire aussi de l'huile des graines de lin et de chanvre.

§ I. — COLZA.

D. — Qu'est-ce que le colza.

R. — Le *colza* est une espèce de chou dont les semences donnent une huile abondante et de bonne qualité.

D. — Y a-t-il plusieurs espèces de colza ?

R. — Il y a le *colza d'hiver* à fleurs jaunes, que l'on sème au commencement de l'automne et que l'on récolte à la fin du printemps ; et le *colza d'été* à fleurs blanches, que l'on sème au printemps, et que l'on récolte en automne. — La première espèce donne des produits beaucoup plus abondants que la seconde.

D. — Comment cultive-t-on le colza ?

R. — On sème le colza à la volée ou en lignes dans une terre profonde, friable et bien fumée. — 8 à 10 litres de semence suffisent pour un hectare. — On éclaircit et l'on bine une fois avant l'hiver. — On bine de nouveau à la fin de mars. — On reconnaît que le colza est mûr à la couleur jaune de la plante et à la teinte brune dès graines. — On coupe les tiges à la faucille pendant la rosée du matin pour empêcher l'égrainage ; et dès que les tiges sont suffisamment sèches ; ce qui a lieu ordinairement après trois ou quatre jours, on les ramasse et on les bat en plein air, au milieu des champs.

§ II. — NAVETTE.

D. — Qu'est-ce-que la navette ?

R. — La *navette*, dont la culture est facile et peu dispendieuse, est une espèce de navet dont les graines fournissent une huile estimée. — On distingue deux variétés de navette : celle d'été, plus bâtive, et celle d'hiver qui produit davantage.

D. — Quels sont les procédés de culture de la navette ?

R. — On sème la navette d'été après l'hiver et l'autre en automne. — La quantité de semence est de 7 à 8 litres par hectare. Les pieds doivent être espacés de 40 à 50 centimètres. — Cette plante n'exige d'autres soins qu'un simple binage. — La récolte se fait comme celle du colza.

§ III. — ŒILLETTE OU PAVOT.

D. — Quelles sont les productions de l'œillette ou pavot ?

R. — L'huile que l'on extrait du pavot est la meilleure pour la table ; on l'appelle huile d'œillette. — Le pavot est aussi employé en médecine ; sa fleur est une ressource précieuse pour les abeilles.

D. — Quels sont les soins de culture que cette plante exige ?

R. — Cette plante aime les terrains favorables aux céréales et réussit mieux dans les provinces du Midi, quand elle a été semée en automne. — Dans les provinces du Nord, on sème le pavot en février ou mars. — Pendant la végétation, on éclaircit les pieds et on les sarcle.

§ IV. — CAMELINE.

D. — Comment cultive-t-on la cameline ?

R. — La *cameline* se plaît dans les terrains légers ; elle brave les insectes et ne souffre pas de la sécheresse ; sa culture est la même que celle de la navette d'été.

Section Troisième.

PLANTES TINCTORIALES.

D. — Qu'entend-on par plantes tinctoriales ?

R. — On entend par plantes tinctoriales celles qui ont des propriétés colorantes ; telles sont : la *garance*, le *pastel*, le *safran*, la *gaude*, etc.

§ I. — GARANCE.

D. — Qu'est-ce que la garance ?

R. — La *garance* est une plante vivace qui occupe la terre pendant trois ans, et dont les racines fournissent une belle couleur rouge.

D. — Comment cultive-t-on la garance ?

R. — La garance exige un terrain profond, substantiel et gras. — On peut la multiplier de semence, en la semant en avril ou mai ; on peut aussi la planter en novembre ou décembre, et quelquefois en février et mars sur un terrain bien préparé et fumé ; on tire le plan des pépinières qui ont été formées au printemps précédent —. Les planches ensemencées ont une largeur de deux mètres et la distance entre chaque planche est de 30 centimètres. — La quantité de graine employée varie de 60 à 100 kilogrammes par hectare. — Dès que la plante commence à pousser, il faut arracher avec soin toutes les herbes adventices. Le sarclage doit être répété plusieurs fois la première année. Au mois de novembre, on couvre les billons de *dix* centimètres de terre pour préserver la plante des gelées. — Pendant la seconde année, on continue à donner des soins au sarclage. — Quand la tige est en fleur, on la coupe pour avoir du fourrage, à moins qu'on ne veuille en récolter la graine. — A la fin de l'automne de la troisième année, on arrache les racines à la bêche ou à la charrue. — Après la dessication, il ne reste plus qu'à emballer la récolte.

§ II. — PASTEL.

D. — Qu'est-ce que le pastel ?

R. — Le *Pastel* est une plante à racine charnue et pivotante dont les feuilles fournissent une belle couleur bleue, que l'on emploie en mélange avec l'indigo,

D. — Comment faut-il cultiver le pastel ?

R. — Sur un sol riche et très-bien amendé, on sème à l'automne ou au printemps, le plus souvent en lignes espacées de 40 à 50 centimètres, 15 kilogrammes de semence par hectare. — Le pastel exige les mêmes soins que les autres plantes sarclées. Lorsque les feuilles commencent à jaunir un peu, on les cueille et on les porte sous des hangars où on les laisse se ressuyer, pour les broyer ensuite et les approprier à l'usage auquel on les destine.

§ III. — SAFRAN.

D. — Quels sont les usages du safran ?

R. — Le *safran* est le produit des fleurs d'une petite plante bulbeuse que l'on cultive avec succès dans les terres légères, chaudes et sèches. — Le safran est employé dans la médecine, la parfumerie, l'économie domestique comme assaisonnement recherché, et surtout dans les arts comme fournissant une belle couleur jaune.

D. — Quelle est la culture du safran ?

R. — On plante les ognons de safran en lignes, à peu près comme les ognons ordinaires, à 15 centimètres de profondeur. — Cette plantation a lieu ordinairement vers la mi-août. — On sarcle la plante et on en cueille les fleurs en octobre de l'année suivante et de la troisième année. — A la quatrième année, on arrache toutes les racines pour les replanter dans un autre champ. — Le produit d'une safranière peut être évalué de 30 à 35 kilogrammes de safran par hectare pour les trois années.

§ IV. — GAUDE.

D. — Qu'est-ce que la gaude ?

R. — La *gaude* est une espèce de *réséda* que l'on cultive pour l'usage de la *teinture*, à laquelle ses fleurs et ses tiges fournissent une couleur jaune, belle, solide et avantageuse pour les étoffes. — De toutes les plantes tinctoriales, elle offre l'avantage de pouvoir être livrée au teinturier dès qu'elle est coupée et séchée. — On retire aussi de la *gaude* une couleur jaune pour les besoins de la *peinture*.

D. — Comment se cultive la gaude ?

R. — On sème la gaude d'automne en juillet et août pour la récolter l'année suivante en juin ou en juillet. — La variété de printemps doit être semée en mars et on l'arrache dans la même année à la fin de septembre.

On sème ordinairement la gaude à la volée à raison de 6 à 7 kilogrammes de graine par hectare. — Il est bon de faire tremper la semence pendant quelques jours avant de la confier à la terre. — On peut sarcler une fois ; mais le plus souvent, quand la gaude succède à une autre récolte, on l'abandonne à elle-même jusqu'à ce que la plante soit en fleur, époque de la récolte.

La gaude réussit dans tous les terrains. — Sa culture, peu répandue, est cependant très-facile et très-peu dispendieuse.

CHAPITRE SEPTIÈME.

DES ASSOLEMENTS.

Section Première.

PRATIQUE DES ASSOLEMENTS.

D. — Qu'entend-on par assolement ?

R. — On entend par *assolement* le partage de la terre labourable en diverses *soles* destinées à porter successivement des récoltes différentes. — En d'autres termes, l'assolement est l'art de faire alterner les cultures sur le même terrain. Ainsi, lorsqu'on ensemence du maïs après le froment ou de l'avoine après le seigle, c'est un assolement — Cultiver toujours du froment ou une autre céréale dans un champ en laissant, entre deux années de culture, la terre en repos et sans ensemencement. c'est un assolement. — Semer du grain une année et du fourrage ou une autre plante après, c'est encore un assolement.

D. — Quels sont les noms que l'on donne aux divers assolements ?

R. — Les assolements prennent différents noms, selon la distribution adoptée dans les ensemencements successifs des diverses plantes. — Chaque ferme est ordinairement divisée en deux parties inégales : l'une réservée à la culture des céréales ; l'autre aux prairies artificielles ou naturelles.

L'assolement biennal, très-usité dans le Midi, consiste

à cultiver alternativement du froment et du maïs, ou du seigle et du maïs.

L'assolement triennal, qu'on rencontre le plus fréquemment, surtout dans les départements du centre de la France, consiste à ensemencer la terre pendant trois années desuite, pour recommencer les ensemencements dans le même ordre.

Il existe en outre une *sole* placée en dehors de la rotation et qui est occupée par les prairies artificielles.

Dans certains pays, on laisse la terre sans culture pendant une ou plusieurs années ; c'est ce qu'on appelle *jachère* ou *repos*.

Section Deuxième.

DES JACHÈRES.

D. — *Qu'entend-on par jachère ?*

R. — On entend par *jachère* le repos, d'une année au moins, donné à la terre après la culture des céréales.

D. — *Quelle est l'origine des jachères ?*

R. — Les jachères remontent à une époque très reculée : dans les premiers temps, lorsque les populations encore peu nombreuses, n'ayant entre elles que de rares relations et n'éprouvant que peu de besoins, étaient disséminées sur un vaste territoire, chacun ensemençait tous les ans la quantité de terre suffisante pour produire le grain nécessaire à la consommation de sa famille, et l'année suivante,

Il portait ses travaux sur une autre partie de terre vierge encore, ou du moins qui n'avait pas été depuis longtemps cultivée. Lorsque les populations devinrent plus nombreuses, que les progrès de la civilisation leur eurent créé de nouveaux besoins, qu'une partie de cette population, enfermée dans les villes et ne se livrant pas aux travaux agricoles, dut aller demander les grains nécessaires à sa subsistance aux habitants des campagnes, chacun s'attacha à augmenter le revenu des terres. — Aussi cultivait-on de préférence les meilleurs sols, qui cependant, faute d'engrais, finissaient par s'épuiser. — C'est alors que, reconnaissant la nécessité de laisser reposer la terre, les cultivateurs les plus intelligents adoptèrent le système des jachères.

D. — *A quelle époque adopta-t-on le système régulier des jachères?*

R. — Il y a environ cinq cents ans qu'un italien, nommé *Barbo*, proposa de diviser chaque exploitation en trois parties égales, dont l'une serait cultivée en grains d'automne, l'autre en grains de printemps, et la troisième resterait en repos. Ce système produisit de bons résultats, et il ne tarda pas à être universellement adopté. — C'était là une amélioration considérable sans doute ; mais qui n'était pas sans inconvénients. Les mêmes cultures revenant à de trop courts intervalles sur les mêmes terres, finissaient par les épuiser, et leur produit, loin de s'accroître, tendait au contraire constamment à diminuer par l'effet de l'épuisement successif du sol.

En présence de cette situation, que révélaient les méditations et les écrits des savants, les agriculteurs les plus instruits et les plus expérimentés s'attachèrent à rechercher quelles modifications il conviendrait d'apporter dans la culture des terres pour augmenter leurs produits. — C'est alors que l'on commença à cultiver en grand la luzerne, le trèfle, le sainfoin, etc., qui étant consommés par les bestiaux, permirent d'en élever un plus grand nombre et d'avoir par conséquent une plus grande quantité de fumier.

D. — Quel est le principal motif que font valoir les partisans du système des jachères?

R. — Le principal motif que font valoir les cultivateurs qui persévèrent dans l'ancien système de culture pour maintenir les jachères, c'est l'impossibilité où ils se trouvent d'avoir des engrais en assez grande quantité pour fumer tous les ans toutes leurs propriétés.

D. — Qu'auraient-ils à faire pour avoir plus d'engrais?

R. — Il faudrait composer des engrais artificiels, ou bien entretenir une plus grande quantité de bétail.

D. — Pourquoi les cultivateurs n'entretiennent-ils pas une plus grande quantité de bétail?

R. — Parce qu'ils n'auraient pas assez de fourrage pour les nourrir.

D. — Quel serait le meilleur moyen de se procurer le fourrage qui leur manque?

R. — Il faudrait qu'ils fissent des prairies artificielles et qu'ils consacrassent une partie de leurs terres à la culture des plantes fourragères et des racines nourrissantes qui fournissent d'excellents aliments pour le bétail. C'est ainsi que de conséquence en conséquence, on se trouve conduit à reconnaitre que la variété des cultures peut seule permettre d'élever un plus grand nombre de bestiaux, lesquels donneront une plus grande quantité d'engrais, qui fournira les moyens de mettre annuellement toutes les terres en culture et d'en tirer un plus grand revenu.

L'insuffisance du bétail et du manque d'engrais qui en est la conséquence, sont en effet les obstacles les plus sérieux qui entravent le développement de l'agriculture en France. — Les départements dans lesquels on élève le plus de bétail, sont ceux où la culture des terres donne les produits les plus abondants, tandis que ces revenus sont proportionnellement beaucoup plus faibles dans ceux des départements où il n'existe que peu de bestiaux.

SUPPRESSION DES JACHÈRES.

D. — Les jachères peuvent-elles être supprimées?

R. — Le système des jachères est très-préjudiciable à l'agriculture. Laisser la terre en jachère pour lui donner un repos dont elle n'a pas besoin et qui ne saurait exister, attendu que la terre inculte se couvre bientôt de mauvaises herbes et de plantes de diverses espèces, lors même que la main de l'homme n'y a pas déposé de semences, ce n'est pas connaitre la marche de la nature qui ne demande qu'à produire, et renoncer volontairement à ses produits.

L'expérience de tous les jours démontre que la terre laissée en jachère ne se repose pas, parce que la nature étant infatiguable, il faut toujours qu'elle agisse avec ou sans le concours de l'homme.

Ainsi, sous le rapport du repos de la terre, les jachères doivent être regardées comme inutiles, et l'absence de toute production d'un tiers ou d'un quart de la terre laissée sans culture, doit être considérée comme très-nuisible. — Les jachères favorisent le développement et la multiplication des mauvaises herbes et privent le cultivateur d'un grand nombre de récoltes précieuses dont elles peuvent tenir la place • donc, les jachères doivent être supprimées et remplacées par l'*assolement alterne*.

Section Troisième.

CULTURE ALTERNE.

D. — En quoi consiste la culture alterne?

R. — La *culture alterne*, ou *assolement alterne*, consiste à cultiver *alternativement* dans le même sol des plantes épuisantes et des plantes non épuisantes, en éloignant le retour des ensemencements de même espèce pendant un temps suffisant pour que les combinaisons nécessaires à la formation des sucs qui conviennent spécialement à certains végétaux puissent avoir lieu. — Cet assolement peut être varié à l'infini selon les besoins ou la convenance du cultivateur, la nature du terrain, les exigences du climat, ou les débouchés que présente la situation même de l'exploitation.

D. — Quelle est la nécessité de la culture alterne?

R. — En général la même terre ne peut pas porter, pendant plusieurs années consécutives, des récoltes de céréales ou d'autres plantes granifères. Vainement y multiplierait-on les labours et les engrais. Les récoltes seraient, d'année en année, plus mauvaises tant sous le rapport de la quantité que sous celui de la qualité. La terre s'effrite, c'est-à-dire s'épuise, se lasse de porter toujours des plantes de la même espèce et de la même famille. — Lorsqu'une plante a puisé pendant une ou deux années consécutives, les sucs qui conviennent à son alimentation, il est fort naturel qu'il n'en reste que très-peu, tandis que les sucs qui sont propres à la nourriture des plantes d'une autre nature sont à peu près intacts. — De là la nécessité de remplacer, pour avoir des récoltes annuelles, les plantes d'une espèce par des plantes d'une espèce différente, afin que les sucs qui conviennent à la plante qui vient de quitter le sol, puissent être élaborés pendant que sont consommés ceux qui conviennent plus particulièrement à celle qu'on vient d'y semer.

D. — Quels sont les avantages de la culture alterne?

R. — La variété des cultures présente plusieurs avantages : si sur un champ qui vient de donner une récolte de céréales, on sème soit des plantes fourragères comme les trèfles, soit des plantes à racines nourrissantes comme les betteraves, les carottes, les navets, les raves, etc., non-seulement ces plantes donneront d'abondants produits malgré la récolte des céréales qui les aura précédées;

mais encore ce champ sera propre à donner, l'année d'après, une bonne récolte de céréales. Ainsi on n'aura pas besoin de le laisser reposer pour en tirer des produits abondants. — Il aura suffi d'alterner les cultures en ne semant des céréales qu'une année sur deux, et en cultivant, pendant l'autre année, soit des plantes fourragères, soit des plantes à racines nourrissantes. — Cette dernière culture aura reposé la terre et l'aura rendue propre à produire, l'année suivante, des céréales.

La culture alterne est sans contredit la plus productive ; elle réunit les plus grands avantages sous les rapports du rendement et de la conservation de la terre dans le meilleur état.

Par elle, la terre produit toutes sortes de grains, de fourrages et de racines fourragères ; avec ceux-ci on entretient beaucoup de bétail de travail, de croît, de vente, desquels on obtient des masses d'engrais, de la viande et tant d'autres produits ; enfin, c'est le moyen d'entretenir les terres dans un état de prospérité. — Par elle, les travaux sont plus variés, mieux répartis, et se succèdent plus régulièrement.

D. — Que faut-il observer dans la culture alterne ?

R. — Ce qui exige le plus d'attention dans la culture alterne, c'est d'ordonner l'assolement de telle sorte que l'état dans lequel on a mis le terrain par les travaux de la précédente récolte convienne à celle qui suit, afin que les plantes se trouvent dans l'état de division qui convient à leur nature. — On peut atteindre ce but d'une manière complète en ne faisant jamais succéder l'une à l'autre deux plantes épuisantes ou deux plantes de même espèce ou d'espèces analogues. — Il faut faire succéder des récoltes réparatrices à celles qui sont épuisantes. — Les céréales, les plantes oléagineuses et industrielles sont épuisantes, ces dernières particulièrement, parce qu'elles prennent beaucoup à la terre sans rien lui donner. Les plantes réparatrices sont les fourragères, qui, outre qu'elles donnent du repos à la terre, lui laissent un riche humus par le détritus des feuilles et des racines qui s'y dissolvent et servent à alimenter le bétail. — Sur une céréale, on établit un trèfle ; sur celui-ci une autre céréale ; après celle-ci une récolte sarclée, qui cultive le terrain et détruit les mauvaises herbes.

D. — *Qu'entend-on par récoltes sarclées ?*

R. — On entend par *récoltes sarclées*, quelques plantes que l'on ne cultivait autrefois que dans les jardins pour la nourriture des hommes, et dont il sera parlé en traitant de l'horticulture. Les plus importantes sont la pomme de terre, la betterave, la carotte, les navets, les panais, les choux, les fèves et féverolles, le colza, etc.

Ces cultures s'appellent *récoltes sarclées*, parce qu'on sarcle ces plantes plus souvent que les autres.

Chapitre Huitième.

CHARRUES.

D. — Qu'appelle-t-on charrues ou araires?

R. — On appelle *charrues* les instruments employés en agriculture pour *labourer* la terre. — Celles qui ont un avant-train avec une ou plusieurs roues sont les *charrues* proprement dites ; celles qui n'ont pas d'avant-train sont appelées *araires* ou *charrues simples.* — Les charrues, quelle que soit leur forme, sont traînées par des animaux.

D. — Que faut-il pour constituer une bonne charrue?

R. — Pour constituer une bonne charrue, il faut, a dit la Société d'agriculture de Paris, « Que le laboureur n'ait » pas besoin d'aide, qu'elle soit simple et légère, que » l'attelage ne soit pas de plus de deux bêtes (en circons- » tances ordinaires), que le soc soit plat et tranchant, que » le versoir range la terre de côté et nettoie parfaitement » le fond de la raie, que le labour soit étroit et profond ; » que la charrue obéisse avec précision à tous les mouve- » ments que lui imprime le laboureur, qu'elle ne fasse » rien au-delà de ce que sa main lui prescrit. »

D. — Quelle est celle des charrues qui mérite la pré-férence?

R. — Parmi les différentes charrues employées et dont les formes varient à l'infini, celle qui mérite la préférence est l'araire simple sans avant-train. — Du reste, c'est au cultivateur habile et prudent à choisir l'araire qui convient le mieux à la nature de son terrain.

D. — *Quelles sont les parties essentielles d'une charrue ?*

R. — Les charrues les plus simples se composent de diverses parties nécessaires à leur bonne construction. — Ce sont : le *soc*, le *coutre*, le *sep*, le *versoir*, l'*age*, le *régulateur* et le *manche*.

§ I. — LE SOC.

D. — *Qu'est-ce que le soc ?*

R. — Le *soc* est la partie de la charrue qui détache la bande de terre, concurremment avec le coutre, et la soulève en avant du versoir. — Le soc a la forme d'un triangle isocèle plus ou moins allongé, également tranchant des deux côtés, pour les charrues à double versoir ou à tourne oreille. — Dans les charrues à versoir fixe, le soc a la forme d'un triangle rectangle, aligné avec le corps de la charrue, et ne formant ainsi que la moitié du premier.

§ II. — LE COUTRE.

D. — *Qu'est-ce que le coutre ?*

R. — Le *coutre* est une espèce de couteau destiné à trancher la terre verticalement ou obliquement. — Le coutre est ordinairement recourbé en avant et doit être aligné dans le sens de la pointe du soc.

§ III. — LE SEP.

D. — *Qu'est-ce que le sep ?*

R. — Le *sep* est cette portion de la charrue qui reçoit

le soc à sa partie antérieure, et assez communément, l'origine du manche à la partie postérieure. — Il glisse au fond du sillon de manière à s'appuyer sur la terre non labourée, du côté opposé au versoir.

§ IV. — LE VERSOIR.

D. — Qu'est-ce que le versoir ?

R. — Le *versoir* est destiné à soulever, déplacer et retourner la terre dans la raie précédemment ouverte. — Les versoirs sont planes ou diversement contournés.

§ V. — L'AGE.

D. — Qu'est-ce que l'age ?

R. — L'*age* est cette pièce de bois horizontale assujettie sur le devant de la charrue par le *montant* ou la *gorge* et quelquefois supporté par deux *étançons* et la prolongation du *manche*. — L'age est destiné à recevoir le coutre et à transmettre le mouvement de progression à la machine entière.

§ VI. — LE RÉGULATEUR.

D. — Qu'est-ce que le régulateur ?

R. — Le *régulateur* sert à régler l'entrure de la charrue et à modifier la largeur de la raie ouverte par le soc. — Les *araires piquent* d'autant plus qu'on élève le point de tirage, et d'autant moins qu'on l'abaisse. — Elles ouvrent une raie plus large lorsqu'on porte ce point vers la droite, moins large lorsqu'on le dirige vers la gauche.

§ VII. — LE MANCHE.

D. — A quoi sert le manche?

R. — Le *manche* sert à diriger la charrue. Diverses araires n'ont qu'un manche sur lequel le laboureur pose la main gauche, se réservant ainsi la droite pour diriger et activer les animaux de trait. — Près de l'extrémité de ce manche on adapte un petit *mancheron* destiné à reculer la charrue au besoin.

En résumé, une bonne araire entre les mains d'un laboureur intelligent et habitué à la diriger, est préférable à la plupart des charrues à avant-train. — A l'aide d'une force moindre, elle accomplit autant de travail, elle laboure aussi bien, et elle occasionne moins de fatigue à l'homme chargé de régler sa marche et aux animaux destinés à la mouvoir.

CHAPITRE NEUVIÈME.

MALADIES DES PLANTES

ET

DESTRUCTION DES ANIMAUX NUISIBLES AUX VÉGÉTAUX.

D. — A quelles attaques sont sujets les végétaux cultivés?

R. — Les chapitres précédents, qui développent d'une manière aussi complète et aussi claire qu'il nous a été possible de le faire, les principes théoriques et pratiques de la culture des plantes qui font l'objet principal de l'agriculture proprement dite, ne suffisent pas encore pour assurer au cultivateur la récompense de ses travaux : les végétaux cultivés sont sujets aux attaques de maladies organiques et d'agents extérieurs qui compromettent plus ou moins gravement leur développement ou leur existence ; un grand nombre de plantes parasites, souvent presque imperceptibles, non seulement absorbent, au détriment des bonnes plantes, les sucs nourriciers du sol, mais encore produisent des affections maladives qui les empêchent de remplir le but qu'on se proposait en les cultivant. — Une foule d'animaux de toutes les classes vivent également aux dépens des diverses parties des plantes et menacent continuellement de détruire les récoltes. — Il importe donc d'indiquer les moyens sanctionnés par l'expérience pour mettre les cultivateurs à l'abri de ces divers agents destructeurs, ou du moins diminuer leurs ravages.

Section Première.

DES DIVERSES MALADIES DES PLANTES.

D. — *D'où viennent les diverses maladies des plantes?*

R. — La succession favorable ou défavorable du temps concourt aux succès ou aux mauvaises chances de l'agriculture. Les maladies des plantes sont toujours la conséquence de l'influence des agents extérieurs, tels que le sol, l'eau, la chaleur, la lumière, l'électricité, etc. — Les effets de la température sont les plus importants, parce que les conséquences en sont plus graves. — Chacun comprend, par exemple, combien il serait difficile d'empêcher les fâcheux accidents qui résultent des gelées. — On peut bien au moyen de paillassons, de toiles, de treillis, de simples canevas, de pailles grossières en litières ou en fougères abriter les arbres fruitiers, les semailles précoces et autres végétaux, du dépôt de la rosée qui se transforme en gelée blanche ; mais ses moyens sont trop bornés pour pouvoir les appliquer à la grande culture. — On a aussi recommandé, dans le même but, de secouer la rosée, et, pour les blés, de promener une corde assez forte qui courbe les tiges et paraît enlever les petits glaçons : cette opération doit avoir lieu avant que les rayons du soleil viennent frapper le champ.

L'action de la chaleur occasionne aussi des affections dangereuses et communes, connues sous le nom de *brûlure* ou *brouissure*. Les arrosements sont les seuls remèdes dans cette circonstance.

La coulure est produite par des pluies abondantes et continuelles, ou une température froide au moment de la floraison. Malheureusement il n'existe aucun moyen de remédier à cette espèce de coulure.

Les vents violents, accompagnés de fortes pluies, occasionnent aussi un tort considérable en faisant verser les récoltes. — Il n'est non plus aucun moyen direct d'apporter remède au *versement de récoltes*.

La grêle cause des ravages bien plus considérables puisqu'elle hache les récoltes et les détruit quelquefois complètement. Les moyens proposés pour prévenir les

6.

ravages de la grêle sont illusoires, à l'exception des *assu-rances*, ou sociétés qui se sont formées pour assurer contre les chances de la grêle, à l'instar de celles qui ont pour but d'assurer contre les incendies et contre les naufrages.

Certaines plantes et principalement les céréales sont encore sujettes à des maladies particulières, telles que la *rouille*, le *charbon*, la *carie* et l'ergot.

§ I. — ROUILLE.

D. — Qu'est-ce que la rouille?

R. — *La rouille* est une maladie qui attaque la plupart des céréales, mais surtout l'orge et le froment; elle se développe presque toujours à la surface supérieure des feuilles sous forme de poussière fine, d'abord jaune, puis rousse comme la rouille de fer. — C'est à la suite des pluies ou des brouillards suivis d'un soleil ardent, que la rouille se délope avec le plus d'intensité.

§ II. — CHARBON.

D. — Qu'est-ce que le charbon?

R. — Le parasite qui constitue le *charbon* attaque la surface des graines et les recouvre d'une poudre noire. Presque toutes les céréales sont plus ou moins sujettes au charbon. L'opinion commune est que cette maladie ne se transmet point par les semences; qu'elle se reproduit d'elle-même sur les terrains mouilleux et excessivement gras sous l'influence d'une température alternativement humide et chaude.

§ III. — CARIE.

D. — Que désigne-t-on sous le nom de carie?

R. — On désigne sous le nom de *carie* une maladie qu'on a souvent confondue avec le charbon, parce que, comme celui-ci, elle affecte les parties de la fructification. Le parasite qui produit cette affection est logé dans l'intérieur même de la graine; il forme une poussière grasse au toucher, d'un noir tirant sur le brun ou l'olivâtre. — Les grains cariés sont légèrement ridés, un peu grisâtres plus arrondis et plus petits qu'à l'ordinaire.

§ IV. — ERGOT.

D. — Qu'est-ce que l'ergot?

R. — *L'ergot* est une des maladies les plus singulières des graminées; il attaque particulièrement le seigle. L'ergot est une excroissance dure, compacte, cassante, cylindrique, présentant à peu près la forme d'un ergot de coq; il est blanc et cotonneux en dedans, violet à la surface. — Lorsque l'ergot se trouve mélangé en quantité notable dans la farine de seigle, il peut donner lieu à des accidents très-graves. Il est facile de séparer l'ergot du bon grain par le crible et le van, ou même l'épluchage à la main.

D. — Quelle est l'origine de ces diverses maladies?

R. — Toutes ces maladies ont une origine à peu près commune et proviennent de l'intempérie des saisons, de la fréquence des pluies, des chaleurs précoces, des brouillards au moment de la floraison, etc., causes dont la science n'est point encore parvenue à découvrir de moyens préservatifs.

Le *chaulage* a seul la réputation de préserver les moissons de ces diverses maladies.

Section Deuxième.

DES ANIMAUX NUISIBLES EN AGRICULTURE.

D. — *Quels sont les animaux nuisibles en agriculture?*

R. — Le nombre de ces animaux est très-considérable. — Les plus nuisibles à l'agriculture sont : *les taupes, les rats, les mulots, les courtilières, les fourmis, les limaçons et les limaces, les hannetons, les frélons et guépes, les pucerons et attises, les charançons, les chenilles etc.*

§ I. — TAUPES.

D. — *De quoi se sert-on pour détruire les taupes?*

R. — *Pour détruire les taupes* on se sert ordinairement d'instruments appelés *taupières* : — Ce sont des morceaux de bois creusés ayant une soupape qui s'ouvre en dedans. On place ce tube creux à l'orifice des taupinières ; la taupe entre dans le piège et ne peut plus en sortir parce que le rebord du tube ne permet pas à la soupape de s'ouvrir en dehors. — On prend aussi les taupes avec d'autres pièges appelés *fers à taupes*, maintenus dans l'état de tension au moyen d'un ressort que la taupe fait partir et où elle se trouve prise. — On peut encore en restant à l'affût, sans faire le moindre bruit, pendant que la taupe travaille à rétablir sa galerie, ce qui a lieu à midi, au lever et au coucher du soleil, l'enlever d'un coup de bêche.

Les autres moyens employés pour détruire les taupes consistent à les empoisonner en imprégnant de noix vomique, d'arsenic ou d'autres drogues vénéneuses, les substances animales qu'elles recherchent pour leur pâture, et en plaçant ces préparations dans leurs galeries.

Quand on ne veut pas se donner la peine de détruire les taupes dans les prairies, on se borne à étendre les taupinières le plus tard qu'on le peut, c'est-à-dire lorsque l'herbe commence déjà à grandir, attendu que si l'on s'y prend trop tôt, il se forme bientôt un grand nombre de nouvelles taupinières.

§ II. — RATS.

D. — Quels sont les meilleurs moyens pour détruire les rats ?

R.—Les meilleurs moyens connus pour détruire les *rats, souris, loirs, mulots* et *campagnols*, sont : 1° d'avoir de bons chats ; 2° d'employer les pièges tels que ratières, souricières, quatre-de-chiffre, etc.; 3° d'enterrer rez-de-terre des vases renfermant de l'eau dont la surface est recouverte de balles de grain ou d'une bascule au bout de laquelle se trouve un appât ; 4° d'employer la mort aux-rats et d'autres poisons, mais il faut les placer dans des endroits où les chats et surtout les enfants ne puissent atteindre ; 5° pour tuer les *campagnols* dans les prairies, on emploie l'irrigation, lorsqu'il est possible de l'appliquer ; 6° enfin, pour détruire les rats et les souris, on prend de la chaux vive, on la pulvérise dans un mortier, en y ajoutant son équivalent de sucre pulvérisé ; comme les rats et les souris sont très-friands de sucre, ils mangent la poudre ainsi mêlée de chaux qui les tue presque instantanément. — Ce dernier moyen est peut-être le plus simple, le moins dangereux et le plus efficace.

§ III. — COURTILIÈRES.

D. — Comment peut-on détruire les courtilières ?

R. — Les *courtilières*, ou *taupes-grillons*, rongent les racines des plantes et occasionnent de très-grands dommages. — Le moyen d'arriver à la destruction de ces pernicieux insectes est depuis long-temps l'objet des investigations d'un grand nombre d'agronomes et d'essais nombreux tentés plus ou moins fructueusement et le plus souvent inapplicables à la grande culture — En plaçant des vases plats remplis d'eau près des nids de courtilières, celles-ci venant pour se désaltérer, s'y noient facilement. — L'eau de savon noir, l'huile rance, les dissolutions de soufre, éloignent ces insectes. — Un moyen très-simple de détruire les taupes-grillons consiste à placer de distance en distance des monceaux de fumier de litière qu'on laisse pendant cinq ou six jours ainsi amoncelés. Puis, tous les jours de grand matin, on retourne les monceaux avec une fourche à trois dents et l'on écrase les insectes qui pendant la nuit, attirés par l'odeur du fumier, y avaient cherché un asile; on replace le fumier sur le même endroit; après l'avoir piétiné, on l'arrose un peu s'il est trop sec, et l'on continue le même procédé les jours suivants jusqu'à complète destruction.

Un autre moyen essayé avec succès consiste à enfoncer dans le sol une barre de fer ou un piquet que l'on secoue doucement avec la main pendant quelques instants : les courtilières attirées ou effrayées par ce simple mouvement, apparaissent aussitôt à la surface de la terre et on les tue. Cette opération, simple et amusante, est répétée souvent et sur tous les endroits du jardin ou du champ dévasté par les taupes-grillons, ou courtilières.

§ IV. — FOURMIS.

D. — Que fait-on pour exterminer les fourmis?

R. — On suspend aux arbres qu'elles infestent des bouteilles à moitié pleines d'eau miellée, où elles viennent se noyer. Pour les y attirer, on frotte les goulots avec du miel. Quand les bouteilles sont pleines, il faut les vider et les replacer de la même manière. On détruit encore les fourmis en plaçant au pied de l'arbre un vase rempli d'eau mêlée avec du miel; ou bien on inonde leurs repaires d'eau bouillante.

§ V. — LIMAÇONS, ESCARGOTS.

D. — Comment détruit-on les limaçons?

R. — On détruit les *limaçons, limaces* et *escargots* en leur donnant la chasse matin et soir, dans le printemps et dans l'automne, lorsque le temps est doux et qu'il pleut. — Comme il serait difficile de faire la chasse aux petites espèces de limaces autrement qu'en leur donnant des plèges, on dispose çà et là dans les jardins des planches ou des pierres plates qui laissent entre elles et le sol un léger intervalle ; on place encore de petits tas de son ; les limaces s'y rassemblent, et là on peut facilement les faire périr. — Dans les champs on répand sur le terrain infesté un grand nombre de feuilles de choux sous lesquelles ces animaux se retirent et s'attachent de préférence. — Le lendemain dans le courant du jour, on enlève ces feuilles pour les donner aux cochons qui les mangent avec d'autant plus d'avidité que le nombre des limaces est plus considérable, ou aux volailles qui les recherchent et les détruisent en fort peu de temps jusqu'à la dernière.

Dans certains pays, on regarde comme le meilleur moyen à employer pour se débarrasser de ces mollusques, de laisser les dindes, les poules et les canards, parcourir dès le matin les jardins et les champs de blé, de colza, de navette, de carottes, etc.

La chaux, les cendres, le sable très-fin font périr les limaces ou au moins les éloignent efficacement des terrains sur lesquels on les répand.

§ VI. — HANNETONS.

D. — Qu'est-ce que les hannetons?

R. — Les *hanetons* sont des insectes volants extrêmement nuisibles par leur voracité. — A l'état de *larves*, les hannetons sont ces gros *vers-blancs* souterrains, vulgairement appelés *asticots, mans ou turcs,* qui rongent pendant deux ou trois ans les plus tendres racines des plantes et les plus dures des arbres. Pendant l'hiver, ces larves restent engourdies dans la terre; mais au printemps, elles dévorent tout ; puis elles se transforment en hannetons et ravagent le feuillage de tous les végétaux.

D. — Quels sont les moyens de destruction des vers-blancs et des hannetons ?

R. — Les meilleurs moyens de destruction des *vers blancs* consistent : 1° à tuer en labourant la terre toutes les larves mises à découvert ; 2° à parsemer de chaux, de suie, de cendre, le terrain infesté de ces vers. Pour détruire les *hannetons*, on a conseillé : 1° le battage des arbres depuis 8 heures du matin jusqu'à 4 heures du soir, temps pendant lequel ces insectes restent immobiles; par ce moyen, les hannetons tombent par milliers ; il est facile de les ramasser et de les brûler à un feu de paille ; 2° les fumigations, pendant le jour, au moyen de flambeaux préparés avec une mèche soufrée, entourée de résine et de cire. On promène ces flambeaux sous les arbres de manière à suffoquer ces insectes dévastateurs.

§ VII. — FRELONS ET GUÊPES.

D. — Que fait-on pour détruire les frelons et les guêpes ?

R. — On suspend en automne, aux arbres chargés de fruits, des bouteilles débouchées à moitié remplies d'eau miellée. — Les frelons et les guêpes y entrent et s'y noient. On emploie encore avec succès l'essence de térébenthine dont l'odeur éloigne et asphyxie les frelons et les guêpes.

§ VIII. — PUCERONS ET ALTISES.

D. — Quel est le procédé employé pour détruire ces sortes d'insectes ?

R. — Le procédé employé pour détruire les pucerons et altises, consiste à répandre sur les jeunes plantes, le matin pendant la rosée, de la chaux vive, du plâtre, de la suie, des cendres, etc.

§ IX. — CHARANÇONS.

D. — Quels sont les moyens de détruire les charançons ?

R. — Pour détruire les *charançons*, qui rongent le blé et occasionnent ainsi de très grands ravages dans les greniers, on a recommandé plusieurs moyens plus ou moins efficaces : 1° le criblage des grains ; 2° les fumigations de tabac brûlé ; 3° l'emploi de l'eau bouillante, etc. etc.

Un moyen vivement recommandé par une société d'agriculture de Belgique pour détruire les charançons. les artisons et autres insectes rongeur des grains, est l'emploi de l'absinthe verte.

Il est facile et à la portée de tous les cultivateurs ; car chacun peut avoir sans frais. dans son jardin, quelques pieds de cette plante qui a, en outre, le mérite d'être médicinale. On suspend dans les greniers une botte d'absinthe verte et on place dans les tas de blé quelques branches de la même plante dont l'*exhalaison* chasse bien vite les insectes rongeurs des grains.

§ X. — CHENILLES.

D. — Quel est le plus sûr moyen de détruire les chenilles?

R. — Le plus sûr moyen de détruire les *chenilles* consiste à rechercher les anneaux d'œufs qu'elles ont déposés sur les branches des arbres; à couper celle-ci afin d'enlever les nids, et à les brûler.

L'échenillage des arbres, prescrit par la loi du 26 ventôse an IV (16 mars 1796,) doit être effectué par les propriétaires, fermiers, colons et locataires, du 1ᵉʳ janvier au 15 mars de chaque année.

Voici un moyen économique et expéditif de détruire les chenilles: On prend un gros pinceau que l'on trempe dans l'huile de navette de manière à l'en charger fortement. L'odeur seule de l'huile quand on approche le pinceau des branches ou feuilles où se tiennent les chenilles, oblige la plus grande partie à se laisser tomber en filant. On les reçoit dans un vase frotté de la même huile, où elles sont asphyxiées. — Pour celles qui restent sur les branches, il suffit d'appuyer le pinceau dessus pour qu'à l'instant elles périssent.

On peut aussi, avec le pinceau, et c'est le moyen qu'il convient d'employer pour cerner les chenilles, tracer sur le tronc ou les branches de l'arbre, au-dessus et au-dessous de la place qu'elles occupent, des cercles infranchissables pour elles tant que l'huile ne sera pas desséchée.

Ce procédé, dont l'expérience a été faite avec le plus heureux succès, offre encore cela de commode qu'en fixant le pinceau au bout d'une perche, on peut atteindre avec facilité les chenilles jusqu'à l'extrémité des plus hautes branches des arbres.

CHAPITRE DIXIÈME.

ANIMAUX DOMESTIQUES.

D. — *Qu'appelle-t-on animaux domestiques ?*

R. — On appelle *animaux domestiques*, tous les animaux dont l'homme a su dompter l'instinct et adoucir les mœurs sauvages, pour les appliquer aux besoins de la société.

L'agriculture tire un parti avantageux des animaux domestiques, en faisant usage de la force et de l'énergie de plusieurs d'entre eux, pour les appliquer aux travaux pénibles que réclame la culture en grand des plantes utiles, et en profitant de leurs déjections pour entretenir la fécondité des terres que des récoltes successives ne tarderaient pas à épuiser.

Les animaux domestiques sont les serviteurs de l'homme, et, à ce titre, ils méritent des soins et des égards. — Un bon cultivateur ne soumettra jamais les animaux à un travail excessif ; il les traitera avec douceur. leur donnera une nourriture saine, abondante et bien réglée ; il les tiendra proprement et il ne souffrira pas qu'ils subissent de mauvais traitements. (Voyez à ce sujet la loi du 2 juillet 1850).

§ I. — HYGIÈNE DES ANIMAUX.

D. — *Qu'entend-t-on par hygiène des animaux?*

R. — On entend par *hygiène*, soit, chez l'homme, soit, chez les animaux, la recherche et l'emploi des moyens propres à la conservation de la santé. — Un air pur étant la première condition d'existence pour l'animal, on conçoit facilement quels résultats fâcheux doit avoir sur la santé des animaux l'air vicié des étables, écuries, bergeries où on les tient. — Des espaces étroits, privés d'air et de lumière et remplis des gaz malsains que dégage le fumier qu'on y laisse s'accumuler, sont la cause d'une foule de maladies plus ou moins graves que les cultivateurs ne savent à quoi attribuer ou qu'ils attribuent souvent à des causes absurdes.

Les logements des animaux domestiques doivent être bien situés, bien aérés, assez élevés et suffisamment spacieux.

La propreté est aussi un point essentiel pour la santé des animaux.

D. — *Que faut-il observer dans la nourriture des animaux domestiques?*

R. — La nourriture donnée aux animaux domestiques doit être saine et appropriée à chaque espèce d'animaux. — La ration doit être uniforme et les heures de repas réglées. — La quantité doit être proportionnée à l'usage auquel les animaux sont destinés. — En général, les variations trop grandes et surtout brusques, dans la quantité comme dans la qualité de la nourriture, sont toujours nuisibles ; elles ne doivent avoir lieu que progressivement et avec précaution. — Il faut aussi éviter de faire manger et surtout boire les animaux immédiatement après une course ou autres mouvements violents et continus, et lorsqu'ils sont en sueur.

D. — Quels sont les aliments qui fortifient le plus les animaux ?

R. — Ce sont : 1° l'avoine, l'orge, le maïs et le panis ; 2° le foin des prairies naturelles, la luzerne, le trèfle. le sainfoin, le seigle et le maïs coupés en vert ; 3° la carotte, la betterave, le topinambour, la pomme de terre, employés avec les fourrages ; 4° la paille mélangée avec d'autres substances, ou hachée pour être mêlée avec du son ou des fourrages verts.

§ II. —CLASSIFICATION DES ANIMAUX DOMESTIQUES.

D. — Comment classe-t-on ordinairement les animaux domestiques ?

R. — Dans l'économie rurale, les animaux domestiques sont ordinairement classés en trois catégories, suivant les besoins auxquels on les applique ; savoir : les *animaux de trait,* ou *de travail,* les *animaux de rente* ou *de profit* et les *animaux de spéculation.*

D. — Quels sont les animaux de traits ?

R. — Les *animaux de trait* ou de travail sont ceux qu'on destine à faire tous les travaux de l'agriculture, comme les bœufs, les chevaux, les mulets, les ânes, etc.

D. — Qu'entend-t-on par animaux de rente?

R. — On entend par *animaux de rente*, ou de *produit*, ceux qu'on élève seulement pour les profits que procure leur éducation; tels sont d'abord les précédents qui sont susceptibles de donner des profits; puis les moutons, les brebis, les chèvres, les cochons et les oiseaux de basse-cour.

D. — Que désigne-t-on spécialement sous le nom d'animaux de spéculation?

R.—Ce sont ceux qui, sans donner un produit journalier augmentent de valeur proportionnellement aux soins et à la nourriture qu'on leur donne : ce sont les élèves et les animaux de boucherie, que l'on vend avec des bénéfices proportionnés aux circonstances locales dont on est environné.

§ III. — AMÉLIORATION DES RACES.

D. — Comment peut-on améliorer les races?

R. — On peut améliorer les races de trois manières : 1° En introduisant chez soi des animaux mâles et femelles d'une race étrangère possédant les qualités que l'on recherche ; 2° en croisant la race indigène avec la race étrangère ; 3° en améliorant la race du pays par elle-même.

D. — Que faut-il observer dans l'introduction d'une race étrangère?

R. — Il faut tirer autant que possible la race étrangère d'un pays analogue à celui dans lequel on veut l'importer.

L'introduction d'une race étrangère est avantageuse toutes les fois que la race indigène est trop abâtardie. —

Ainsi, dans les Landes, lorsqu'on veut se procurer de bonnes vaches laitières, on préfère, avec raison, faire venir des bêtes bretonnes que d'améliorer sous ce rapport, la race du pays qui n'est bonne que pour le travail et l'engraissement.

D. — *En quoi consiste le croisement des races?*

R. — Le croisement consiste à accoupler des animaux d'espèces différentes; on obtient un produit qui tient en même temps du père et de la mère. Le produit se nomme alors *mulet*. Si les animaux sont de races différentes, le produit se nomme *métis-croisé, demi-sang*.

D. — *Comment peut-on améliorer une race par elle-même ?*

R. — On peut améliorer une race par elle-même, en faisant un choix convenable des animaux domestiques qui paraissent réunir les meilleures conditions sous tous les rapports.

§ IV. — ENGRAISSEMENT DES BESTIAUX.

D. — *Quels sont les avantages de l'engraissement des bestiaux?*

R. — Partout où les fourrages sont abondants, les cultivateurs et les propriétaires de bestiaux ne sauraient trop se pénétrer de l'avantage qu'il y a pour eux à se livrer à l'engraissement des animaux, tels que le bœuf, le mouton, le porc, la volaille. — La consommation ayant pris une extension considérable et les moyens de transport offrant aujourd'hui de grandes facilités, il y a avantage et même nécessité impérieuse à engraisser le plus grand nombre possible d'animaux domestiques.

Il serait facile de prouver que si l'agriculture, en Angleterre, est si supérieure à la nôtre, c'est parce qu'on y engraisse plus de bétail et que les terres reçoivent plus d'engrais. — Mais pour avoir ces grands moyens d'engraissement, il faut, ainsi que nous l'avons déjà expliqué, alterner avec soin les récoltes, supprimer les jachères et étendre dans nos contrées la culture des fourrages.

D. — Quels sont les principes d'un bon engraissement ?

R. — Les principes d'un bon engraissement sont :

1° De mettre la plus grande régularité dans les heures auxquelles on donne à manger aux animaux et dans la force des rations. — Cette régularité dans la distribution de la nourriture contribue tellement à leur engraissement, qu'une alimentation plus abondante, mais donnée irrégulièrement, ne peut dédommager du défaut d'ordre ;

2° De donner aux animaux ruminants, après le repas, un intervalle de repos pendant lequel ils puissent ruminer à leur aise ; ce repos leur est indispensable si l'on veut que la nourriture leur profite ;

3° D'augmenter progressivement la nourriture que l'animal a eue jusqu'alors, en y ajoutant une boisson nourrissante, comme, par exemple, l'eau blanchie avec des matières farineuses ;

4° De tenir les animaux dans une température chaude et

humide, et la moins variable possible ; et dans une obscurité complète, ou un jour à peine suffisant pour pouvoir se conduire ;

5° De les tenir dans une propreté constante et dans un silence presque absolu.

La *saignée*, pratiquée à propos et dans le début, favorise encore l'engraissement en facilitant l'absortion des principes nutritifs.

Mais de toutes les circonstances qui peuvent favoriser l'engraissement, la *castration* des animaux que l'on y soumet est, sans contredit, la principale. Dès les temps les plus reculés, on a fait subir cette mutilation aux animaux domestiques destinés à la nourriture de l'homme.

D. — *Quels sont les aliments propres à l'engraissement ?*

R. — C'est presque exclusivement avec de l'herbe, des racines et des graines que l'on engraisse les animaux destinés à la consommation. On commence toujours par des herbes fraîches, des feuilles de choux, des raves qui rafraîchissent les animaux ; ensuite on leur donne du foin de bonne qualité ; on entremêle cette nourriture de panais, de carottes, de pommes de terre, de topinambours, etc., puis en dernier lieu de farine de maïs, d'orge, d'avoine, de serrasin, de fèves de marais, de pois gris, etc. Quelquefois, au lieu de faire moudre ces grains, on les fait bouillir.

En Angleterre, c'est principalement avec des turneps qu'on engraisse les bœufs en hiver.

Dans certains endroits, on engraisse avec de la graine

de lin, des châtaignes, des glands, des marcs de bière, des tourteaux huileux, etc.

§ V. — OISEAUX DE BASSE-COUR.

D. — Qu'appelle-t-on oiseaux de basse-cour ?

R. — On appelle *oiseaux de basse-cour* les poules, les dindons, les canards, les oies, les pigeons, etc., parce qu'on les élève ordinairement dans un local particulier appelé *basse-cour*. Cependant, dans presque toutes les fermes on laisse aux volailles la liberté de vaguer dans les cours au milieu des bestiaux et autour des habitations, afin quelles puissent recueillir dans les fumiers et les litières une partie de leur nourriture.

D. — Quels sont les soins à donner aux oiseaux de basse-cour ?

R. — Dans l'éducation des oiseaux de basse-cour, il faut autant que possible seconder leur instinct. Les poules aiment à se serrer au poulailler l'une contre l'autre ; les dindons à percher en plein air sur des arbres ; les canards et les oies à se nicher sous des toits pratiqués dans des lieux bas et humides ; les pigeons à occuper le faîte des bâtiments les plus élevés ; il faut tenir compte de tous ces indices dans la disposition d'une basse-cour. Le renouvellement de l'air dans leur demeure et surtout la propreté sont de première nécessité. Il faut que leurs nids, leurs juchoirs et leurs auges soient nettoyés et quelquefois même lavés à l'eau chaude ; il faut aussi renouveler souvent le foin et la paille dont ils sont garnis, sans quoi la fiente ne tarde pas à engendrer une vermine qui attaque les petits et incommode la mère au point de lui faire abandonner sa couvée. Il faut encore avoir soin de renouveler chaque jour l'eau qu'on place dans des baquets au niveau du sol, afin que les volailles puissent s'abreuver d'une eau toujours pure. La distribution de la nourriture doit avoir lieu chaque jour à la même heure ; la moindre irrégularité dans ces distributions tourmente les poules, qui perdent à attendre leur nourriture le temps qu'elles emploieraient à chercher celle dont elles doivent se pourvoir elles-mêmes.

D. — Quels sont encore les soins qu'exige l'éducation des oiseaux de basse-cour ?

R. — L'éducation des oiseaux de basse-cour, ayant pour objet le choix des meilleures espèces de volailles, la ponte, la conservation des œufs, l'incubation, l'élève des jeunes poulets, des chapons et des poulardes, les maladies des poules, l'engraissement, et les autres soins qu'exigent les dindons, les canards, les oies et les pigeons, repose sur des principes généraux parfaitement connus de toutes les ménagères, et dont, par conséquent, l'explication deviendrait inutile.

DEUXIÈME PARTIE.

HORTICULTURE.

CHAPITRE PREMIER.

ÉTABLISSEMENT D'UN JARDIN.

NOTIONS PRÉLIMINAIRES.

> » Le sage à son jardin destine ses vieux ans,
> » Un grand fait son palais pour sa maison des champs.
>
> DELILLE.

D. — *Qu'est-ce que l'Horticulture ?*

R. — L'Horticulture est l'art de cultiver les jardins.

D. — *L'étude de l'horticulture est-elle nécessaire ?*

R. — Oui. Car en parcourant nos campagnes, on acquiert, malheureusement presque partout, la preuve d'une grande ignorance en horticulture chez les fermiers et les cultivateurs en général. Les jardins annexés aux fermes dans le voisinage de la maison d'habitation, sans en excepter souvent ceux qui appartiennent aux maisons bourgeoises dans les villages, ne présentent que des légumes de mauvaises espèces, cultivés d'une manière déplorable et quelques arbres fruitiers presque sauvages, plantés et élevés sans les soins et les précautions convenables.

Si les cultivateurs pouvaient acquérir les connaissances qui leur manquent à cet égard, tous ces jardins, sans y consacrer beaucoup plus de temps et de travail, donneraient d'abondantes et excellentes productions tant en légumes qu'en fruits — *Car la culture des bonnes espèces n'est pas plus difficile que celle des médiocres ou des mauvaises.* Et en se bornant même aux simples besoins et à la consommation de la famille, sans compter les bénéfices que l'on pourrait retirer de la vente du surplus dans le voisinage des villes et des centres de population, les cultivateurs trouveraient là des ressources alimentaires très-précieuses, qui contribueraient à leur bien-être sous plusieurs rapports.

La culture des jardins est donc aussi avantageuse qu'agréable.

D. — *Que comprend le jardinage?*

R. — Le *jardinage* comprend la *culture des plantes potagères* ou *légumes*.

D. — *Que nomme-t-on jardin potager?*

R. — L'enclos qui est destiné spécialement à ces diverses cultures, se nomme *jardin potager*.

D. — *Qu'appelle-t-on jardinier ?*

R. — Le cultivateur qui travaille un jardin s'appelle *jardinier*. On le nomme aussi *maraîcher*, mot ancien qui dérive de *marais* ; parce que ces sortes de cultures envahirent principalement les emplacements desséchés des antiques marais qui entouraient certaines villes.

D. — *Quels sont les soins qu'exige l'art du jardinage ?*

R. — L'art du jardinage est très-varié dans son objet, et il exige beaucoup de soins et d'adresse dans ses applications.

D. — *Pourquoi le jardinage diffère-t-il du labourage ?*

R — Parce que le laboureur n'a besoin que de modifier la nature du terrain qu'il exploite ; et l'influence progressive des saisons suffit ensuite à la végétation de sa récolte : le jardinier, au contraire, désireux de récolter chaque jour de l'année, doit veiller à chaque instant sur les plantes qu'il confie à la terre ; il lui faut de la chaleur, il lui faut de la pluie : les couches souterraines de fumier, l'inclinaison artificielle du terrain, les châssis, les cloches, les brise-vents, l'arrosoir, etc., sont pour lui autant de moyens dont il sait faire ingénieusement usage, dans le but de soustraire la plante qu'il élève à l'inclémence d'un climat trop brûlant ou trop froid.

En un mot, le jardinage n'étant qu'un labourage plus perfectionné, le jardinier ou maraîcher emprunte à ce dernier art tout ce qui peut servir aux premières opérations de sa profession ; comme le laboureur, il défriche avec la charrue le sol qu'il se propose d'exploiter ; il l'amende, l'engraisse et l'ameublit ; mais une fois ces opérations de défonçage terminées, il a recours à des procédés plus délicats, à des soins plus assidus, pour perfectionner de plus en plus la qualité de l'enclos qui doit lui fournir des récoltes journalières.

D. — S'en suit-il de là qu'un jardinier de profession soit nécessaire pour cultiver un jardin?

R. — Lorsque dans le voisinage des villes on établit de grands jardins que l'on cultive pour en vendre les produits, un jardinier de profession est nécessaire pour retirer du potager, pendant toute l'année, le plus grand revenu possible, par l'abondance et la variété des légumes. Mais quand il ne s'agit que de cultiver un petit jardin pour se procurer des légumes nécessaires à la consommation d'une famille, il n'est pas besoin de jardinier. — Chacun peut sans perdre beaucoup de temps, et avec l'aide des enfants, entretenir son jardin en bon état, et se procurer ainsi de grands avantages.

Les explications qui vont suivre serviront à guider ceux des cultivateurs qui seraient étrangers aux notions du jardinage.

Section Première.

CHOIX DU TERRAIN.

D. — Quelles sont les qualités d'une bonne terre ?

R. — Le sol auquel on confie les plantes potagères, doit être riche en humus, d'une température propre à une végétation souvent précoce et abrité contre les vents et contre les variations atmosphériques. — Quand on n'a pas le choix du terrain, il est toujours possible de l'améliorer au moyen des engrais, du mélange de bon terreau qu'on y transporte, et par le défonçage préalable.

L'expérience a démontré que la terre destinée à un jardin potager, doit encore être exempte de mauvais goût et de mauvaise odeur.

D. — Comment peut-on reconnaître si la terre a un mauvais goût ?

R. — Voici le moyen de reconnaître si la terre est de bonne qualité : on prend une poignée de terre que l'on fait tremper dans l'eau pendant sept à huit heures ; après l'avoir passée dans un linge, on goûte de cette eau et l'on sent bien si elle a quelque mauvaise odeur.

D. — Quels seraient les résultats d'un terrain de mauvaise qualité ?

R. — Ce qui arrive pour les vins qui conservent le goût du terroir, se produit pour les fruits et les légumes. — Ceux que l'on cultive dans de mauvaises terres, quoiqu'ils soient d'espèces très excellentes, n'ont pas la bonté de ceux que l'on cultive dans une bonne terre.

7.

Section Deuxième.

EXPOSITION.

D. — Quelles sont les meilleures expositions ?

R. — Les meilleures expositions sont celles du sud et de l'est. En supposant qu'on ait le choix entre plusieurs terrains en pente, ce qui arrive bien rarement, on préférera celui qui fera face au midi ou au levant, quand même il ne serait pas tout-à-fait d'aussi bonne qualité que celui qui est tourné vers l'ouest ou le nord.

L'exposition du nord est la moins favorable et n'est bonne que pour les produits qu'on veut obtenir tard ; mais ils sont toujours peu savoureux.

Section Troisième.

CLOTURE DU JARDIN.

D. — Est-il nécessaire de clore le jardin ?

R. — Il est très-nécessaire de clore le jardin : une bonne clôture offre beaucoup d'avantages, puisqu'elle le défend des mauvais vents du nord et du nord-ouest, qu'elle empêche l'incursion des animaux et que, si elle est composée de murs, elle ajoute aux produits par les espaliers qu'elle reçoit et par les primeurs dont elle favorise la culture et rend le développement plus hâtif.

D. — Comment peut-on clore le jardin ?

R. — On peut l'entourer de murs, de palissades, ou d'une bonne haie. — L'aubépine a jusqu'à ce jour conservé la faveur d'être employée de préférence à toutes les autres plantes pour former une haie de défense. On plante l'aubépine à double rang, bien serrée et bien touffue, de manière qu'au moment de la plantation, il n'y ait que 15 centimètres entre chaque plant. — Cette haie sera protégée au dehors par un fossé assez large et assez profond pour que les bestiaux ne forcent pas cette barrière, ou ne la détériorent pas en broutant ses jets naissants. On tond la haie annuellement des deux côtés, et quand elle est arrivée à la hauteur qu'on veut lui donner, on l'arrête en la taillant par dessus chaque année.

Section Quatrième.

ABRIS.

D. — En quoi consistent les abris ?

R. — Les *abris* consistent dans les procédés suivants, dont on se sert avec avantage pour fournir en toute saison à la plante la chaleur indispensable à sa végétation. C'est surtout du côté de l'ouest qu'on doit opposer des remparts à la violence des vents.

§ I. — ADOS.

D. — Qu'entend-on par ados ?

R. — Dans le jardinage, on entend par *ados*, une élévation inclinée vers l'est ou vers le sud pour mettre la plante à couvert des vents salés et des gelées.

§ II. — COUCHES.

D. — Qu'est-ce que les couches ?

R. — Les *couches* sont des amas de fumier qu'on dispose par lits, à la hauteur, longueur et largeur convenables. On laisse ce fumier s'échauffer, et on le couvre d'une certaine épaisseur de terreau, pour y semer et planter ce qui ne pourrait venir en pleine terre. — Les couches sont destinées à fournir à la plante une température propice, au moyen d'un foyer souterrain de chaleur. — L'art de les construire et de les entretenir fait la base du jardinage.

§ III. — PAILLASSONS.

D. — Comment se fabriquent les paillassons ?

R. — Les *paillassons* se fabriquent avec des poignées de paille longue de froment ou de seigle qu'on attache ensemble avec des ficelles, des osiers ou du fil de fer. — Les paillassons servent à couvrir les semis et à les préserver du froid, de l'impétuosité des vents et des pluies.

§ IV. — BRISE-VENTS.

D. — A quoi servent les brise vents ?

R. — Les *brise-vents* sont des paillassons épais que les jardiniers placent debout, soutenus par de forts échalas, pour abriter les couches et les ados.

§ V. — CLOCHES.

D. — Qu'appelle-t-on cloches ?

R. — On appelle *cloches* des vases de terre ou de verre

mince de la forme d'une cloche en métal. Elles servent à couvrir les jeunes plants et à conserver autour d'eux la chaleur nécessaire à leur végétation. On les pose perpendiculairement au sol, ou plutôt un peu inclinées, pour donner à la plante l'air dont elle a besoin. Les cloches percées d'une petite ouverture au sommet, que l'on ferme à volonté, sont les plus avantageuses.

§ VI. — CHASSIS.

D. — Qu'est-ce que les châssis?

R. — Les *châssis* sont des panneaux vitrés, destinés à être placés sur les couches, et qu'on peut élever ou abaisser au besoin. Les châssis sont les meilleurs des abris; mais ils sont les plus dispendieux.

CHAPITRE DEUXIÈME.

INSTRUMENTS DE JARDINAGE.

D. — Quels sont les instruments de jardinage?

R. — Les instruments de jardinage sont : la *bêche*, la *pioche*, le *pic*, la *houe*, le *sarcloir*, la *binette*, le *rateau*, la *ratissoire*, le *cordeau*, le *plantoir* et l'*arrosoir*.

La plupart de ces outils servent également à l'agriculture proprement dite.

§ I. — BÊCHE.

D. — Qu'est-ce qu'une bêche?

R. — Une *bêche*, ou *pelle-fer*, est l'instrument dont on

se sert pour tourner la terre, pour faire des rigoles et des fossés. La bêche doit être proportionnée à la profondeur du sol qu'elle est destinée à façonner.

§ II. — PIOCHE.

D. — De quoi est formée la pioche?

R. — La *pioche* est formée d'un fer long et étroit qui se termine par une douille très-forte, à laquelle est adapté un manche droit, formant un angle droit avec le fer. La pioche sert à plusieurs usages et principalement à extirper les terres incultes de peu d'étendue.

§ III. — PIC.

D. — A quoi sert le pic?

R. — Le *pic*, comme la pioche, est plutôt un instrument de terrassier que de jardinier; il est indispensable pour tous les défoncements et pour le creusement des terres destinées à des plantations d'arbres dans un sol compacte, que la pioche attaquerait difficilement. Le pic est emman-ché comme la pioche; mais son fer est plus long, plus étroit et plus pointu.

§ IV. — HOUE.

D. — Quelle différence y a-t-il entre la houe et la pioche?

R. — La différence consiste dans la forme du fer et celle de la douille. La *houe* est un vrai fer de bêche légèrement recourbé, formant avec le manche un angle d'environ

50 degrés. Les houes ont diverses formes : quelquefois le fer est terminé en pointe, ou divisé en deux dents plates et aiguës. — Pour façonner le terrain à la houe, l'ouvrier doit se tenir courbé très près de terre. position extrêmement fatiguante. — La houe convient parfaitement pour les labours superficiels ; c'est un instrument très expéditif. On fait usage de la houe à deux dents pour façonner les vignes sans endommager les racines.

§ V. — BINETTE, SARCLOIR.

D. — Quel est l'emploi de la binette et du sarcloir ?

R. — La *binette* est un instrument fréquemment employé en jardinage pour remuer légèrement une terre qui a déjà été travaillée ; la binette est formée d'un petit sarcloir d'un côté et d'une fourche de l'autre, avec une douille au milieu à laquelle on adapte un manche.

Le *sarcloir* est l'instrument dont on se sert pour sarcler les plantes de toute espèce et couper les mauvaises herbes.

§ VI. — RATEAU.

D. — Qu'est-ce qu'un rateau ?

R. — C'est un instrument de fer ou de bois, armé de dix à douze dents, qui sert à unir et à égaliser la terre qu'on a façonnée, et à nettoyer les planches et les allées du jardin.

§ VII. — RATISSOIRE.

D. — Qu'appelle-t-on ratissoire ?

R. — On appelle *ratissoire* l'instrument dont on fait

usage pour ratisser les allées. Il y a plusieurs sortes de ratissoires : les unes coupent l'herbe en tirant à soi l'instrument ; les autres se poussent en avant : celles-ci conviennent mieux quand le sol est ramolli par l'humidité.

Comme l'emploi des ratissoires à la main est lent et couteux pour les grands jardins, on préfère généralement la *charrue-ratissoire* avec laquelle un ouvrier peut faire à lui seul la besogne de plusieurs. C'est une espèce de brouette composée d'une roue, de deux mancherons et d'un châssis de bois auquel est adaptée une ratissoire.

§ VIII. — CORDEAU. — PLANTOIR.

D. — *Quels sont les usages du cordeau et du plantoir ?*

R. — Les semis et les plantations *en lignes* exigent l'emploi du *cordeau* que l'on tend à la distance voulue pour bien aligner et espacer les plantes.

Le *plantoir* est un petit pieu en bois, droit ou recourbé qui sert à faire des trous dans la terre pour transplanter certaines plantes.

§ IX. — ARROSOIR.

D. — *Qu'est-ce qu'un arrosoir ?*

R. — Un *arrosoir* est un vase de forme ronde en fer blanc avec une anse et un tuyau qui se termine par une pommelle percée d'une multitude de petits trous pour répandre l'eau sous forme d'une pluie extrêmement fine.

L'arrosoir est d'une grande utilité en jardinage pour procurer aux plantes l'humidité nécessaire à leur végétation.

Aux instruments qui précèdent, il faut encore joindre la *brouette*, qui sert à distribuer le fumier et à transporter les sarclures, le grattage des allées, les feuillages et autres débris que l'on jette dans une fosse pratiquée à l'extrémité du jardin, et où il se convertissent en fumier ou terreau que l'on emploie comme engrais aux premiers labourages du printemps.

CHAPITRE TROISIÈME.

CULTURE SPÉCIALE DES PLANTES POTAGÈRES.

LÉGUMES.

D. — *Qu'appelle-t-on légumes ?*

R. — On appelle *légumes*, les plantes potagères propres à la nourriture de l'homme, que l'on cultive spécialement dans les jardins.

D. — *Comment classe-t-on les légumes ?*

R. — On peut classer les légumes, de la manière suivante :

1° Plantes à racines alimentaires ;

2° Plantes à siliques ;

3° Plantes bulbeuses ;

4° Plantes comestibles ;

5° Salades ;

6° Plantes à fruits comestibles ;

7° Tubercules.

Section Première.

PLANTES A RACINES ALIMENTAIRES.

D. — Que désigne-t-on sous le nom de racines alimentaires ?

R. — On désigne sous le nom de *racines alimentaires*, les plantes potagères dont on mange les racines.

Ce sont : la *carotte*, la *betterave*, le *navet*, le *panais*, le *radis*, le *salsifis* et le *topinambour*.

§ I. — CAROTTE.

D. — Qu'est-ce que la carotte ?

R. — Parmi les légumes-racines, la *carotte* tient le premier rang, tant par son goût agréable que pour son extrême salubrité comme aliment. — On ne devrait pas se contenter de cultiver la carotte dans les jardins, parce qu'elle est excellente pour la nourriture des animaux.

D. — Combien connaît-on de variétés de carottes ?

R. — On connaît un très-grand nombre de variétés de carottes : la blanche, la jaune, la rouge, la violette, la courte de Hollande, etc. — La manière de les cultiver est identique pour toutes.

D. — Comment sème-t-on la carotte ?

R. — On sème la carotte en pleine terre au printemps depuis le 1er mars jusqu'au 15 juin. — On sème aussi dès la fin du mois d'août des carottes qui doivent passer l'hiver en terre pour donner une récolte de bonne heure au printemps. Il est bon de donner aux planches de carottes semées avant l'hiver, une couverture de fumier de litière pour les préserver des gelées et pour activer au printemps leur végétation.

La méthode préférable de semer la carotte, c'est de la faire en *rayons* de 25 centimètres de distance, ayant soin d'éclaircir suffisamment et de bonne heure le jeune plant. — On peut aussi semer à la *volée* et rétablir en éclaircissant les mêmes distances entre les pieds.

Après avoir semé la carotte, il faut recouvrir très-légèrement la semence et arroser souvent pour en hâter la germination.

Il faut avoir soin d'arracher les pieds qui montent. — La graine nouvelle monte plus aisément que la graine d'un an.

D. — Que faut-il observer dans la préparation du sol ?

R. — De toutes les plantes qu'on cultive pour leurs racines, il n'en est pas qui exigent un sol plus profond que la carotte et la betterave. Il ne faut donc négliger ni labours très-profonds, ni fumiers consommés, ni sarclages, et éviter les sols graveleux où la carotte se bifurque. Ses produits sont généralement proportionnés à l'état de fécondité et d'ameublissement de la terre, obtenus par les engrais et la culture.

D. — Comment conserve-t-on les carottes pendant l'hiver ?

R. — La dernière récolte des carottes se fait à l'approche des gelées. On les conserve durant l'hiver en les préservant des atteintes de l'humidité dans une cave ou dans le sable.

D. — Quelle précaution faut-il prendre pour les porte-graines ?

R. — *Les porte-graines* doivent être choisis parmi les carottes les plus belles et les plus saines; on les transplante avant l'hiver avec la seule précaution de les couvrir durant les fortes gelées.

§ II — BETTERAVE.

D. — Comment cultive-on la betterave ?

R. — On sème *la betterave* comme la carotte, à la volée ou en lignes; mais fort clair et on recouvre peu la semence. On sème depuis le 15 avril jusqu'à la fin de mai. — On la cultive dans les jardins pour la manger en salade. — Ses variétés principales sont *la jaune* et la *rouge*. — On la cultive aussi en grand pour la nourriture des bestiaux et pour en tirer du sucre et même de l'eau-de-vie. — Elle renferme *dix* de sucre cristallisable pour *cent* de jus.

La betterave exige une terre franche, meuble et profonde; les fumiers mal consommés nuisent à ses qualités et engendrent la vermine. C'est pourquoi on fume le terrain avant l'hiver.

La graine de trois ans est préférable à celle qui serait plus jeune. — On sarcle aussi souvent que l'exige l'apparition des mauvaises herbes.

On arrache les betteraves en automne. — On laisse pour l'année suivante les plants qui doivent servir de *porte-graines.*

§ III. — NAVET.

D. — Qu'est-ce que le navet ?

R. — Le *navet* est un légume à racine qui a l'avantage de croître en très peu de temps. — Sa qualité dépend beaucoup du terrain. Les terres fortes ne conviennent point au navet. Il ne prospère que dans un sol léger et sablonneux.

Les semis de navet se font de mai en septembre. Il est nécessaire que la graine ait au moins deux ans.

Le navet paraît rarement dans le jardin potager ; comme les raves, il est du domaine de la grande culture.

§ IV. — PANAIS.

D. — Quels sont les usages du panais ?

R. — Les usages de ce légume sont assez restreints. — Cependant il est bon d'en avoir une petite planche dans le jardin. — Le *panais* est plus hâtif que la carotte et il fournit beaucoup. On peut le semer dans toutes sortes de terrains ; il vient presque sans culture.

§ V. — RADIS.

D. — Quelles sont les différentes variétés de radis ?

R. — Les différentes variétés de *radis* sont : le rose commun, le blanc commun, le blanc hâtif de Hollande, le rose demi-long de Metz, le violet et le jaune à chair blanche. Le rose commun est le plus généralement préféré.

On appelle encore radis noir, radis gris, gros radis ou radis d'hiver, une variété de radis fort cultivée à grosse racine qui se garde aisément tout l'hiver dans du sable frais.

D. — Comment sème-t-on les radis ?

R. — On sème les radis à la volée ou en petits rayons en pleine terre et on recouvre légèrement la graine. — Le radis est très hâtif et peu difficile sur le choix du terrain ; un sol ferme et un peu frais est celui qui lui convient le mieux. Lorsqu'on le sème en terre légère, il est bon de comprimer fortement le sol. On peut avoir des radis pendant toute l'année en ayant soin d'en semer un peu tous les quinze jours et de les entretenir dans une douce humidité ; leur qualité dépend surtout de la rapidité de leur croissance.

§ VI. — SALSIFIS. SCORSONÈRE.

D. — Quelle est la culture de ces deux racines ?

R. — La culture de ces deux racines est la même, ainsi que leur usage alimentaire. Il leur faut un labour profond et un sol meuble et assez frais. — La graine de ces deux plantes perd facilement sa faculté germinative ; celle d'un an doit être préférée. On sème depuis les premiers jours de février jusqu'à la fin de mai. Lorsque le printemps est sec, on arrose les semis jusqu'à l'apparition du jeune plant.

Le *salsifis* et le *scorsonère* peuvent rester tout l'hiver en terre sans inconvénient ; leur racine ne gèle pas.

§ VII. — TOPINAMBOUR.

D. — Qu'est-ce que le topinambour.

R. — Le *topinambour* est une plante essentiellement propre à la grande culture pour l'alimentation du bétail. — On ne connaît pas de racine plus complètement insensible aux gelées, quelle que soit leur intensité ; on n'a donc point à se préoccuper de sa conservation pendant l'hiver ; on la laisse en place pour l'arracher au moment de s'en servir.

Comme plante potagère, le topinambour mérite une place parmi les légumes-racines. Cet excellent tubercule a le goût de l'artichaut. Il est très-nourrissant. — On le sème en février ou en mars ; si l'on peut lui accorder un bon terrain largement fumé, il peut donner d'énormes produits.

Section Deuxième.

PLANTES À SILIQUES.

D. — Qu'appelle-t-on plantes à siliques ?

R. — On appelle *plantes à siliques* celles dont le fruit est renfermé dans des gousses, ou cosses ; comme les *haricots*, les *fèves de marais*, les *pois* et les *lentilles*.

§ I. — HARICOT.

D. — De quelle importance est la culture du haricot?

R. — La culture de ce légume est une des plus importantes et des plus productives de toutes celles que peut pratiquer un jardinier. Les siliques à demi formées, connues sous le nom de *haricots-verts*, sont pour l'horticulteur-marchand la plus avantageuse des primeurs ; dans les lieux éloignés des villes, le grain récolté sec est d'une conservation facile et trouve partout des acheteurs.

D. — Combien connaît-on de variétés de haricots?

R. — On connaît un grand nombre de variétés de haricots, dont voici les principales : —

1° Le *haricot de Soissons.* ou *haricot blanc* commun à grain plat et gros, excellent en sec ;

2° Le *haricot sabre*, blanc et plat, estimé pour le goût et pour la fécondité de ses produits, montant haut, offrant de longues et larges cosses ;

3° Le *haricot blanc d'Espagne*, le plus productif de tous, quoiqu'il ne soit pas le plus délicat ; son grain très volumineux est convenable pour la préparation des farines de légumes cuits dont l'usage devient de jour en jour plus commun ;

4° Le *haricot gris rayé*, dont les produits sont très-abondants et qui s'accommode de tous les terrains.

5° Le *haricot prodomet*, ou mange-tout, soit blanc, soit jaune, à petit grain presque rond, délicat, et dont on mange jusqu'au parchemin, à moins qu'il ne soit tout-à-fait sec;

6° Le *haricot-riz*, petite variété à grain blanc et presque rond, productif, et délicat même sec;

7° Le *haricot de la Chine*, à grain arrondi, soit jaune-bronze, soit jaune-pâle, très-productif, et bon tant vert que sec;

8° Le *haricot flageolet*, ou nain hâtif de Laon, d'une culture très-facile et fort recherché pour être mangé en grain vert.

9° Le *haricot nain de Hollande*, bon pour grande primeur;

10° Les *haricots rouges de Prague*, *d'Orléans*, de *Suisse*, etc.

D. — *A quelle époque et comment sème-t-on les haricots?*

R. — On ne peut semer cette plante, très-sensible aux gelées, qu'à la mi-avril ou même au mois de mai. — On peut ensuite semer pendant tout l'été de quinze en quinze jours, jusqu'au mois d'août. Les semis d'août ne donnent que du haricot vert.

On sème les haricots en lignes à 15 centimètres de distance dans des rayons, que l'on sépare les uns des autres par un intervalle de 30 centimètres. On dépose deux grains dans chaque trou et l'on recouvre légèrement.

Dès que le jeune plant a acquis une hauteur de huit à dix centimètres, il faut sarcler l'entre-deux des rayons et rechausser les pieds — Si la terre se durcit trop et si les mauvaises herbes se multiplient, on répète les binages deux ou trois fois tous les quinze jours.

Pour les haricots à rames, le binage cesse plus tôt. — Il est à propos de placer la rame avec attention pour ne pas offenser les racines, et de bonne heure, pour que les filets n'aient pas le temps de s'enchevêtrer les uns dans les autres.

D. — Comment peut-on cueillir les haricots?

R. — On peut cueillir dans les mêmes planches, les haricots soit verts, soit secs, à mesure qu'on les trouve bons. — Pour l'ensemencement, on réserve sur pied jusqu'à maturité parfaite les gousses les mieux nourries et les plus exposées au soleil.

Ce légume craint l'humidité qui ne tarde pas à l'altérer et à le faire pourrir aussitôt qu'il est près d'être mûr. C'est pourquoi, si la saison est pluvieuse et le sol humide, il faut visiter fréquemment les planches et en faire successivement la récolte, surtout pour les haricots nains, et pour les autres gousses qui toucheraient à la terre.

Comme ce légume est fort recherché en vert, il est profitable d'en avoir pendant tout l'été et une partie de l'automne. C'est dans ce but qu'on en sème depuis le mois de mai jusqu'au commencement d'août.

Les haricots semés dans les champs parmi le maïs exigent peu de frais et donnent de bons produits.

§ II. — FÈVES DE MARAIS.

— Qu'est-ce que les fèves de marais ?

R. — Les *fèves de marais*, vulgairement appelées *fèves grosses* ou *fèves plates*, sont l'un des légumes les plus recherchés dans tout le midi de la France. — Ce légume, délicat lorsqu'il est mangé jeune encore, est toujours utile, soit pour les hommes, soit pour les animaux ; il est robuste et peut passer l'hiver sans danger Semées en novembre, les fèves donnent leurs gousses en mai ou le plus tard en juin. On en sème également en février et au commencement de mars — Il faut aux fèves un terrain profond et gras, bêché à fond et engraissé plutôt avec le terreau qu'avec le fumier.

D . — Quelles sont les meilleures espèces de fèves ?

R. — Les meilleures espèces de fèves sont : 1° la *grosse fève ordinaire*; 2° la *fève à longues cosses*; 3° la *fève de Windsor*, toutes à grosses semences; 4° la *petite fève julienne*; 5° la *fève verte* de la Chine plus tardive et fort productive On cite encore quelques variétés de ce légume, telles que la *fève de Mazagan*, ou de *Portugal*, la *fève naine*, et la *fève de Sandwich*.

D . — Comment cultive-t-on les fèves ?

R. — Les fèves ont besoin de beaucoup d'espace; autrement elles s'allongent outre mesure et leurs fleurs ne tiennent pas. — On les sème par rayons à 25 centimètres de distance dans un sens et 50 dans l'autre, à une profondeur de cinq à dix centimètres, selon la nature du terrain, c'est-à-dire à cinq centimètres dans les terres fortes et à dix centimètres dans les terrains légers.

Dès que le jeune plant a acquis la hauteur de dix centimètres, il faut avec une binette le rechausser, en ramenant au pied des tiges une partie de la terre qui se trouve entre les rayons. Cette opération a le double avantage de détruire les mauvaises herbes et de soutenir les fèves. Ce binage ne doit avoir lieu que deux fois, et toujours de manière à profiter d'un temps sec ou du moins peu humide, et avant que la plante devenue grande ait à craindre d'être endommagée par les outils et par les mouvements du jardinier.

Aussitôt que les premières fleurs de la fève commencent à se flétrir, il faut couper avec les ongles la sommité de la plante ; c'est ce qu'on appelle arrêter les fèves, ou les pincer. Par ce moyen, la tige devient plus vigoureuse, et un plus grand nombre de fleurs fructifient. — On recueille dans une corbeille ou un papier les pointes de la fève, pour les brûler, parce qu'elles sont presque toujours couvertes de pucerons, que l'on empêche ainsi de se multiplier et de se jeter sur toutes les cultures du jardin. — Sans l'opération du pincement de la fève, qui lui enlève deux à trois centimètres, elle produirait moins et ses fruits seraient moins beaux.

D. — Comment fait-on pour obtenir de bonnes graines ?

R. — Pour obtenir de bonnes graines, on laisse quelques tiges venir à maturité, choisies parmi les plus vigoureuses, et placées commodément afin de ne pas nuire à de nouvelles cultures. — La maturité des gousses de la fève se reconnaît à la couleur noire qu'elles prennent. On en fait la récolte par un temps sec, et l'on conserve les gousses dans un grenier jusqu'à l'époque de l'ensemencement que l'on se propose d'en faire.

§ III. — POIS.

D. — Qu'est-ce que les pois ?

R. — De tous les légumes à grain, les *pois* sont les plus répandus ; ils doivent cet avantage à leur vigueur qui les rend propres à être mis en terre pendant l'hiver, et dans les terres fortes comme dans les terrains légers. — Les *pois en vert* offrent la plus délicieuse des primeurs ; et, mangés secs, ils sont d'une saveur fort agréable.

D. — Comment divise-t-on les pois ?

R. — On divise généralement les pois en deux espèces : les *pois à écosser* ou *à parchemin*, et les *pois sans parchemin* ou *mange-tout*. — Il existe aussi des *pois à rames* et des *pois nains*.

D. — Quelles sont les meilleures variétés de pois à écosser ?

R. — Parmi les variétés de pois à écosser, les meilleures sont :

1° Le *pois nain hâtif*, que l'on peut se dispenser de ramer, mais qu'il faut pincer, produisant des fleurs dès le second ou le troisième nœud, à petite gousse, à grain sucré ;

2° Le *pois gros-grain* sucré, moins précoce que le précédent, produisant beaucoup et donnant un grain plus gros ;

3° Les *pois Michaux* de Hollande, et de Paris, bons pour les ensemencements d'hiver, précoces, très-sucrés, excellents ;

4° Le *pois de Marly*, à grandes rames, produisant un grain gros, très-fécond, justement estimé ;

5° Le *pois Clamart*, plus tardif, excellent, productif, le meilleur pour les ensemencements qui doivent donner en automne leur récolte ;

6° Le *poisgros vert Normand*, très-tardif, s'élevant fort haut ; moelleux et fournissant en sec d'excellentes purées.

D. — Quelles sont les variétés de pois sans parchemin qui méritent la préférence ?

R. — Les pois sans parchemin, ou mange-tout, offrent quelques variétés qui méritent la préférence qu'on leur accorde généralement ; ce sont : 1° le *pois nain hâtif* ; 2° le *pois nain ordinaire* ; 3° le *pois éventail* ; 4° le *pois corne-de-bélier*, ou à grandes cosses blanches; 5° le *pois turc*, ou *pois couronné*, ainsi nommé parce que ses fleurs se groupent en forme de couronne, à grandes gousses, très-productif, très-sucré, très-tendre, et, par l'effet de ses bonnes qualités, plus exposé que ceux des autres variétés à être dévoré par les oiseaux.

D. — Comment cultive-t-on les pois ?

R. — L'ensemencement et la culture des pois sont à

peu près les mêmes que ceux des haricots. Toutefois, on peut semer les pois dès le mois de novembre et ensuite jusqu'au mois de juin.

Il est toujours avantageux et agréable d'obtenir des primeurs ; mais c'est surtout des petits pois qu'on est avec raison généralement avide. — Quand on redoute pour eux la rigueur des hivers, on les voile avec de la balle de vannures ou autres couvertures légères.

Pour les ensemencements d'hiver, il faut donner la préférence aux *pois Michaux* et aux autres variétés robustes.

§ IV. — LENTILLES.

D. — Comment cultive-t on les lentilles ?

R. — On cultive les *lentilles* à peu près comme les pois. — Il faut aux lentilles une terre sablonneuse, sèche et peu fumée. — On les sème en avril. — On reconnaît la maturité des lentilles à la teinte rembrunie des gousses, à la couleur et à la consistance de la graine, et à l'aspect des feuilles qui alors se flétrissent et se dessèchent au pied de la plante.

Section Troisième.

PLANTES BULBEUSES.

D. — Qu'entend on par plantes bulbeuses ?

R. — On entend par *plantes bulbeuses* des légumes turbinés ayant une saveur et une odeur âcre et piquante ; ce sont : l'*ognon*, l'*ail*, l'*échalote*, la *ciboule*, et le *poireau* ou *porreau*.

§ 1. — OGNON.

D. — *Quelles sont les principales variétés d'ognon?*

R. — On distingue plusieurs variétés d'ognon: les deux principales cultivées dans les jardins sont le *rouge* et le *blanc*. Le *rouge* est plus estimé à cause de sa douceur; mais le *blanc* se conserve plus long-temps. — Presque toutes les espèces d'ognons se multiplient exclusivement de graine.

D. — *Quel est le terrain qui convient à l'ognon?*

R. — L'ognon exige un terrain bien labouré, léger et ameubli par le terreau. — Le climat des pays chauds convient mieux à l'ognon que celui des contrées septentrionales. Aussi, l'Écriture Sainte a consacré la réputation méritée des ognons d'Égypte, si regrettés des Israélites

D. — *Comment cultive-t-on l'ognon?*

R. — Après avoir bien préparé la terre et l'avoir rendue bien meuble et nette d'herbes, de pierres et de racines, on sème à la volée la graine de l'ognon; on recouvre légèrement avec du terreau fin. Pour peu que la température soit sèche, il est important d'arroser, le soir si le temps est chaud, le matin si l'on craint la gelée. — On sème à la fin de février — Le semis lève au bout de trois semaines. Plus tard on le transplante; autrement on l'éclaircit en ne laissant que 8 à 10 centimètres de distance entre chaque pied. — À mesure que l'ognon prend de la force, il faut sarcler avec soin.

On sème encore l'ognon blanc en août pour le repiquer

en octobre ; on peut aussi semer en octobre et repiquer
en février. Quand les semis sont destinés à passer l'hiver
et à donner leurs produits en mai ou juin, il est prudent
de couvrir les planches avec de la paille pour les en débarrasser aussitôt que le temps s'est adouci. — Les semis
de mars et d'avril n'ont pas besoin de cette précaution.

Quand l'ognon est arrivé à sa grosseur ordinaire et qu'il
approche de sa maturité, on couche la fane pour arrêter
la sève dans l'intérêt de la racine. — Quand il est bien
mûr, on l'arrache et après l'avoir laissé étendu sur la terre
pendant une dizaine de jours, on le rentre dans le grenier.

D. — *A quelle époque se transplantent les porte-
graines?*

R. — Les *porte-graines* se transplantent en octobre
pour les ognons blancs et en mars pour les autres variétés.
Ils montent en avril ou en mai, et on les soutient au
moyen de piquets ou de rameaux auxquels on les attache
pour les préserver de la violence des vents. — A la maturité, on coupe les têtes en leur laissant une tige longue
pour pouvoir les lier ensemble et les suspendre au plancher après les avoir laissé sécher au soleil pendant quelques jours.

D. — *Quel est le meilleur moyen de conserver l'ognon?*

R. — Le meilleur moyen pour le conserver le plus longtemps possible consiste à le suspendre par ses fanes tressées
en cordes, et accrochées par des clous au plancher dans
un lieu sec et bien aéré.

7.

§ II. — AIL.

D. — Quelle est la culture de l'ail ?

R. — La culture de l'*ail* est la même que celle de l'ognon. Il se plaît dans les mêmes terrains, se plante en gousses en octobre ou en février et se récolte quand les fanes de la plante se dessèchent.

§ III. — ÉCHALOTE,

D. — Comment multiplie-t-on l'échalote ?

R. — On multiplie l'*échalote* comme l'ail par ses gousses qui doivent être plantées presqu'à fleur de terre dans un sol plutôt sec qu'humide, à l'exposition du midi. L'échalote est une plante plus délicate que l'ail ; sa croissance est plus rapide ; on peut la recueillir au mois de juin.

§ IV. — CIBOULE.

D. — Qu'est-ce que la ciboule ?

R. — La *ciboule* est une espèce d'ognon ; son goût et ses propriétés alimentaires sont à peu près les mêmes que celles de l'ognon. On en cultive deux espèces : la *ciboule vivace* et la *ciboule annuelle*. La première se multiplie par ses caïeux que l'on plante en bordure à demeure ; la seconde se sème soit en février ou mars, soit en juillet, que l'on repique aussitôt que le jeune plant peut supporter la transplantation, à 15 centimètres d'intervalle, afin que les touffes puissent se former convenablement.

§ V. — POIREAU OU PORREAU.

D. — Quels sont les soins qu'exige la culture du porreau ?

R. — La culture du *porreau* est simple, facile, peu coûteuse et sujette à peu de chances de perte ; les gelées ordinaires ne l'endommagent pas, de sorte que sa conservation n'exige presque ni soins ni dépense. — Une terre fertile et substantielle est cependant nécessaire au porreau pour qu'il prenne tout son développement. — Il faut observer aussi que le porreau, de même que toutes les plantes bulbeuses, craint le contact des fumiers en fermentation : le dégagement du gaz ammoniac étant funeste à toute cette tribu de végétaux, tandis que le *fumier sec* des chevaux et des bêtes à laine peut être employé avec avantage. — Dans la culture jardinière, où les récoltes se succèdent sans interruption, il est toujours facile de laisser passer sur une culture précédente l'effet du fumier frais. Le terreau ou le fumier très-consommé est généralement préférable au fumier même sec pour activer la végétation du porreau et des autres plantes bulbeuses.

D. — A quelle époque sème-t-on le porreau ?

R. — Dans une terre préparée comme celle qui doit recevoir l'ognon, où sème en mars la graine de porreau à la volée et un peu serré pour ménager l'espace. La croissance du plant est beaucoup plus rapide lorsqu'on répand sur la graine, avant de la recouvrir de terre, un peu de cendre de bois ou même de *charrée* ayant servi à faire la lessive. — Quand les jeunes porreaux sont de la grosseur d'une plume à écrire, on les transplante à 10 centimètres de distance et de profondeur, après en avoir coupé la moitié de la fane. — Le porreau demande un sol humide ou des arrosements fréquents.

Quelques jardiniers ont l'habitude de planter les porreaux en rigoles, et, à mesure qu'ils croissent, de les coucher et de rabattre la terre. Par ce moyen, la partie blanche du porreau a plus de longueur.

Pour *porte-graines*, on réserve les plus beaux pieds au printemps de leur seconde année. — On recueille la graine de porreau comme celle de l'ognon et on la conserve de même. — Au-delà de deux ans, la graine de porreau ne lève pas.

Section Quatrième.

PLANTES COMESTIBLES.

D. — *Que désigne-t-on sous le nom de plantes comestibles?*

R. — On désigne plus particulièrement sous le nom de *plantes comestibles*, les légumes dont on mange les feuilles et les tiges, quelques-uns de ces légumes se mangent cuits ; ce sont : les *choux*, les *épinards*, les *asperges*, les *artichauts*, l'*oseille* et le *persil* ; ce dernier ne sert qu'à assaisonner les autres aliments.

§ I. — CHOUX.

D. — *Combien distingue-t-on d'espèces de choux?*

R. — On distingue plusieurs espèces de **choux**, toutes

aussi utiles les unes que les autres : les *choux-pommés*, les *choux-verts* et les *choux-fleurs* sont les tro's espèces principales sous lesquelles viennent se ranger une multitude de variétés et sous-variétés. — Les choux, en général, et particulièrement les gros choux pommés, demandent une bonne terre, bien fumée. Pour les semis, la terre doit être plutôt légère que forte, bien ameublie et un peu abritée.

Les nombreuses variétés de légumes dont l'horticulture s'est successivement enrichie n'ont rien fait perdre au chou de son importance ; l'abondance, le bas prix et la rare salubrité de ses produits lui méritent encore le premier rang dans nos potagers.

D. — Que faut-il observer dans le choix de la graine?

R. — Lorsqu'on ne peut élever des porte-graines et récolter soi-même de la semence parfaitement franche d'espèce, on ne doit pas regarder au prix pour s'en procurer de première qualité en s'adressant aux maisons de commerce justement investies de la confiance des horticulteurs. — La bonne graine de chou est d'une teinte uniforme, presque noire, il faut la choisir pleine et lisse.

D. — A quelle époque sème-t-on les choux?

R. — Il est plusieurs variétés de choux que l'on peut semer et transplanter à des époques différentes de l'année, suivant les besoins des consommateurs ou les habitudes du pays. Mais le printemps et l'arrière-saison sont les deux époques principales.

D. — Quelle précaution faut-il prendre dans la plantation des choux ?

R. — La principale précaution à prendre dans la plantation des choux consiste à maintenir la racine parfaitement droite dans le trou ouvert par le plantoir ; si elle se trouvait repliée sur elle-même, la reprise serait moins certaine, ou bien le plant ne ferait que languir, sans pouvoir végéter convenablement, quelles que soient d'ailleurs la fertilité du sol et la bonne qualité des engrais. Les trous doivent avoir par conséquent une profondeur suffisante. — A moins que les choux n'aient été plantés par un temps pluvieux, il faut les arroser immédiatement.

La distance entre chaque pied varie, selon les espèces de choux, de 40 à 60 centimètres pour les petites variétés, et de 60 centimètres à un mètre pour les plus volumineuses.

CHOUX D'YORK.

D. — Qu'est-ce que les choux d'York ?

R. — Les *choux d'York, pain de sucre, cœur-de-bœuf* et *Milan à pomme longue*, sont préférables sous le rapport de la saveur à toutes les autres espèces, quand on les laisse pommer complètement. — Le chou d'York, le meilleur de tous, forme une tête petite, mais serrée et très-dure; plus tendre et plus délicate que celle des autres choux livrés à la consommation. — Tout jardinier amateur qui veut savoir ce que c'est qu'un choux pommé de première qualité, doit planter du choux d'York franc d'espèce, et le laisser pommer pour le manger à la fin de juin.

D. — Comment sème-t-on les choux d'York ?

R. — On sème en septembre le choux d'York et toutes les variétés de choux précoces à pomme allongée. Il importe de faire ces semis sur couche ou sur fumier en rayons, et non pas à la volée, si l'on veut en retirer un bénéfice important ; de la force du plant dépend la précocité des produits, qui seule détermine leur valeur vénale.

Les plantations de choux, quelle qu'en soit l'espèce, doivent être visitées peu de temps après leur reprise ; il ne faut pas négliger de remplacer ceux qui ne végètent pas convenablement ; on doit toujours avoir du plant en réserve à cet effet. — Au printemps les choux doivent être binés dès les premiers beaux jours, pour que le sol profite des rayons du soleil ; il faut ensuite sarcier les carreaux de choux aussi souvent que l'état de la saison le fera juger nécessaire jusqu'à la récolte.

CHOUX-FLEURS.

D. — Comment cultive-t-on les choux-fleurs ?

R. — On sème les *choux-fleurs* à trois époques principales. Les premiers semis ont lieu à la fin de février ou au commencement de mars ; les choux-fleurs de ce premier semis se cueillent en automne. — Les seconds semis se font à la fin de mai, pour donner leur pomme à la fin de l'automne. — On sème une troisième fois dans la dernière quinzaine du mois d'août pour se procurer le plant destiné à passer l'hiver ; les pommes provenant de ce dernier semis se récoltent au printemps.

La culture des choux-fleurs offre toujours de très-grands avantages quand elle est bien conduite. — On les plante à 50 centimètres en tout sens. Ce légume veut être tenu fraîchement ; il exige un terrain léger, amendé de terreau, des arrosements fréquents et une bonne exposition.

BROCOLIS.

D. — Qu'est-ce que les brocolis ?

R. — Les *brocolis* sont une variété intermédiaire entre le chou-fleur et le chou proprement dit. Considéré comme légume, il est préférable au chou-fleur sous le double rapport de la délicatesse et du volume de ses têtes. Sa culture est la même que celle du chou-fleur.

D. — Combien distingue-t-on de variétés de brocolis ?

R. — On distingue un grand nombre de variétés de brocolis dont les principales sont : le *brocoli commun*, le *brocoli violet*, et le *brocoli blanc*. — Leurs jeunes pousses printanières sont très-bonnes à manger ; et comme le chou qui les produit passe l'hiver en pleine terre sans abri, on obtient dès le commencement du printemps un aliment agréable et sain à une époque où les verdures sont très-rares.

Le brocoli, trop peu apprécié en France, peut réussir partout avec des soins convenables. — Il est surtout important de se procurer de bonne graine.

§ II — ÉPINARDS

D. — Quel est l'avantage des épinards ?

R. — Les *épinards* ont l'avantage de fournir à nos cuisines un légume frais, à une époque de l'année où il n'y en a presque pas d'autres ; sous ce rapport, les semis d'automne, dont les produits se récoltent tout l'hiver, sont les plus utiles au jardinier.

On sème les épinards à diverses époques, depuis mars jusqu'en octobre, dans un terrain bien fumé, bien meuble, frais et gras, par rayons éloignés de 15 centimètres. On sarcle et on arrose avec soin. C'est le seul moyen d'avoir de beaux plants, de pouvoir en cueillir les feuilles belles, tendres et abondantes.

§ III. — ASPERGES.

D. — Pourquoi la culture de l'asperge est-elle si peu répandue.

R. — Les qualités bienfaisantes de *l'asperge* devraient en rendre l'usage beaucoup plus général. Si sa culture est peu répandue; si nous ne la voyons pas figurer dans nos potagers, au milieu de tous les autres legumes, c'est sans doute à cause des grands frais et des soins minutieux et compliqués que les horticulteurs ont prescrit comme indis-pensables pour l'établissement d'une aspergerie.

Il est vrai que la culture de l'asperge exige quelques frais et qu'on ne peut jouir de ses produits qu'au bout de trois ou quatre ans. Néanmoins, il n'y a pas en jardinage d'avances mieux employées.

D. — Quel est le mode le plus avantageux de former une aspergerie ?

R. — Le mode le plus avantageux de former une asper-gerie consiste à disposer, sur des planches bien fumées et ameublies par de profonds labours, les *pates* ou *griffes* d'asperges provenant des semis de deux ans. On jette sur chaque pate un peu de terreau et on achève de couvrir toute la couche de dix centimètres de bonne terre.

Lorsque le jeune plant commence à monter, on coupe toutes les pousses à trois centimètres de terre et on recouvre les planches avec du fumier bien consommé et un peu de terre. — Cette première année, il suffit de bien sarcler et de tenir meuble la surface du sol. Il faut veiller avec attention à ce qu'il ne s'établisse pas de plantes parasites, surtout des herbes à fortes racines, telles que les patiences, les chien dents, les mauves, etc. Si le temps était trop sec, il faudrait arroser le jeune plant, et au mois de novembre, on coupe les tiges desséchées des asperges ; tel est le travail de la première année.

Au printemps suivant, on sarcle avec soin et dans l'arrière-saison, on coupe toutes les pousses comme l'année précédente. — On couvre encore tout le plant de fumier et de nouvelle terre.

A la troisième année, on commence à couper les plus belles asperges ; le plant n'est en plein rapport qu'à la cinquième année. On le fume légèrement tous les ans et on le laboure à la bêche au commencement du printemps.

On laisse monter les asperges faibles et les tardives, dont on coupe les rameaux à cinq centimètres au-dessus du sol, vers la fin d'octobre. — Il est nécessaire aussi de laisser tous les ans quelques tiges montantes ; car, si on les coupait toutes, on altérerait les griffes et on finirait par faire périr la plante, dont les racines seraient privées du bienfait de la sève que leur envoient les tiges et les rameaux pendant le printemps et l'été.

Ainsi, les premiers frais étant faits, il n'y a pas de culture moins dispendieuse et plus facile que celle de l'asperge.

Une aspergérie peut donner de bons produits pendant quinze à vingt ans.

D. — A quelle époque faut-il planter les griffes d'asperges?

R. — L'époque la plus convenable pour la plantation des griffes d'asperges est le mois de février ou mars. — On les plante encore avec les mêmes chances de réussite en automne, vers la fin de septembre. — On fait choix, dans le jardin, du terrain le plus sain et le mieux exposé au soleil. Quand on ne peut disposer que d'un fonds humide, il est à propos de le drainer et de faire le défoncement beaucoup plus profond.

D. — A quelle profondeur doit-on défoncer le terrain destiné à une aspergerie?

R. — Le sol destiné à une aspergerie doit être défoncé en automne à une profondeur de 50 centimètres au-dessous du niveau du potager. Une profondeur plus grande serait inutile, attendu que les griffes d'asperges ne s'enfoncent point perpendiculairement dans le sol; leur doigts ou racines fibreuses s'écartent peu de la situation horizontale. Il n'est donc pas nécessaire de placer au-dessous une épaisseur de fumier avec lequel les griffes ne sont jamais en contact, et qui par conséquent ne contribue en rien à la végétation des asperges. Il suffit qu'il s'en trouve assez pour que les filaments des griffes puissent y plonger et y trouver une nourriture convenable.

La largeur des planches ne doit pas excéder 1 mètre 40 centimètres ; on laisse un sentier de 75 centimètres entre chaque planche, afin de pouvoir cueillir les asperges sans être obligé de poser les pieds sur la planche dont le sol ne doit pas être foulé.

En général, la profondeur des fosses doit être calculée de manière que, les semis ou plantations étant terminés, leur niveau soit encore à 10 centimètres au-dessous du sentier.

D. — *Combien cultive-t-on d'espèces d'asperges ?*

R. — On cultive trois espèces d'asperges : *L'asperge blanche ou de Hollande* ; la *grosse asperge violette* ; et *l'asperge verte ou asperge commune*. La culture de ces trois variétés est identique.

D. — *Ne peut-on pas substituer les semis aux plantations de griffes ?*

R. — La méthode des semis en place commence à se substituer à celle des plantations de griffes partout où l'asperge est cultivée en grand ; son seul défaut, c'est de faire attendre quatre ans les premières rentrées. Aussi, tout amateur pressé de jouir, et ne voulant cultiver l'asperge que pour les besoins de son ménage, préférera toujours avec raison les plantations dont on commence à récolter les produits au bout de deux ou trois ans.

§ IV — ARTICHAUTS.

D. — Quel est le mode de multiplication des artichauts ?

R. — On peut multiplier cette plante par les semis ou par les œilletons qu'on détache des gros pieds avec un couteau, et qu'on replante à demeure au printemps. Cette dernière méthode est la plus avantageuse — L'artichaut ayant de longues et grosses racines demande une terre profonde, fraîche, bien fumée et bien ameublie. Après la plantation, on arrose pour attacher le plant à la terre. A l'approche du froid, on emmaillotte le pied avec de la litière ou de la fougère que l'on assujettit, pour préserver cette plante de la gelée. On lui donne un peu d'air quand les gelées sont passées, et on finit de la découvrir au retour du beau temps. Les jeunes pieds ne produisent qu'à l'automne, et ne donnent même que de petits artichauts ; tandis que les vieux pieds produisent de bonne heure de grosses têtes bien nourries.

D. — Quels sont les soins particuliers qu'il faut donner aux artichauts ?

R. — Quand la saison a permis de découvrir définitivement les artichauts, il faut retrancher les œilletons superflus et les mauvaises feuilles, nettoyer les pieds, les serfouir, arroser quand il convient et bêcher à peu de profondeur la terre qui se trouve entre chaque pied, de manière à ne pas endommager les racines.

D. — Quelles sont les principales variétés d'artichauts?

Les artichauts offrent plusieurs variétés. Les plus avantageuses sont : *l'artichaut vert*, ou *commun*, gros, robuste et productif ; *l'artichaut violet*, moins gros et moins fécond, le meilleur à manger cru après *l'artichaut rouge*, qui est le plus petit de tous ; *l'artichaut blanc*, précoce, mais très petit et peu robuste ; et *l'artichaut de Gênes*, petit, vert et sucré.

L'artichaut est d'une digestion facile et d'un goût généralement recherché.

§ V. — OSEILLE.

D. — Comment cultive-t-on l'oseille?

R. — Pour ne pas occuper un terrain que l'on peut employer à d'autres cultures, on ne dispose *l'oseille* qu'en bordures. Elle sert même à contenir les terres et à bien déterminer les allées. Cette plante doit s'élever de graine que l'on sème en avril ou en mai, par rayons, sur une terre bien ameublie et légèrement recouverte de terreau. Il faut arroser, sarcler et même abriter le jeune plant contre les chaleurs trop vives, jusqu'à ce qu'il ait acquis assez de force. On éclaircit afin que les pieds trop rapprochés ne se gênent pas. — L'oseille devient d'autant plus belle qu'elle est plus souvent coupée. Cette plante se conserve 10 à 12 ans.

A moins qu'on n'ait besoin de graine, il ne faut pas laisser monter l'oseille ; le travail de la fructification altère toujours et fatigue les plantes.

§ VI. — PERSIL.

D. — A quelle époque faut-il semer le persil ?

R. — On sème le *persil* au mois de mars et d'avril, soit en bordures, soit en planches par des rayons de cinq centimètres de profondeur. Le persil lève au bout de trois semaines ; on le sarcle, on l'arrose et on le laisse profiter à volonté sans autre soin, pour s'en servir tous les jours, en récoltant un à un les brins de feuilles qu'il pousse. — Le persil aime les terres bien exposées au soleil, les pierres, les murs, le gravier. Il s'y enracine fortement, produit beaucoup et y est très parfumé. Pour empêcher le persil de monter en graine, il faut le couper souvent : c'est d'ailleurs un moyen d'avoir de meilleures feuilles et de conserver les pieds plus longtemps.

D. — Quelles sont les principales variétés de persil ?

R. — Les principales variétés de persil sont : le *persil à grosses racines*, bonnes à manger cuites ; 2° le *persil à larges feuilles* ; 3° le *persil frisé* ; 4° le *persil panaché* ; 5° le *persil commun*, qui est le meilleur et le plus robuste.

Section Cinquième.

SALADES.

D. — Qu'appelle-t-on salades?

R. — On appelle *salades* les plantes potagères qu'on assaisonne pour les manger crues. Les principales salades sont : la *laitue*, la *chicorée*, le *céleri*, le *cresson*.

§ I — LAITUE.

D. — Combien distingue t-on d'espèces de laitues?

R. — On en distingue deux espèces : la *laitue pommée* et la *laitue romaine*. Ces deux espèces se subdivisent en une infinité de variétés. — La laitue est une des plantes les plus utiles des jardins.

D. — Comment cultive t-on la laitue?

R. — On cultive la laitue dans la terre la mieux fumée et la plus grasse. On en sème un peu tous les quinze jours pour en avoir toujours à replanter. — On les blanchit en liant les feuilles avec du jonc. — On peut en user à peu près toute l'année au moins pendant trois saisons. La laitue qui doit passer l'hiver, pour être mangée au printemps, est semée en septembre et plantée à la fin d'octobre.

La graine se recueille en août et en septembre.

§ II. — CHICORÉE.

D. — Quelles sont les variétés de chicorée?

R. — Les variétés préférées sont : la *grande chicorée blanche*, qui est la plus tendre et la plus délicate; la *verte*, plus rustique et plus petite, frisée ou non; la *chicorée à café* dont la racine sert à faire le café-chicorée, et dont les feuilles s'emploient de même en salade.

Peu de plantes potagères sont aussi salubres que la chicorée ; elle possède naturellement une saveur amère très-forte dans la chicorée sauvage, à peine sensible dans la chicorée cultivée, surtout quand on en mange seulement le cœur étiolé, dont la culture a fait presque complètement disparaître l'amertume.

D. — Comment cultive-t-on la chicorée?

R. — La chicorée vient en pleine terre ou sur couches. En pleine terre, on la sème clair en février, le long d'un mur bien exposé. On peut en laisser quelques pieds en place à des distances convenables et on transplante les autres environ un mois après que le plant est levé. Cette plante demande beaucoup d'eau jusqu'au moment où les touffes semblent assez fortes pour être liées; il leur faut 12 à 15 jours pour blanchir. Il ne faut lier la chicorée que par un temps sec; si l'on renferme de l'humidité dans les feuilles, elles pourrissent infailliblement.

Les dernières chicorées se plantent en août et septembre. On les conserve pendant l'hiver en les plaçant, dans une serre, ou bien on se contente de les couvrir de paillassons.

§ III. — CÉLERI.

D. — Qu'est-ce que le céleri?

R. — Non cultivé et abandonné à lui-même, le *céleri* est cette plante verte qu'on appelle aussi *ache*, et dont on emploie la feuille pour aromatiser les potages, avec la carotte, le navet, le chou, etc.

D. — Comment sème-t-on le céleri ?

R. — On sème les premiers céleris sur couche sous châssis, à la fin de février et dans les premiers jours de mars; les premiers semis en pleine terre se font en avril et peuvent être continués jusqu'en juin. La graine doit être fort peu recouverte; il faut entretenir sur les semis une humidité constante par de fréquents arrosages. — On e transplante en juin ou en juillet dans des rigoles que l'on pratique en élevant une partie de terre en lignes parallèles et profondes de vingt à trente centimètres. A mesure que le céleri prend de l'accroissement, on le chausse et on le butte. Par ce moyen, on obtient des tiges longues, tendres et blanches, qui font le plus grand mérite de ce légume. Pendant l'hiver, on doit mettre le céleri à l'abri des grands froids.

§ IV. — CRESSON.

D. — Comment peut-on multiplier le cresson ?

R. — Il suffit d'en semer sur le bord des eaux vives, ou d'y en jeter quelques racines ou même de simples épluchures; les cressonnières s'établisent ainsi avec la plus grande facilité. C'est ce qu'on appelle le *cresson de fontaine* — Il y a aussi le *cresson de jardin* qu'on multiplie de graine et qu'on sème à de courts intervalles pour en avoir pendant toute l'année. Le cresson, pour être tendre, doit être coupé tous les quinze jours jusqu'au mois de juillet; alors on en laisse monter pour graine quelques tiges qui propagent la plante.

Le cresson de fontaine est le meilleur. Sa salubrité est proverbiale. — On désigne ordinairement cette salade sous son antique surnom; la *santé du corps*.

Section Sixième.

PLANTES À FRUITS COMESTIBLES.

D. — Que désigne-t-on sous le nom de plantes à fruits comestibles?

R. — On désigne sous le nom de plantes potagères à fruits comestibles: les *melons*, les *citrouilles*, les concombres, les *piments*, les *tomates* et les *fraises*.

§ I. — MELONS.

D. — La culture du melon demande-t-elle beaucoup de soins?

R. — La culture du *melon* dont, on connaît plusieurs variétés, demande les soins suivants: on sème les melons en avril sur couche recouverte de terreau mêlé avec un tiers de bonne terre franche, substantielle, en couvrant avec des cloches que l'on enlève à propos toutes les fois que le soleil se montre assez longtemps. — Dès que les pieds commencent à allonger leurs rameaux, on les coupe au-dessus de la seconde feuille de chaque branche; on coupe de même les branches gourmandes. — Toutes les fois qu'un fruit commence à se montrer, on coupe les rameaux un œil au-dessus.

On arrose le plant au pied, ayant soin de ne point laisser tomber l'eau sur le fruit ou sur les feuilles.

Lorsque le melon passe du vert au jaune, qu'il répand une odeur forte et suave, on peut couper le fruit la veille du jour qu'on doit le manger. — On peut conserver les melons en les tenant sur de la paille bien sèche.

Quant à la graine, on réserve celle des fruits les plus beaux et les plus mûrs.

§ II. — CITROUILLES.

D. — De quel avantage est la culture des citrouilles?

R. — Les *citrouilles* fournissent pour la table des potages très-délicats ; elles ont l'avantage de donner des fruits qui se conservent longtemps et d'offrir d'abondantes ressources pour varier les aliments végétaux pendant l'hiver. — Peu de fruits offrent un plus grand nombre de variétés et sous-vaviétés que la citrouille.

D. — À quelle époque et comment sème-t-on les citrouilles?

R. — On sème les citrouilles en place à la fin d'avril dans des fosses de 50 centimètres de diamètre, sur 40 centim. de profondeur, dont le fond est garni de 30 centimètres de bon fumier fortement comprimé, recouvert de 6 centimètres de terreau. — Chaque trou reçoit deux ou trois graines; on ne laisse subsister que le pied qui semble le plus vigoureux. — On arrose, et dès que le fruit est noué, on pince les rameaux qui poussent latéralement. Cette suppression doit laisser au moins une tige de 40 centimètres au-dessus de chaque fruit.

Le plus souvent, au lieu d'attendre l'époque où il est possible de semer les citrouilles en place, on les sème en pots dès le mois de mars; quand la saison permet de supporter le plein air, le plant est déjà tout formé; il gagne ainsi près de deux mois sur les citrouilles semées en place.

Le *giraumont*, qui est une variété excellente de la citrouille, se cultive de la même manière.

§ III. — CONCOMBRES ET CORNICHONS.

D. — Comment cultive-t-on les concombres?

R. — On cultive les *concombres* exactement de la même manière que les melons. Cueillis jeunes et confits au vinaigre, les fruits se nomment *cornichons*.

§ IV. — PIMENTS.

D. — Quels sont les usages des piments?

R. — Les fruits de cette plante sont fort recherchés pour être mangés avec les viandes. C'est un fort tonique qui excite l'appétit et facilite la digestion. — On cultive les piments principalement pour confire au vinaigre. On les mange aussi verts tous crus. — Sec, le piment devient d'un beau rouge et s'emploie en guise de poivre.

D. — Comment sème-t-on les piments?

R. — On sème les piments sur couche au mois de mars

et on les transplante en mai avec précaution, ayant soin de les arroser au besoin.

§ V. — TOMATES.

D. — Quels sont les procédés de culture des tomates?

R. — Il en est, pour le semis, la culture et l'exposition des *tomates*, comme des piments. Quand les plantes commencent à monter, on les attache à un échalas ou à un treillage ; on les arrête à un mètre de hauteur en pinçant le sommet des tiges ; on pince également les pousses secondaires au-dessus des fleurs. Lorsque les fruits sont arrivés à moitié grosseur, on commence à effeuiller pour les faire mûrir. Pendant les fortes chaleurs, on arrose abondamment.

§ VI. — FRAISES.

D. — Quel est le mode de multiplication du fraisier?

R. — Au lieu de multiplier le *fraisier* de graine, on préfère le transplanter avec sa motte en octobre, mars et avril. — On plante ainsi les fraisiers en bordure ou en planches. On sarcle et on arrose quand il est convenable, et on supprime les filets qui s'allongent et se multiplient autour du plant principal. Sans cette précaution la multiplication envahissante de ces filets rougeâtres paralyserait la fécondité de la fleur d'où doit naître la fraise fruit excellent et justement recherché.

D. — Par quel moyen peut-on perfectionner la culture des fraisiers en planches?

R. — Ce moyen consiste dans l'empaillement : pour cet

effet, on jette sur la planche bien sarclée et serfouie, non-seulement entre les rayons, mais encore entre chaque pied, un peu de paille courte, qui, tout en couvrant la terre, l'empêche de se gercer et de se dessécher, ainsi que de reproduire beaucoup de plantes parasites. Cette paille présente en outre l'avantage, lorsque les fraises viennent à mûrir, de les garantir des ordures que les pluies ou les arrosements y feraient jaillir de la terre frappée par ces eaux.

Il est à propos de ne donner au fraisier, pour que ses fruits soient exquis, ni fumier, ni terreau gras, mais de bonne terre amendée et légère.

Section Septième.

TUBERCULES.

—

POMMES DE TERRE

D. — De quelle utilité est la culture des pommes de terre ?

R. — Les *pommes de terre*, faisant essentiellement partie de la grande culture, occupent ordinairement peu de place dans les jardins potagers où parfois elles sont moins savoureuses que celles des champs, dont le sol est moins fumé. — On sert les pommes de terre parmi les mets les plus exquis de nos tables ; le riche s'en montre aussi friand que le pauvre dont elles sont l'aliment le moins cher. — Elles offrent aussi une grande ressource pour la nourriture des animaux domestiques. — Ces tubercules étant d'une grande utilité, il est très-avantageux de consacrer tous les ans dans chaque ferme au moins demi-hectare de terrain, à la culture spéciale des pommes de terre : dût-on pour cela défricher des terres incultes.

D. — Quels sont encore les avantages de la culture des pommes de terre?

R.--Les pommes de terre sont encore d'une grande ressource pour les habitants des campagnes, notamment quand le pain est cher ; ils les préparent de toutes les manières et les emploient même à la soupe. — Mais le plus grand avantage que présentent ces tubercules est celui de contenir la fécule qui sert à tant d'usages et dont le mélange avec des farines de céréales, donne un pain d'un goût très-bon et d'une digestion plus facile que celui de pure farine. Dans une proportion de 1 sur 8, avec la farine de blé, ce mélange est insensible au goût ; il donne au pain plus de légèreté et il en diminue le prix.

C'est à Paris que l'on mange le meilleur pain qu'il ait en France, et peut-être en Europe, et dans cette capitale, depuis quelques années, des milliers de sacs de fécule ont été employés à la fabrication du pain ; cependant il ne paraît pas de fécule sur les marchés. — Il serait à désirer que le commerce de la fécule cessât d'être un mystère inutile, puisqu'il est bien reconnu qu'elle est une excellente nourriture pour l'espèce humaine.

Ce serait un avantage inappréciable pour les habitants

les campagnes de pouvoir convertir en fécule leurs pommes de terre, comme ils font convertir leurs grains en farine. — Pour arriver à cet heureux résultat, il faudrait que le Gouvernement protégeât ce nouveau moyen de subsistance dans toute la France, en faisant établir, comme *modèles*, plusieurs usines-féculeries par département et donner des prix d'encouragement aux personnes qui auraient fait et mis en activité ces nouveaux établissements.

Quand la fécule se vendra sur les marchés en concurrence avec les grains et farines, on ne craindra plus de disette en France, où le pain est la nourriture la plus indispensable des habitants, et notamment de la classe ouvrière.

Le fécule ayant l'avantage de se conserver pendant plus de douze ans, sans aucune manutention, mais avec la simple précaution de mettre la fécule en sacs dans des greniers. — Alors il sera possible de maintenir le prix du pain à un taux raisonnable pour toutes les classes.

Les habitants de plusieurs départements mangent de mauvais pain de sarrasin ou blé noir ; d'après ce nouveau système de culture, la fécule sera préférable à la farine de sarrasin, et les habitants en seront mieux nourris et plus heureux.

Le mélange de la fécule de pommes de terre avec la farine des céréales convient pour en faire disparaître le goût quand il est mauvais, et pour en obtenir de bon pain ; on peut en mettre un *tiers* et même la *moitié* avec des farines de froment et de seigle : c'est ce qui se fait à Londres où le pain est excellent.

On pourra aussi, avec des mélanges convenables, en faire de bons biscuits de mer.

L'emploi de la fécule pour la cuisine et la pâtisserie est avantageusement connu.

Toutefois il est bien entendu que la culture de la pomme de terre ne doit préjudicier en rien à la culture des céréales, puisque les farines de blé et de seigle sont indispensables pour l'emploi de la fécule.

D. — Comment cultive-t-on les pommes de terre?

R. — *On plante les pommes de terre* en mars dans des rigoles de manière à pouvoir rabattre la terre à mesure que la plante prend de l'acroissement. Par ce moyen, on meublit le terrain, on le débarrasse des mauvaises herbes, et on entasse au pied des plantes assez de terre pour qu'elles puissent développer plus de racines, et par conséquent multiplier leurs tubercules.

Les semis, placés à 50 centimètres de distance les uns des autres, doivent être recouverts de 8 à 10 centimètres de terre. — En général, on emploie pour l'ensemencement des pommes de terre de moyenne grosseur. Quelquefois, on coupe par œilletons celles qui sont très-grosses; Mais il est reconnu que les gros tubercules, semés en entier, donnent un produit plus considérable que les petits ou les fragments de tubercules.

On a conseillé avec raison de semer quelques grains de maïs entre les pommes de terre qui, sans en souffrir sous le sol, y gagnent de la fraîcheur par un ombrage favorable. On a même constaté, dans les terrains secs, que la récolte des pommes de terre était d'un quart plus considérable que lorsqu'on n'avait pas semé de maïs. — Ainsi il y a double avantage à faire usage de ce mode que nous recommandons.

D. — Quelles sont les précautions à prendre pour conserver les pommes de terre ?

R. — Quand on s'aperçoit que les tiges jaunissent et se fanent, on peut arracher les pommes de terre ; après les avoir nettoyées et exposées à l'air pour les faire sécher, on les conserve dans des lieux également à l'abri de la gelée, de la chaleur et de l'humidité.

D. — Les variétés de pommes de terre sont-elles nombreuses ?

R. — On compte un très grand nombre de variétés de pommes de terre dont les principales sont les suivantes qui offrent tous les avantages désirables, tant dans la saveur des tubercules et l'abondance de leurs produits, que dans leur degré de maturité, assez précoce soit pour garnir les tables dès l'été, soit pour laisser la terre libre dans la saison où on peut les remplacer par les cultures d'automne :

1° *Grosse blanche*, tachée de rouge ; —2° *blanche-longue*, ou *blanche-Irlandaise* ; 3° *jaune ronde aplatie* ; 4° *rouge oblongue* ; 5° *rouge longue* ; 6° *rouge souris*, ou *corne de vache*; 7° *rouge ronde*; 8° *violette*; 9° *petite blanche* ou *petite Chinoise*; 10° la *pomme de terre de Frise*, grosse variété anglaise.

D. — Quel est le produit des pommes de terre?

R. — Le produit moyen d'un hectare cultivé en pommes de terre, peut être évalué à 200 hectolitres.

Un hectolitre pèse communément 75 kilogrammes.

Quant à la qualité des pommes de terre, elle dépend beaucoup du terrain. — On doit préférer, sous tous les rapports, celui qui est à la fois profond et léger, et même sablonneux, exposé au midi. — Toutefois, la pomme de terre vient partout, pourvu que le sol ait quelque profondeur.

IGNAME.

D. — Qu'est-ce que l'igname?

R. — L'*igname*, importé de Chine par M. de Montigny, est une racine alimentaire qui, de même que la pomme de terre, contient de l'amidon, et qui, en outre, renferme un principe mucilagineux qui la rend plus propre que cette dernière à entrer dans la confection du pain. — La culture de cette plante a été essayée dans divers endroits, et elle a parfaitement réussi même dans les terrains pauvres et sablonneux, et tout porte à croire que notre agriculture pourra bientôt exploiter en grand cette précieuse racine dont les produits sont considérables.

D. — Comment multiplie-t-on l'igname?

R. — On multiplie l'igname avec une merveilleuse fa-

cilité, par *tronçons de racines* et par *boutures* de tiges.
— La racine de cette plante ne porte pas d'yeux comme
la pomme de terre ; mais quel que soit le point où l'on
coupe le tronçon, celui-ci donne toujours une tige lorsqu'il
a passé quelque temps en terre. — Ces tronçons sont mis
en terre au printemps, en lignes espacées d'un mètre, en
plaçant les pieds à une distance de 33 centimètres. Les
travaux d'entretien sont les mêmes que pour les pommes
de terre.

La multiplication par *boutures* se fait, soit en enterrant
les tiges, sans les couper, dans de petites rigoles d'où l'on
ne laisse sortir que les feuilles ; soit en plantant des
fragments de tiges coupées entre deux nœuds et conservant
les deux feuilles opposées. — Les tubercules qu'on obtient
par ce mode de multiplication sont destinés à servir de
semence pour l'année suivante. — Quand les tiges ont été
enterrées entières, il se forme un tubercule à chaque
nœud.

D.— Comment peut-on obtenir des jets précoces?

R. — On peut obtenir des jets précoces en mettant sur
une couche de fumier recouverte de 6 à 8 centimètres de
bonne terre des fragments de tubercules, que l'on recouvre
de 2 centimètres de terre ; lorsque les jets sont d'une
grosseur suffisante, on procède à la transplantation.

D. — A quelle époque récolte-t-on l'igname ?

R. — On récolte l'igname à la fin de septembre ou au
commencement d'octobre ; on le conserve comme la
pomme de terre, seulement sa conservation est plus facile

en ce que les racines de l'igname ne sont pas sujettes à germer. De plus, ce tubercule peut aussi passer l'hiver en terre.

Il faut observer que la direction perpendiculaire de cette plante, dont les tubercules s'enfoncent quelquefois à plus d'un demi-mètre, rend difficile l'opération de l'arrachage.

CHAPITRE QUATRIÈME.

PLANTES AROMATIQUES.

D. — Qu'entend-t-on par plantes aromatiques?

R. — On entend par *plantes aromatiques* celles qui ont une saveur agréable et dont les parfumeurs, distillateurs et confiseurs savent tirer parti.

Les principales de ces plantes sont : l'anis, l'angélique, la *coriandre*, la *lavande*, le *thym*, l'hyssope, le *romarin*, la *marjolaine*, l'œillet, la *tubéreuse*, les *jasmins*, les *rosiers*, les *orangers*, etc.

§ I. — ANIS.

D. — Qu'est-ce que l'anis?

R. — L'*anis* est une plante annuelle, à tige droite, un peu rameuse, à feuilles ailées et à petites fleurs blanches auxquelles succèdent des graines d'une odeur et d'une saveur aromatiques un peu piquantes, mais douces et agréables, que l'on emploie pour faire des dragées et pour en composer des liqueurs de table.

D. — *Comment faut-il cultiver l'anis ?*

R. — L'anis se plaît dans les sols sablonneux et calcaires. On le sème au printemps lorsque les gelées ne sont plus à redouter ; il faut que la terre soit aussi meuble et aussi unie que possible. La graine, semée à la volée, doit être légèrement recouverte. On sarcle la plante une ou deux fois avant l'époque de la floraison. — La maturité de l'anis a lieu successivement à partir du mois d'août ; on cueille les bouquets de graines au fur et à mesure qu'ils brunissent. Quand ils sont bien secs, on les bat au fléau comme le blé. Ensuite on vanne la graine pour la rendre bien nette et on la conserve dans des sacs à l'abri de l'humidité.

La quantité de graine employée pour semence est de 12 kilogrammes par hectare.

§ II. — ANGÉLIQUE.

D. — *Qu'est-ce que l'angélique ?*

R. — *L'angélique* est une plante à racine allongée, grosse, vivace ; elle produit une tige épaisse, rameuse, haute d'un mètre à un mètre cinquante centimètres, garnie de grandes feuilles deux fois ailées ; ses fleurs sont d'un blanc verdâtre, grandes et bien garnies. — Ses tiges servent à faire des confitures sèches et des dragées recouvertes de sucre. — Les distillateurs en font aussi une très-bonne liqueur de table. — Les tiges sèches de l'angélique sont très-riches en alcali, elles donnent près de dix pour cent de potasse.

D. — Comment cultive-t-on l'angélique ?

R. — Pour cultiver l'angélique avec avantage, il faut la planter dans un terrain substantiel, humide, qui soit à une exposition un peu chaude. On la sème d'abord en pépinière au mois de mars ou septembre, et on recouvre légèrement la graine de terre fine. — Si le semis a été fait en mars, on la repique au commencement de l'automne; s'il n'a été fait qu'en septembre, on le replante au printemps suivant.

Cette plante peut durer dix à douze ans. Il faut attendre la seconde année pour que les tiges aient acquis un degré convenable de perfection, et les années suivantes la récolte est encore plus abondante.

§ III. — CORIANDRE.

D. — Quels sont les usages de la coriandre?

R. — Les confiseurs emploient les graines de **coriandre** qui ont une odeur forte et aromatique, pour faire des dragées. Comme la graine de cette plante ne mûrit que successivement, sa récolte demande beaucoup de soins. — On sème la coriandre en août ou en mars.

§ IV. — LAVANDE.

D. — Quelles sont les propriétés de la lavande?

R. — Toutes les parties de la **lavande** ont une odeur aromatique, agréable, très-pénétrante. On prépare avec ses sommités fleuries une eau spiritueuse connue sous le nom d'*eau-de-vie de lavande*, et on retire par la distillation une huile volatile qui est employée dans les arts, appelée *huile d'aspic.*

La *lavande* est cette plante vulgairement appelée *aspic*, que l'on plante dans les jardins pour faire des bordures.

§ V. — THYM.

D. — Qu'est-ce que le thym?

R. — Le *thym* est la plus rustique des plantes aromatiques indigènes; il vient à toute exposition et dans toute sorte de terrain. — On le multiplie par la séparation des touffes que l'on plante et qui s'enracinent très-facilement. — Le thym s'emploie pour les bains aromatiques.

§ VI. — HYSSOPE, ROMARIN, MARJOLAINE.

D. — Quel est l'emploi de ces plantes?

R. — Ces plantes, employées pour la conservation du linge dans les armoires, et comme assaisonnement dans les mets de viande de cochon, existent en si grande abondance dans les terrains incultes, qu'on ne prend pas la peine de les introduire dans les jardins.

La *sarriette* est encore une plante cultivée exclusivement pour l'assaisonnement obligé des fèves de marais.

§ VII. — ŒILLET.

D. — Qu'est-ce que l'œillet?

R. — L'*œillet* est une plante vivace ayant des fleurs solitaires de diverses couleurs selon les variétés, qui servent à faire un sirop usité en médecine; elles sont aussi

employées par les distillateurs à la composition d'un ratafia qui est d'un usage assez fréquent.

L'œillet employé par les liquoristes et les pharmaciens, est une variété presque sauvage, dite *œill t grenadin*, qui exige beaucoup moins de soins que l'œillet cultivé dans les jardins comme plante d'ornemént.

§ VIII. — TUBÉREUSE.

D. — Pourquoi cultive-t-on la tubéreuse?

R. — La *tubéreuse* est une plante dont la racine est un tubercule produisant des feuilles longues, étroites, terminées par un épi de fleurs blanches, ayant une odeur très-agréable, que l'on cultive à cause de l'emploi qu'on fait de ses fleurs dans la parfumerie.

§ IX. — JASMINS.

D. — Qu'est-ce que les jasmins ?

R. — Les *jasmins* sont des arbrisseaux qui produisent des fleurs blanches ou rougeâtres très-odorantes dont les parfumeurs font diverses préparations.

§ X. — ROSIERS.

D. — Quels sont les rosiers dont la culture soit utile pour la parfumerie?

R. — Le *rosier de France* ou de *provins* et le *rosier de tous les mois* ou des *quatre saisons*, sont les deux espèces principales dont les fleurs soient employées dans la parfumerie. — Les fleurs du rosier de provins sont aussi employées en médecine comme astringentes. — C'est avec

les roses de tous les mois qu'on fait *l'eau de rose*, dont l'usage est très répandu, et qui s'obtient par leur distillation dans l'eau.

§ XI. — ORANGERS.

D. — *Qu'est-ce que les orangers?*

R. — Les *orangers* sont des arbres d'une hauteur médiocre dont les feuilles et les fleurs contiennent un arôme particulier : les distillateurs et les pharmaciens forment avec ces dernières *l'eau de fleur d'oranger*, qui est employée en médecine comme tonique et antispasmodique, et qui sert dans les cuisines pour donner un parfum agréable à beaucoup de mets et de friandises.

D. — *A quelle époque a lieu la récolte des fleurs?*

R. — *La récolte des fleurs* a lieu à partir de la fin de mai et se prolonge jusqu'en septembre; il faut la faire tous les jours ou tous les deux jours. — On recueille aussi les feuilles, qui sont employées en médecine.

CHAPITRE CINQUIÈME.

PLANTES MÉDICINALES.

D. — *Qu'entend-on par plantes médicinales?*

R. — On entend par *plantes médicinales* celles qui servent aux besoins des pharmacies, drogueries et herboristeries. — Parmi les plantes médicinales, il en est qui sont vénéneuses et dont les médecins connaissent les propriétés ; les autres personnes ne doivent jamais en faire

usage. De ce nombre sont : les *belladones*, la *jusquiame*, la *ciguë*, etc. — L'emploi de la *mercuriale*, de la *gratiole* et autres plantes purgatives, pourrait également occasionner des accidents. — Mais il est des plantes médicinales, qui croissent même naturellement dans les terres incultes, dont on peut faire usage sans aucun danger, telle que la *mauve*, la *pariétaire*, le *lin*, qui sont des *émollients* ; la *patience*, la *bardane*, la *douce-amère*, la *chicorée sauvage*, le *pissenlit*, la *fumeterre*, le *houblon*, qui sont des *dépuratifs* ; le *chiendent*, la *bourrache*, qui sont au nombre des *diurétiques émollients* ; la *petite centaurée*, la *gentiane*, l'*absinthe*, la *camomille romaine*, qui sont au nombre des *amers ou stomachiques toniques* — Le *raifort sauvage* et le *cresson* sont employés comme *antiscorbutiques*.

D. — Quelles sont les plantes médicinales qu'il est utile de cultiver ?

R. — Les plantes médicinales qu'il est véritablement utile de cultiver dans un jardin sont :

1° La *guimauve*, plante à racine blanchâtre, vivace, pivotante, de la grosseur du doigt ; ses tiges sont droites, cylindriques, recouvertes comme toute la plante d'un duvet cotonneux et blanchâtre ; ses fleurs, d'un rouge pâle, forment au sommet de la tige une sorte de grappe allongée. Cette plante fleurit en juillet et août.

Toutes les parties de la guimauve, les racines, les feuilles, les fleurs et même les fruits, sont *émollientes* et *mucilagineuses*, mais ce sont principalement les fleurs et les racines qu'on emploie en médecine. — Les fleurs doivent être cueillies au moment où elles paraissent, séchées à l'ombre, et conservées dans un lieu sec, renfermées dans des sacs. — Préparées en infusion théiforme, elles sont d'un usage journalier dans les affections catarrhales et dans toutes les maladies où il y a irritation ou inflammation. On récolte les racines pendant l'automne ou pendant l'hiver; on a soin de les laver après les avoir arrachées, et les faire sécher en les suspendant dans un lieu bien sec et bien aéré. — La *racine* de guimauve est généralement la base des décoctions émollientes et adoucissantes qu'on prescrit en médecine dans toutes les affections inflammatoires internes ou externes; et comme la consommation en est considérable, la plante doit être cultivée pour suffire aux besoins des herboristes et des pharmaciens.

2° La *réglisse*, plante dont la racine est la seule partie qui soit en usage; elle est adoucissante et pectorale; on en prépare le *suc de réglisse* du commerce, que l'Espagne expédie à l'état solide et sous forme de cylindres, de couleur noirâtre, dont l'emploi est chez nous d'un usage fréquent et populaire dans les rhumes et les affections de poitrine.

En France, la réglisse exige une culture soignée, et la grande consommation que la médecine et la pharmacie font de ses racines, rend cette culture assez fructueuse. — On plante sa racine en automne ou au mois de mars, après un profond labour, dans des tranchées larges de 30 centimètres, profondes de 35 centimèt., et distantes les unes des autres de 60 centim.; on couvre les racines d'une couche de

terre par dessus laquelle on répand la quantité de fumier dont on peut disposer. — On donne les binages nécessaires, et on récolte la racine de réglisse à la troisième année seulement.

3° Le *pavot*, dont il a été question comme graine oléagineuse, est encore cultivé comme plante médicinale. On retire du pavot l'*opium*, substance éminemment calmante et somnifère, dont on fait un grand usage en médecine.

La manière de cultiver cette plante pour retirer l'opium de ses capsules est la même que celle qu'on emploie quand on ne la sème que pour récolter ses graines et en extraire de l'huile.

Toutefois, il faut observer qu'il est plus avantageux de semer la graine de pavot avant l'hiver : les tiges de cette plante deviennent alors plus fortes et plus vigoureuses.

4° La *rhubarbe*, dont on connaît plusieurs espèces, qui s'emploie beaucoup en médecine à cause de ses propriétés toniques et purgatives. — Cette plante a de grosses racines charnues, presque ligneuses divisées en épaisses ramifications qui s'enfoncent profondément en terre. ayant une saveur amère et nauséeuse ; ses feuilles sont grandes et larges ; ses tiges grosses et robustes s'élèvent de un à deux mètres ; ses fleurs sont petites, nombreuses, d'un blanc jaunâtre.

Une terre franche, un peu légère. profonde, et fraîche est celle qui convient le mieux à la rhubarbe. Toutes les rhubarbes peuvent se multiplier de graines; mais on préfère la multiplication par les œilletons ou bourgerons qui se trouvent autour du collet des racines, lesquels donnent

plus rapidement des produits. C'est au commencement du printemps qu'on plante les œilletons en disposant les plants à deux mètres de distance les uns des autres. — La récolte des racines a lieu la quatrième année.

5° La *mélisse*, plante d'une odeur aromatique, très-pénétrante, ayant quelque analogie avec celle du citron. Ses propriétés médicales sont d'être cordiale, céphalique et sudorifique.

6° La *menthe poivrée*, ayant des fleurs petites, d'une couleur purpurine ; toutes les parties de cette plante ont une odeur pénétrante, agréable, un peu âcre et poivrée. La menthe est employée en médecine comme ayant des propriétés toniques, stomachiques, carminatives, et antispasmodiques. On en prépare une *eau distillée simple* qui est très-usitée ; on en retire aussi une *huile* qui sert à composer une liqueur de table fort agréable.

7° — Le *sureau* dont les fleurs s'emploient comme sudorifiques et résolutives; on les recueille en juin ; on les fait sécher à l'ombre, et on les conserve dans des sacs serrés dans un lieu sec. — Les baies se recueillent en automne ; les pharmaciens en préparent une sorte de confiture appelée *rob de sureau*.

8° Le *tilleul*, dont les fleurs sont antispasmodiques ; on les recueille et on les sèche comme celles du sureau.

9° La *moutarde*, dont les graines, le plus souvent converties en farine, servent à préparer le sinapismes. On retire aussi de cette plante de l'huile qui est employée pour faire la moutarde de table.

Il y a deux espèces de *moutardes* : la *blanche* et la *noire*, ou *sénevé*. Elles servent toutes les deux aux mêmes usages.

CHAPITRE SIXIÈME.

CULTURE DES FLEURS.

D. — Comment peut-on consiédrer la culture des fleurs ?

R. — La *culture des fleurs* peut être considérée comme un délassement plein de charme pour l'homme laborieux et une occupation aussi innocente qu'agréable pour les femmes et les jeunes personnes. — Dans le voisinage des villes, la culture des fleurs est encore lucrative par la vente qu'on en fait.

D. — Qu'appelle t-on parterre ?

R. — On appelle *parterre*, la partie du jardin spécialement consacrée à la culture des fleurs. — L'établissement d'un parterre est une chose aussi facile qu'agréable; ordinairement, on cultive les fleurs autour des carrés de légumes; c'est ce qu'on appelle des *plates-bandes*.

Les plates-bandes, du côté de l'allée, seront bordées de fraisiers qui donneront à la fois des fruits et de belles touffes de verdure. On peut aussi choisir pour bordure le tym, l'œillet-nain, ou *mignonette*, la *pâquerette*, les *violettes*, les *primevères*.

D. — Comment peut-on se procurer des fleurs ?

R. — On peut se procurer des fleurs à peu près sans dépense en demandant aux propriétaires qui ont des jardins d'agrément, les rejetons qu'on est obligé d'arracher tous les ans pour nettoyer les touffes de fleurs. Quant aux graines, il est facile de s'en procurer parce qu'on en récolte toujours au-delà de sa provision. Ceux qui possèdent des fleurs et des graines se font généralement un plaisir d'en donner à leurs voisins.

La culture des fleurs établit entre ceux qui les aiment une foule de relations agréables : on fait des échanges, et l'on parvient, avec le temps, à avoir une multitude de belles plantes qui ornent les jardins.

Du reste, la plupart des graines et des fleurs se vendent chez les jardiniers de profession à des prix très-modérés.

D. — Comment divise-t-on les fleurs ?

R. — On divise les fleurs de parterre en trois classes : 1° *plantes vivaces* ; 2° *plantes annuelles* ; 3° *plantes bulbeuses et à ognons.*

Section Première.

PLANTES VIVACES.

D. — Qu'appelle-t-on plantes vivaces ?

R. — On appelle *plantes vivaces*, celles qui durent plusieurs années. — La culture de ces plantes est surtout avantageuse et n'exige presque aucun soin. Mais comme la floraison des plantes vivaces ne dure guère au-delà de l'été, il est nécessaire de semer des plantes annuelles pour l'ornement des jardins pendant l'automne.

L'horticulteur doit diriger son attention vers le choix et la succession des plantes de parterre de façon à couvrir ses plates-bandes pendant chaque saison de l'année des fleurs le mieux assorties.

La nomenclature de toutes les plantes d'agrément et d'ornement occuperait un grand nombre de pages ; nous nous bornerons aux plus remarquables, et à celles dont la culture exige quelques instrctions particulières.

§ I. — ŒILLET.

D. — Qu'est-ce que l'œillet ?

R. — L'*œillet* est une plante robuste, facile à cultiver, et produit en juillet des fleurs d'une assez longue durée.

L'œillet se recommande par la beauté des couleurs, l'élégance de la forme, et surtout par la délicatesse de son parfum.

D. — Quels sont les œillets les plus recherchés ?

R. — Ce sont : 1° *l'œillet à ratafia* ou *grenadin :* gros rouge ; 2° *l'œillet prolifère :* très grand, ayant un double bouton et se crevassant si l'on ne contient pas son calice au moyen d'une carte ; 3° *l'œillet jaune* ; 4° *l'œillet des amateurs,* dont les pétalles ne doivent pas être dentelées, ni tiquetées, de points colorés ; mais qui doivent porter sur un fond parfaitement pur, blanc, rose, cramoisi, incarnat, isabelle, marron ou feu,

D. — Comment cultive-t-on l'œillet ?

R. — Quoique l'œillet vienne très-bien en pleine terre, et qu'en planche il produise un effet agréable, quelques amateurs préfèrent le mettre en pots. — La terre qui convient à l'œillet est un mélange de terre franche et de terreau: c'est dans ce terrain qu'il faut l'établir soit en pot, soit en pleine terre. Quant aux semis que l'on fait pour obtenir de nouvelles combinaisons de couleurs, il faut les jeter sur cette même terre ameublie d'un peu de sable ou de terre de bruyère et n'y mettre au printemps que des graines obtenues sur des œillets doubles où dominent de belles couleurs nettement dessinées. Les œillets se propagent aussi par les *boutures* et par les *marcottes*.

D. — En quoi consiste la multiplication par boutures ?

R. — La multiplication par *boutures* consiste à détacher de la plante de jeunes rameaux qu'on enlève à la fin d'août ; on les fend proprement en deux jusqu'au-dessus d'un nœud autour duquel naîtront les jeunes racines; on maintient l'écartement des deux parties au moyen d'un gravier ou d'un petit morceau de bois ; on les pique dans du terreau mélangé de terre de bruyère ; on les place à l'ombre et on leur donne de légers arrosements.

D. — Comment fait-on les marcottes ?

R. — Les *marcottes* se font à la même époque que les boutures, ou même un peu plus tard, parce que la reprise est plus certaine. Cette opération s'exécute ainsi : on choisit autour du pied d'œillet que l'on veut propager, les branches les plus vigoureuses; on les coupe en dessous, jusqu'à moitié de leur épaisseur, de manière qu'elles tiennent bien à la tige principale qui contribuera à les nourrir; on fixe dans la terre la portion inférieure du rameau. — Pour bien assujettir la marcotte en terre, on l'y contient au moyen d'un petit crochet de bois. — Quand la reprise est certaine, et que la jeune marcotte est pourvue de bonnes racines, on la détache en coupant le reste du rameau près de la mère-plante, et on l'établit soit en pot, soit en pleine terre — Si le temps est sec, il faut arroser de temps en temps les œillets marcottés, afin d'accélérer la pousse des jeunes racines et pour rendre de la vigueur à la plante fatiguée par l'opération du marcottage.

§ II. — PRIMEVÈRE.

D.— Combien existe-t-il de variétés de cette plante?

R. — Il existe trois variétés de cette jolie plante vivace qui tient peu de place, produit des fleurs charmantes, nombreuses et durables, et se propage facilement de rejetons, ou mieux encore de graines semées en automne. Ses variétés sont : 1° la *primevère commune*, qui fleurit dès le commencement du printemps et souvent aussi en automne, il y en a de plusieurs couleurs, à fleurs simples et à fleurs doubles; 2° *l'oreille d'ours Auricule*, ou *Primevere auricule*, qui fleurit aux mêmes époques, mais dont le feuillage est plus petit et d'un vert plus pâle, et qui produit des fleurs charmantes par la vivacité et la pureté de leurs couleurs, beaucoup plus nombreuses que celles de la primevère commune; 3° la *primevère à feuilles de cortuse,* qui donne en avril et en mai de jolies fleurs pourpres.

§ III. — VIOLETTE. — PENSÉE.

D. — Qu'est-ce que la violette ?

R. — La *violette* est une fleur très-précoce et très-odorante ; *elle est l'emblème de la modestie.* — La violette se multiplie par la séparation des touffes. — On en distingue plusieurs variétés, à fleurs simples et à fleurs doubles, et de différentes couleurs, toutes très-recherchées.

D. — Qu'est-ce que la pensée ?

R. — La *pensée vivace* est une véritable violette, à grandes fleurs violettes et jaunes, ayant le privilège unique d'une floraison naturelle qui commence dès les premiers beaux jours du printemps, pour ne s'arrêter qu'aux premières gelées de la fin de l'automne.

Les pensées, de même que les violettes, se plaisent mieux en pleine terre que dans des pots ; une bonne terre ordinaire leur suffit.

§ IV. — RENONCULES.

D. — Comment se multiplient les renoncules ?

R. — Les *renoncules* se multiplient de semences que l'on jette en terre en octobre, en pleine terre ou en terrines profondes. La graine de renoncule est très-lente à germer ; il ne faut la recouvrir que fort légèrement, et arroser le semis de temps en temps pour faciliter le travail de la germination. On couvre pendant les grands froids avec de bonne litière. — Les semis de renoncules donnent leur fleur de la seconde à la quatrième année ; c'est-à-dire au plus tard après trois ans révolus.

La renoncule naît aussi d'un tubercule appelé griffe. — On recouvre les griffes de renoncules en répandant par dessus cinq centimètres de terre mise en réserve à cet effet. — Les plus belles fleurs sont toujours celles qui proviennent des plantations faites en octobre, et préservées du froid pendant l'hiver.

§ V. — ANÉMONES.

D. — Comment faut-il cultiver l'anémone ?

R. — La culture de cette plante diffère peu de celle de la renoncule. Les variétés très-nombreuses d'*anémones* se perpétuent par la séparation des griffes ; on en obtient de nouvelles au moyen de semis. — Les collections d'anémones sont d'un effet très-riche dans le parterre, à cause du volume des fleurs et de l'éclat de leurs nuances.

D. — Quelles sont encore les plantes vivaces qu'on peut introduire dans son parterre ?

R. — Les principales de ces plantes, faciles à cultiver, sont :

1° FLORAISON DE FÉVRIER ET MARS. — *Pâquerette* ou *bellis*, plusieurs variétés. — *Saxifrage de Sibérie* — *Tussilage odorant*, ou *héliotrope*. — *Iris jaune et bleu*. — *Hellébore vert*. — *Mandragore*. — *Valériane*, etc.

2° FLORAISON D'AVRIL. — *Phlox*, plusieurs variétés. — *Gentiane*. — *Globulaire*. — *Adonis*. — *Giroflée jaune*, ou *violier*. — *Palmonaire de Virginie*, plusieurs variétés, etc.

3° FLORAISON DE MAI. — *Géranium*, trois espèces. — *Muguet*. — *Pivoine*, plusieurs espèces. — *Sauge*. — *Lychnis*, ou *Croix de Jérusalem*, plusieurs variétés. — *Muflier*, ou *Gueule de lion*. — *Sceau de Salomon*, nombre de variétés, etc.

4° FLORAISON DE JUIN. — *Véronique*, quatre variétés. — *Aconit*, plusieurs variétés. — *Achilles*, dix à douze jolies variétés. — *Bétoine*. — *Ancolie*. — *Digitale*. — *Sauge à grandes fleurs*. — *Astragale*, sept variétés. — *Pigamon*. — *Iris de Florence*. — *Lobélia*. — *Campanules*, plusieurs variétés, etc.

Section Deuxième.

—

PLANTES ANNUELLES.

FLORAISON D'ÉTÉ.

D. — *Quelles sont les plantes annuelles ?*

R. — Les principales plantes annuelles sont :

1° FLEURS ROUGES. — Les *Adonis*; les *Amarantes*; la *Balsamine des jardin*; la *Belle de nuit ordinaire*; la *Coquelourde*; la *Girofle quarantaine* à fleurs rouges, dont il y a aussi des variétés à fleurs violettes, blanches, couleur de chair, brunes, roses et lilas; le *Haricot d'Es-*

pagne ; la *Julienne de Mahon* ; le *Lotier rouge* ; les *Zinnia*, etc.

2° FLEURS BLANCHES. — *Belle de nuit à fleurs longues* ; la *Stramoine*, ou *Fastueuse* ; la *Campanule* ; la *Mauve frisée* ; le *Pavot somnifère*, dont plusieurs variétés donnent des fleurs tant simples que doubles, rouges, roses, violettes, blanches, panachées, etc.

3° FLEURS JAUNES. — La *Capucine* ; le *Souci* ; l'*Hélianthe*, ou *Soleil à grandes fleurs* ; l'*Alysse*, ou *Corbeille d'or* ; le *Mélilot d'Inde*, etc.

4° FLEURS BLEUES. — La *Verveine gentille* ; la *Cléone de Portugal* ; le *Lupin bleu* ; le *Mélilot bleu* ; la *Nigelle* ; le *Liseron*, ou *Belle de jour* ; l'*Améthyste*, etc.

5° FLEURS DE DIVERSES COULEURS — La *Dauphinelle des jardins*, ou *Pied d'alouette*, à fleurs bleues, violettes, rouges, ou roses, soit simples, soit doubles ; en juillet. — Le *Seneçon d'Afrique*, à jolies fleurs blanc rosé, cramoisies, roses ; de juin à août. — Les *Silènes*, soit à fleurs roses ; en juin et juillet ; soit à *bouquets*, blancs ou rouges ; tout l'été ; soit *Attrape-mouche*, à fleurs blanches tachées de pourpre ; de juin à août. — Les *Mille-pertuis*, d'un beau jaune doré, fleurissant de juin à septembre. — Le *Réséda*, annuel en pleine terre, est vivace dans l'orangerie où il reste fleuri pendant tout l'hiver. — La *Scabieuse* ou *Fleur de veuve*, à fleurs odorantes pourpres, roses ou panachées ; de juillet en octobre. Cette plante est bisannuelle. — Les *Alcées roses trémières*, ou passeroses simples et doubles, de diverses couleurs ; de juillet à octobre.

Section Troisième.

PLANTES BULBEUSES ET A OGNONS.

D. — Quelles sont les plantes bulbeuses et à ognons les plus remarquables?

R. — Ces plantes de parterre remarquables à divers titres sont : les *lis*, les *tulipes*, les *jacinthes*, les *narcisses*, les *dahlias*. Ces plantes, de même que les *anémones* et les *renoncules*, sont encore appelées *plantes de collection*.

D. — Qu'appelle-t-on plantes de collection?

R. — On appelle *plantes de collection* celles dont les fleurs donnent aux amateurs de floriculture le plus de jouissances. Ces plantes ont toutes, quoiqu'à des degrés différents, le défaut essentiel de coûter fort cher.

§ I. — LIS.

D. — Quel est le mérite des lis?

R. — Les *lis* joignent presque tous au mérite d'une floraison riche et prolongée celui d'une odeur suave ; une bonne terre de jardin leur suffit. Tous les lis se multiplient par la séparation de leurs caïeux.

D. — Indiquez les espèces les plus recommandables?

R. — Le *lis commun* est blanc et fleurit en juin.

Parmi ses variétés ou distingue: 1° le *lis blanc*, à fleurs doubles; — 2 le *lis ensanglanté*, flagellé de rouge; — 3° le *lis de Constantinople*, plus petit; — 4° le *lis à feuilles panachées*; — 5° le *lis orangé*, à fleurs rouge aurore; — 6° le *lis martagon*, donnant en juin, des fleurs rouge pourpre ponctuées de noir, et produisant beaucoup de belles variétés; 7° le *lis superbe*, dont les tiges montent jusqu'à trois mètres; 8° le *lis de Kamschatka*, à fleurs jaune doré et à odeur de jonquille, qui paraissent en juillet; 9° le *lis tigré*, donnant à la même époque ses amples fleurs d'un beau rouge orangé.

§ II. — TULIPES.

D. — Comment cultive-t-on les tulipes?

R. — Cette fleur magnifique, qui offre des couleurs et des nuances très-belles, provient d'un ognon facile à cultiver et à multiplier. Il ne manque à la *tulipe* que l'odeur; elle a l'éclat des couleurs, l'élégance des formes et la durée de la floraison. C'est une plante vigoureuse, peu difficile sur le climat et la qualité du sol. — On la met en terre au commencement d'octobre; on la couvre un peu de litière pendant les grands froids.

§ III. — JACINTHES.

D. — Qu'offrent de remarquable les jacinthes?

R. — Cette belle plante à ognon réunit la beauté, la précocité et l'odeur; elle y joint le mérite de pouvoir être cultivée en pleine terre. — Ses variétés sont en grand nombre et offrent des fleurs soit bleues, soit roses, soit blanches, soit jaunes, avec diverses nuances.

D. — Quelle est la terre qui convient aux jacinthes ?

R. — La terre qui convient aux *jacinthes* doit être légère, composée de terre de bruyère et de terre de jardin.

On plante les jacinthes à la fin de septembre à dix centimètres les unes des autres. Les soins à prendre pour la plante et pour la prolongation de la durée des fleurs, sont les mêmes que ceux des autres plantes à ognon.

§ IV. — NARCISSES.

D. — Quels sont les narcisses préférés ?

R. — Les *narcisses* préférés sont les suivants: les *narcisses des poètes*, à fleurs blanches et liserées de pourpre, odorantes; en mai; — le *faux narcisse*, à fleurs jaunes, soit simples, soit doubles; en février et en mars; le *narcisse bicolor*; le *narcisse orangé*; le *narcisse musqué*; le *narcisse à bouquet*; le *narcisse grand soleil d'or*; le *multiflore*; le *grand monarque*, etc.

§ V. — DAHLIAS.

D. — Qu'est-ce que les dahlias ?

R. — Les *dahlias* proviennent de tubercules que l'on met en terre au mois d'avril pour les en retirer à la fin d'octobre; on les tient sèchement pendant l'hiver à l'abri de la gelée. Les tiges de dahlias reprennent avec une grande facilité lorsqu'elles sont séparées de la plante-mère peu de temps après leur naissance. Cette plante, dont il existe un grand nombre de variétés, produit des fleurs magnifiques de toutes les couleurs pendant tout l'été.

Il manque au dahlia deux qualités essentielles : l'odeur et la beauté du feuillage. Il rachette ces défauts par la richesse et la variété des nuances.

D. — Quelles sont les autres plantes bulbeuses?

R. — Les autres plantes bulbeuses de pleine terre sont : les *asphodèles*, les *crocus*, les *iris*, les *muscaris*, les *orchis*, les *scilles*, le *colchique d'automne*, la *fritillaire couronne impériale*, le *galanthe d'hiver* ou *perce-neige*, le *glaïeul*, la *jonquille*, etc., etc.

Chapitre Septième.

ARBUSTES A FLEURS.

D. — Quel parti peut-on tirer des arbustes à fleurs?

R. — Parmi les *arbustes d'ornement* de pleine terre, les uns son recherchés à cause de la beauté de leurs fleurs et l'élégance de leur feuillage; les autres à cause de leur odeur seulement; la variété de fleurs et de feuillages divers que présente leur réunion forme une décoration des plus gracieuses, obtenue avec très peu de frais, et presque sans soins de culture. — Les massifs d'arbustes sont, dans un grand jardin, un objet de première utilité, soit comme abri soit en masquant des choses d'un aspect peu agréable. Les arbustes concourent puissamment à orner le paysage, et sous une foule de rapports, ils ne sont pas moins nécessaires qu'agréables.

D. — Quels sont les arbustes d'ornement à floraison remarquable?

R. — Ce sont les *rosiers*, le *lilas*, le *seringat* le *genêt d'Espagne*, le *jasmin*, le *chèvrefeuille*, la *boule-de-neige*, l'*arbousier*, le *camélia*, le *coignassier du Japon*, l'*hortensia*; auxquels on peut ajouter les *alisiers*, les *pêchers nains*, à fleurs doubles, le *prunellier* et l'*aubépine à fleur double*, les *camarix*, dont les seize espèces cultivées méritent le surnom d'élégants.

§ I. — ROSIERS.

D. — Comment se multiplient les rosiers?

R. — Les *rosiers* se multiplient par rejetons et par greffe en écusson. — Les terres qui leur conviennent le mieux sont celles qui sont légères, substantielles, profondes et fraîches sans humidité. Pour produire des fleurs parfaites, les rosiers doivent être taillés avec beaucoup de soin. Le vieux bois est rabattu tous les ans sur un jeune rameau de l'année, qu'on taille lui-même à trois ou quatre yeux. L'automne est l'époque la plus favorable pour tailler les rosiers.

D. — Quelles sont les variétés du rosier?

R. — Parmi les variétés du rosier, on peut choisir entre les suivantes : 1° le *rosier à petites fleurs* doubles carnées; 2° le *rosier de la Caroline*, à fleurs doubles; 3° le *rosier des Alpes*, à fleurs doubles; 4° le *rosier jaune de soufre*, à grandes fleurs doubles inodores; 5° le *rosier très-épineux*, comprenant plusieurs sous-variétés, telles que la pimprenelle à *fleurs blanches*; la *pimprenelle à fleurs pourpre foncé* doubles ; la *pimprenelle à fleurs jaunes* doubles ; 6° le *rosier à fleurs en coupe*, qui compte plusieurs jolies sous-variétés ; 7° le *rosier de Damas*, ou des quatre saisons ; 8° le *rosier Belgique*; 9° le *rosier à cent feuilles*, à fleurs doubles, d'une odeur très-suave, qui a donné pour sous-variétés agréables la *rose des peintres* ; la *rose unique blanche*; la *rose unique panachée*; les *roses mousseuses*; la *rose boule de neige*; les *pompons*; 10° le *rosier de Provence*, qui a pour sous-variétés les Agathes ; 11° le *rosier de Provins*, avec de nombreuses et charmantes sous variétés ; 12° le *rosier turbiné, grande pivoine*; 13° le *rosier blanc*, dont plusieurs sous-variétés ; 14° l'*églantier* ou rosier des haies, très-propre à recevoir la greffe des autres rosiers ; 15° le *rosier des Indes*; 16° le *rosier noisette*; 17° le *rosier du Bengale*, etc., etc.

§ II. — LILAS.

D. — *En quoi consiste le lilas?*

R. — Le *lilas* commun est un arbuste de cinq à six mètres de hauteur, dont les belles fleurs, d'un violet pâle, paraissent en mai et exhalent une agréable odeur. — Il existe des variétés *à fleurs blanches*, *à fleurs violet pourpre*, *à fleurs panachées*, etc.

On propage tous les lilas par les rejetons et par les semis.

§ III. — SERINGAT.

D. — *Qu'est-ce que le seringat?*

R. — Le *seringat odorant*, montant à trois mètres,

forme des buissons qui se couvrent, en juin, de fleurs blanches d'une odeur très-suave, quoique un peu forte. Il en existe une variété *à feuilles panachées*, une autre *à fleurs inodores.*

Le seringat se multiplie comme le lilas.

§ IV. — GENÊT D'ESPAGNE.

D. — Comment multiplie-t-on cet arbuste?

R. — On le multiplie de ses graines qui lèvent facilement dans le terreau. Quand on transplante le *genêt d'Espagne,* il faut qu'il soit très-jeune et que ses racines pivotantes soient conservées dans toute leur intégrité.

Le *genêt d'Espagne* est un des plus agréables arbustes dont les fleurs odorantes, d'un beau jaune vif, se renouvellent jusqu'aux gelées et parfument au loin les jardins où on les cultive.

§ V. — JASMIN.

D. — Qu'est-ce que le jasmin?

R. — Le *jasmin blanc commun* est un joli arbuste qui produit de juillet en octobre, des fleurs blanches d'une odeur délicieuse; il les donne en abondance, si l'on a soin de le tondre et de l'arroser.

Cet arbuste se reproduit de boutures.

§ VI. — CHÈVREFEUILLE.

D. — Quelles sont les variétés de cet arbuste?

R. — On en cultive en pleine terre plusieurs variétés,

dont la plus éclatante n'a pas d'odeur : c'est 1° le *chèvre-feuille d'Italie*, ou *chèvrefeuille romaine*, à fleurs rouges et prenant par là toute la forme d'une boule ou d'une coupe. — Les autres variétés sont : 2° le *chèvrefeuille toujours vert*; — 3° le *chèvrefeuille commun*; 4° le *chèvrefeuille glauque*; — 5° le *chèvrefeuille à feuilles de chêne*; — 6° le *chèvrefeuille de Minorque*.

Ces arbustes sont d'une culture facile; ils ne sont pas difficiles sur le choix du terrain, ni sur l'exposition. — On peut les multiplier de graines; mais il est plus expéditif de les propager de boutures.

<h3 style="text-align:center">§ VII. — ARBOUSIER.</h3>

D. — *Quel est l'avantage de l'arbousier?*

R. — L'*arbousier*, ou fraisier en arbre, est un arbrisseau très-agréable par son port et son beau feuillage persistant, qui a l'avantage, pendant l'hiver, de présenter une verdure gaie, d'une teinte douce, nuancée d'un peu de rouge. Ses fleurs ont peu d'apparence; mais ses fruits appelés *arbouses*, gros comme une grosse fraise, dont ils ont tout-à-fait la forme et même la couleur, produisent un bon effet à la fin de l'automne et jusque dans l'hiver. On peut manger les arbouses, mais elles sont fades. On en fait une boisson très-rafraîchissante, appelée *arbouse*.

D. — *Comment fait-on l'arbouse?*

R. — Pour faire l'*arbouse*, il suffit de mettre demi-hectolitre de fruits bien mûrs dans une barrique que l'on remplit d'eau ; on laisse fermenter pendant quinze à vingt jours : ce qui donne une excellente *piquette.*

§ VIII. — CAMÉLIA.

D. — Qu'est-ce que le camélia ?

R. — Le *camélia,* ou rose du Japon, est un arbrisseau toujours vert qui forme un buisson élégant et se couvre de jolies fleurs rouges, depuis la fin de février jusqu'au mois de mai.

Il offre plusieurs belles variétés, telles que : 1° le *camélia à fleurs pourpres ; — 2° à fleurs doubles, rouges, panachées de blanc ; — 3° à fleurs rose tendre ; — 4° à fleurs de pivoine,* rose pâle ; — 5° le *camélia à feuilles de myrte,* dont les fleurs sont d'un beau rouge.

§ IX. — HORTENSIA.

D. — Qu'est-ce que l'hortensia ?

R. — Ce bel arbuste, qui s'élève à un mètre environ, conserve, lorsqu'elles ne gèlent pas, toutes ses feuilles pendant l'hiver, à l'approche duquel elles prennent une teinte rougeâtre. Il se couvre pendant l'été de belles et grosses boules très-élégantes, de couleur de chair un peu vif, et qui ont une longue durée. — Il se multiplie de rejetons enracinés et même de boutures.

L'hortensia est l'un des principaux ornements des parterres, et, si ses fleurs étaient odorantes, il réunirait tous les avantages.

Chapitre Huitième.

ORANGERIE ET SERRES.

Section Première.

ORANGERIE.

D. — Quelle différence y a-t-il entre une orangerie et une serre?

R. — Quelques auteurs désignent l'orangerie sous le nom de *serre froide*, parce qu'en effet elle convient à une foule de végétaux autres que ceux de la famille des orangers. Mais le mot *serre* désigne un local où les plantes végètent en toute saison, et qui, par conséquent, reçoit par des vitrages la plus grande somme possible de lumière extérieure; tandis que l'*orangerie* est un local exclusivement réservé à la conservation, pendant l'hiver, des plantes quelles qu'elles soient, dont la végétation est dans cette saison totalement interrompue, et qui, pour cette raison, peuvent se passer de lumière.

Nommer l'orangerie *serre froide*, ce serait donc dénaturer entièrement la signification du mot *serre*.

D. — Quelles sont les conditions de construction d'une orangerie?

R. — La hauteur d'une orangerie doit dépasser le sommet des plantes les plus élevées qui doivent y séjourner; elle doit être aussi d'un accès facile et munie d'une porte double, assez large pour que les arbustes ne soient point froissés en y entrant. — Il suffit que l'orangerie ait des fenêtres à l'exposition du midi ; ces fenêtres peuvent être simples pourvu, qu'au besoin, ou puisse obtenir une clôture hermétique. — L'orangerie doit être assez vaste afin que les plantes ne s'étouffent point les unes les autres.

D. — Que faut-il observer dans le gouvernement de l'orangerie ?

R. — Le gouvernement de l'orangerie est des plus simples ; il suffit de la préserver de la gelée, et de donner de l'air depuis le matin jusqu'à trois heures de l'après-midi, toutes les fois que la température ne descend pas au-dessous de zéro.

Ainsi, la direction des plantes d'orangerie n'exige qu'un peu d'attention ; tant qu'il ne gèle pas, les plantes qui conservent leurs feuilles ont besoin de beaucoup d'air ; dès qu'il gèle, il faut s'abstenir d'arroser hors le cas de nécessité absolue. Cette nécessité n'existe réellement que quand la terre des caisses et des pots est desséchée jusqu'au fond, ce dont on peut s'assurer au moyen d'une sonde. Quand le froid se fait sentir, on ferme les fenêtres. A mesure que le temps devient plus doux, on laisse les fenêtres ouvertes plus longtemps, et l'on finit par les ouvrir même la nuit avant l'époque où les plantes d'orangerie peuvent supporter le plein air, afin de les y habituer par degré.

D. — Comment faut-il placer les plantes dans l'orangerie ?

R. — Le premier rang au fond de l'orangerie, qui est la

place la plus obscure, est toujours réservée aux végétaux qui perdent leurs feuilles pendant l'hiver, et n'ont par conséquent pas besoin de lumière durant cette saison. Les autres se placent par rang de taille, les plus grands en arrière et les plus petits sur le devant. Les plantes herbacées occupent, sur deux rangs de gradins, toute la partie antérieure de l'orangerie, le plus près possible des fenêtres ou vitrages.

Le service intérieur d'une orangerie exige deux sentiers ou passages, l'un près du mur du fond, l'autre sur le devant.

D. — Quelles sont les plantes d'orangerie?

R. — Les plantes ou arbustes d'orangerie sont : les *orangers*, les *citronniers*, les *lauriers-roses ou nériums*, les *grenadiers*, les *éricas*, les *cactées* et tous les végétaux qui ne supporteraient pas en pleine terre les rigueurs de l'hiver.

§ I. — ORANGERS ET CITRONNIERS.

D. — Comment se multiplient les orangers et les citronniers?

R. — Ces arbres se multiplient par semis de pepins ou par boutures. Les semis produisent des arbres plus vigoureux et d'une plus longue durée; mais ils ont besoin d'être greffés et croissent moins rapidement pendant les premières années. La multiplication par boutures fournit beaucoup plus tôt des sujets propres à être greffés, et qui même n'ont pas besoin de l'être quand les boutures ont été faites avec des rameaux de variétés choisies.

D. — A quelle époque et comment faut-il greffer les orangers ?

R. — C'est à la fin d'avril ou au commencement de mai qu'il faut greffer les orangers. Cette opération a toujours lieu en écusson, à œil poussant.

D. — A quel âge peut-on transplanter les orangers ?

R. — On les transplante un an ou deux après qu'ils ont été greffés. L'époque la plus favorable pour la plantation est la fin de février ou le commencement de mars.

D. — Peut-on cultiver les orangers en pleine terre ?

R. — On ne peut cultiver les orangers en pleine terre que dans les parties méridionales de l'Europe. Partout ailleurs, on les élève dans des caisses que l'on remplit de bonne terre ; et, à l'approche des gelées, on les met à l'abri dans l'orangerie.

La culture des *citronniers* se rapporte exactement à celle de l'*oranger*.

§ II. — LAURIERS-ROSES. (NÉRIUMS.)

D. — Qu'est-ce que les lauriers-roses ou nériums ?

R. — Les *lauriers-roses*, ou *nériums*, sont des arbustes d'orangerie qui se recommandent par la variété des couleurs et la longue durée de la floraison, qui se prolonge pendant trois ou quatre mois. — Les nériums se reproduisent avec la même facilité que les orangers. Ils veulent beaucoup d'eau pendant tout le temps où ils sont en végétation.

§ III. — GRENADIERS.

D. — Quels soins de culture exigent les grenadiers?

R. — Les deux variétés de cet arbre, l'une à fleur d'un rouge éclatant, l'autre d'un blanc jaunâtre, exigent les mêmes soins de culture que les orangers.

Cet arbuste réussit très-bien en espalier le long d'un mur à l'exposition du midi ou du levant. où les *grenades*, en grande quantité, arrivent à leur parfaite maturité.

§ IV. — ERICAS.

D. — Que sont les éricas?

R. — Les *éricas* sont de magifiques arbustes d'ornement, d'une grande richesse de floraison, et d'un luxe étonnant de végétation. Quelques variétés sont remarquables par leur petitesse et la délicatesse de leurs formes; toutes sont jolies, gracieuses ou bizarres, plusieurs ont une odeur agréable.

La culture des éricas de toute espèce n'est pas plus difficile que celle des *géraniums*.

§ V. — CACTÉES.

D. — Qu'offrent de remarquable les cactées?

R. — Les plantes de la famille des *cactées*, *cactus* ou *cierges*, car les auteurs les désignent sous ces différents noms, ne ressemblent à celles d'aucune autre famille végétale; la singularité de leur aspect et la variété de leurs formes bizarres justifient, autant que la rare beauté de leur floraison, la faveur toujours croissante dont elles sont l'objet.

Les plus belles plantes d'ornement de la famille des cactées appartiennent au genre céreus (cierges ou cactus, proprement dits.) Elles répandent une odeur délicieuse, analogue à celle de la vanille.

Tous les cactus se multiplient très-aisément, de boutures.

Section Deuxième.

SERRES.

D. — *Qu'est-ce qu'une serre?*

R. — Une *serre* est un local dans la construction duquel il n'entre de maçonnerie que la quantité absolument indispensable. Le plus souvent, la serre est adossée à un mur et couverte de vitrages. On construit aussi beaucoup de serres à deux versants, ce qui permet une meilleure distribution de la lumière; dans ce cas, il n'est presque pas besoin de maçonnerie.

Les supports des vitrages doivent être entièrement formés de fer à l'exclusion de toute autre matière; le fer offre sur le bois l'avantage d'enlever moins de place au passage de la lumière et d'être beaucoup plus durable.

Le verre employé pour le vitrage des serres doit être blanc, d'une transparence parfaite.

D. — *Combien distingue-t-on de sortes de serres?*

R. — Il y a plusieurs sortes de serres :

1° La *serre froide* est celle dans laquelle il n'est jamais nécessaire de faire du feu. — La serre froide est principalement destinée à recevoir des plantes dignes d'intérêt, qui ne supportent pas la pleine terre.

2° La *serre tempérée*, diffère de la serre froide en ce qu'on y adapte un appareil convenable de chauffage. La serre tempérée admet, en général, toutes les plantes originaires de l'Afrique Méridionale, du Mexique et des parties montagneuses du Brésil; elles ne réclament que des arrosements modérés.

3° La *serre chaude* est celle dans laquelle on entretient une température assez élevée pour que les plantes exotiques puissent y végéter avec autant d'activité et de vigueur que dans leur pays natal. — La serre chaude est plus coûteuse à construire et à entretenir que la serre tempérée; les végétaux dont elle est remplie ont en général une valeur plus élevée; la direction d'une serre chaude exige aussi des soins plus minutieux et une connaissance plus approfondie de la science horticulturale. Toutes ces raisons réunies expliquent suffisamment pourquoi les serres chaudes sont rares en France.

TROISIÈME PARTIE.

ARBORICULTURE.

VÉGÉTAUX LIGNEUX.

« Plantez donc pour cueillir. Que la grappe pendante ,
« La pêche veloutée et la poire fondante ,
« Tapissant de vos murs l'incipide blancheur ,
« D'un suc délicieux vous offrent la fraîcheur !

DELILLE.

NOTIONS PRÉLIMINAIRES.

D. — *Qu'est-ce que l'Arboriculture ?*

R. — *L'Arboriculture* est cette partie importante de l'exploitation du sol ayant pour objet la culture des arbres en général et notamment des arbres à fruit. — Elle comprend nécessairement l'établissement de pépinières communales, les semis, les greffes, les plantations, le verger, la taille, l'ébourgeonnement, le choix des meilleures espèces de fruits ; et, en outre, la culture des arbres forestiers propres au boisement des landes communales et des landes particulières.

CAUSES DE LA RARETÉ DES BONS FRUITS.

D. — A quoi doit-on attribuer la rareté des bons fruits dans les campagnes ?

R. — L'impossibilité pour la généralité des cultivateurs d'acquérir les connaissances nécessaires en arboriculture ;

La difficulté de se procurer de bons arbres fruitiers, que l'on ne trouve guère que chez les pépiniéristes-marchands;

La négligence des propriétaires à enrichir leurs domaines des divers arbres à fruit ;

Le peu de goût que doivent avoir naturellement pour les plantations des fermiers et colons qui, par leur position, se trouvent exposés à changer souvent de métairies et à abandonner ainsi le fruit de leur travail et de leurs avances : telles sont les causes qui, jusqu'ici, ont empêché la culture générale des arbres dans les campagnes.

MOYEN DE FAIRE DISPARAITRE CES CAUSES.

D. — Quel est le moyen de faire disparaître les causes dont nous venons de parler ?

R. — Il n'existe qu'une manière de faire avancer les cultivateurs : c'est de leur donner de bons exemples à côté des préceptes.

Au nombre des mesures propres à accélérer la multi_
plication des végétaux ligneux et par suite les bonnes
espèces de fruits, nous plaçons en première ligne la
création immédiate de pépinières communales, destinées à fournir aux populations tous les arbres dont la
culture présente de l'avantage sous le rapport de l'utilité
ou de l'agrément.

CRÉATION DE PÉPINIÈRES COMMUNALES.

*D. — De quelle importance est la création de pépi-
nières communales?*

R. — Les *pépinières communales* ayant pour objet la
propagation non - seulement des arbres à fruit, mais
encore des arbres forestiers. il serait inutile d'entrer dans
de plus longs détails pour en faire ressortir l'importance.

*Il est absolument nécessaire qu'une pépinière soit
établie dans le voisinage de chaque école communale.*
— Là, les élèves seront exercés à la pratique de tout ce
qui leur sera utile de savoir pour semer, greffer, planter
et conduire par eux-mêmes les diverses espèces d'arbres.
— Les enfants se feront un plaisir de former chez eux de
petites pépinières particulières, à l'instar de celle de l'é-
-cole, lesquelles fourniront, *sans frais*, des sujets propres
à être transplantés.

De cette manière, les fermes, les métairies. toutes les
propriétés rurales se trouveront pourvues, en peu d'années, d'arbres fruitiers qui offriront aux populations de

grands revenus et des ressources alimentaires aussi utiles qu'agréables.

D. — L'établissement de pépinières communales présente-t-il des difficultés?

R. — La seule difficulté que peut présenter l'établissement de pépinières communales, est de trouver un enclos convenable. Ordinairement le jardin dépendant de la maison d'école n'est pas assez vaste pour y établir une pépinière. — Dans ce cas, on affermera un champ d'une étendue suffisante pour y faire les expériences nécessaires.

CHAMP D'EXPÉRIENCES DE L'ÉCOLE.

D. — De quelle utilité est un champ d'expériences dans chaque commune?

R. — Ce que nous venons d'exposer suffit pour faire reconnaître l'utilité d'un champ d'expériences dépendant de l'école : voilà pour chaque commune des cours d'agriculture et des livres intelligibles à tous, utiles non-seulement aux jeunes gens devant qui ils sont constamment ouverts, mais encore à ceux qui passent à côté et regardent en passant, d'abord avec ironie et méfiance puis avec curiosité et profit, ce qui y est écrit.

Ainsi, le terrain qui servira à exercer les élèves à la pratique des procédés de culture générale, prendra le nom de *champ d'expériences de l'école.*

Ce champ, divisé en trois parties, sera destiné à des essais : 1° d'agriculture proprement dite ; — 2° d'horticulture ou jardinage ; — 3° d'arboriculture et à l'établissement d'une pépinière dont les produits couvriront, au besoin, le prix de ferme et autres frais : tels que travaux préparatoires : clôture, défonçage, labourage, achat d'engrais, d'outils, de graines, etc.

OBSERVATION.

Il est bien entendu que l'établissement d'une pépinière communale appartenant à l'école, ne doit pas empêcher la création des pépinières destinées aux arbres forestiers.

CHAPITRE PREMIER.

PÉPINIÈRES.

D. — *Qu'est-ce qu'une pépinière ?*

R. — Une *pépinière* est un enclos destiné aux semis de pepins et noyaux, et par extension aux divers modes de multiplication de tous les végétaux ligneux qui sont utiles aux besoins de l'horticulture et de l'économie forestière.

Des pépiniéristes, en très-petit nombre dans le voisinage des villes seulement, cultivent la plus grande partie des arbres et arbustes à l'usage des jardins ; la plupart se bornent à une spécialité, déterminée, soit par la nature du sol, soit par la facilité du placement d'un genre particulier de produits. Ainsi la Normandie et la Bretagne ont leurs pépinières d'arbres fruitiers destinés à produire les fruits à cidre ; la Provence a ses pépinières d'oliviers et d'orangers, tandis que dans d'autres départements, on trouve des pépinières où les arbres et arbustes de toute espèce, croissant en pleine terre sous le climat de la France centrale, sont offerts aux rares amateurs d'horticulture dans toute la perfection que peuvent leur donner les soins les plus assidus et les plus intelligents.

Avec le système des pépinières communales, il sera facile desormais de satisfaire toutes les exigences et de pourvoir aux besoins réels de chaque localité.

Tout ce qui est relatif aux pépinières, aux semis, aux greffes et à la conduite des arbres en général, sera indiqué separément dans les détails qui vont suivre.

Section Première.

CHOIX ET PRÉPARATION DU TERRAIN.

D.— Que faut-il observer dans le choix et la préparation du terrain ?

R. — Une terre de fertilité moyenne, légère, peu compacte, est préférable à une terre riche et féconde, de première qualité : il est certain qu'un arbre élevé en pépinière dans un sol trop fertile et transplanté ensuite dans un terrain moins riche pour y terminer sa croissance, languira ; ce qui explique pourquoi le terrain destiné à une pépinière doit être amendé modérément avec des terres neuves de bonne qualité, sans emploi de fumier.

Le sol doit être défoncé aussi profondément que le permet l'épaisseur de la couche de terre végétale, ayant soin de le nettoyer des grosses pierres et des racines de plantes vivaces qui nuiraient au jeune plant.

Si le sol était trop humide, il faudrait l'assainir par des rigoles d'égouttement.

D. — Comment faut-il diviser la pépinière ?

R. — On divise ordinairement la pépinière en trois parties : la première, destinée aux arbres à pepins ; la seconde, aux arbres à noyaux ; et la troisième, aux sujets qu'on élève de boutures.

Les diverses essences ou variétés d'arbres seront distribuées dans la pépinière de manière à ne pas se nuire. Les plus grands seront au nord et les plus petits au midi, en passant par degrés des premiers aux derniers. Au moyen de cette disposition, tous les sujets seront bien aérés et jouiront bien du soleil.

La pépinière doit être close avec soin pour la défendre des incursions des animaux qui couperaient et écorceraient les jeunes arbres.

On forme dans la pépinière des sentiers nécessaires pour la parcourir commodément sans marcher sur les semis.

Section Deuxième.

SEMIS.

D. — Quel est le meilleur mode de multiplication des arbres ?

R. — De tous les modes de multiplication des arbres le meilleur est le *semis*. On a depuis longtemps constaté que les arbres qui proviennent de boutures, de marcottes, de rejetons, ne parviennent jamais au même degré de force et de beauté que ceux qui ont été élevés de graines. Il est donc avantageux de recourir à l'ensemencement, si l'on veut obtenir de beaux arbres, sauf à employer les autres modes de multiplication pour des arbustes et des arbres de médiocre importance.

§ I. — CHOIX DES SEMENCES.

D. — Quelle influence exerce le choix des semences?

R. — Le *choix des semences* exerce sur la propagation des meilleures espèces une influence souveraine, principalement en ce qui concerne les arbres fruitiers. — Il est donc très-important de choisir pour les semis les graines des espèces et variétés les plus perfectionnées, et de réserver pour cet usage les individus les plus parfaits de chaque variété.

Les meilleurs ensemencements d'arbres seraient ceux que l'on ferait avec de bonnes graines bien mûres, peu de temps après qu'elles ont été recueillies ; mais dans la crainte de les voir dévorer pendant l'hiver, on a recours à la stratification.

§ II. — STRATIFICATION.

D. — En quoi consiste la stratification des semences ?

R. — La *stratification des semences* consiste à les conserver pendant l'hiver dans des caisses remplies de sable ou de terre légère. — Voici comment on procède à cette opération : dès que les semences sont mûres, on les étend par lits alternatifs dans du sable frais à l'abri des gelées. — Au printemps, on déplace, avec beaucoup de soin, ces semences germées et on les place en pépinière dans des rayons que l'on recouvre d'une terre légère et amendée. — Par ce moyen on est assuré de voir prospérer toutes les semences. Sans cette précaution les *amandes* et les *noyaux* se dessèchent avant l'époque ordinaire de l'ensemencement et ne germent point. On a soin de les couvrir avec de la litière pendant les fortes gelées ; et si en février elles ne produisent pas de germes. il faut avoir soin de les arroser un peu ; les germes ne tarderont pas à lever, et dès la fin d'août les sujets de pêchers et une partie des jeunes amandiers seront assez forts pour être écussonnés.

Les *pepins de poires, pommes* et *coings* se mettent pareillement dans le sable ; mais comme ils germent plus facilement que les noyaux. leur sable doit être moins humide et leur place moins chaude pour ne point précipiter leur germination.

D. — Quels sont les arbres dont il est utile de stratifier les semences ?

R. — Les principaux arbres dont il est utile de stratifier les semences sont : le pêcher, l'abricotier, le prunier, le néflier, le pommier, le poirier, le cognassier, le châtaignier, l'amandier, le cérisier, le noyer, le noisetier, le chêne, le hêtre, l'olivier, l'aubépine et toutes les autres semences un peu dures.

D. — A quelle époque faut-il faire les semis ?

R. – Le mois de février tout entier et le commencement du mois de mars, sont les époques les plus convenables pour les semis des pepins et noyaux. — Les semis de châtaignes, de noix, de glands et d'autres essences forestières peuvent être continués jusqu'au 15 avril.

D. — Quels sont les soins à donner aux semis ?

R. — Dès que les fruits, les noyaux ou les pepins sont sortis de terre, il faut les sarcler avec adresse, afin de ne pas briser les germes. On doit surtout arracher les herbes parasites dont la racine est forte, vorace et traçante, comme les bardanes, les chiendents, les patiences, les mauves, etc.; qui, enchevêtrant leurs racines avec celles du jeune plant, interceptent l'air et la chaleur et l'affament de toutes manières.

Quelques pépiniéristes, pour éviter les effets des grandes chaleurs, et pour abriter leurs jeunes plants, jettent dans la pépinière un demi-ensemencement d'avoine que l'on coupe avec précaution à l'époque de sa maturité.

L'époque critique pour le plant provenant des semis de pepins, est le mois d'août. On ne doit pas manquer de donner aux semis un abri quelconque pour les préserver de l'action directe des rayons solaires pendant les ardeurs de l'été auxquelles le jeune plant ne peut résister s'il n'est ombragé. — A cet effet, on couvre le pied des jeunes sujets avec des débris de chaume, de paille, de bruyère, de fougère ou des feuilles sèches. Par ce moyen, une fraîcheur salutaire est entretenue, la terre reste ameublie et les herbes parasites ne poussent pas. Les feuilles et les autres végétaux, employés à cet usage, forment, en se décomposant l'hiver suivant, une terre végétale très-convenable au jeune plant.

Les autres soins à donner aux semis se réduisent, pendant les deux premières années, à des sarclages assez fréquents pour que le sol soit tenu constamment propre.

D. — Est-il nécessaire d'arroser les semis ?

R. — A moins d'une sécheresse excessive, il n'est pas nécessaire d'arroser les semis ; il suffit de les couvrir ainsi qu'il a été expliqué, et de sarcler souvent afin que la terre puisse absorber et transmettre aux racines des jeunes arbres la rosée de la nuit, qui ne leur parvient jamais quand on a laissé se former à sa surface une croûte imperméable.

D. — Qu'est-ce que le rebottage ou le recépage d'un jeune plant ?

R. — Lorsque, au bout de deux ou trois ans de semis, le plant n'offre pas les conditions de vigueur désirable, on coupe les jeunes sujets en bec de flûte à deux ou trois centimètres au-dessus du sol. La racine en acquiert plus de force, et les nouveaux jets, plus largement nourris que leurs prédécesseurs, obtiennent une tige plus élancée, plus nette, mieux conformée, plus saine et beaucoup plus vigoureuse. C'est ce qu'on appelle *rebatter* ou *recéper* la pépinière. En juillet, on examine les nouveaux jets, et l'on conserve le plus beau sur chaque pied : c'est celui qui formera l'arbre. Les autres jets doivent être enlevés proprement à la sarpette, et quinze jours après le pied sera butté un peu au-dessus des coupures qu'on lui a fait éprouver. — Toutefois, lorsque la pépinière renferme de jeunes sujets bien vigoureux et bien droits, il est inutile de les couper : ils feront d'eux-mêmes de beaux arbres et deviendront tels plus promptement.

Section Troisième.

—

MARCOTTES. — BOUTURES. — DRAGEONS.

Les *marcottes*, les *boutures* et les *drageons* font partie de la pépinière; elles servent à multiplier certaines espèces; et, dans un besoin pressant, elles offrent promptement des sujets sur lesquels on peut greffer et écussonner.

§ I. — MARCOTTES.

D. — En quoi consiste le marcottage ?

R. — Le *marcottage* consiste à forcer une branche à s'enraciner, sans la séparer de la souche-mère, jusqu'à ce qu'elle soit en état de vivre par elle-même. — Les *marcottes* se font en pliant et assujettissant, avec un crochet de bois, une jeune branche dont on recouvre de bonne terre une partie de la base, afin que cette partie pousse des racines; puis on relève l'extrémité de la branche au-dessus de la surface du sol en lui laissant seulement un ou deux yeux à découvert.

On peut marcotter dès le mois de mars et pendant toute la durée du printemps. Plus tard, les rameaux n'auraient pas le temps de s'enraciner assez pour être sevrés et mis en pépinière à la fin de l'année.

§ II. — BOUTURES.

D. — Comment se font les boutures ?

R. — On coupe des branches d'arbres et arbustes qu'on veut reproduire; on met ces branches dans la terre au moment d'entrer en végétation pour les solliciter à pousser des racines. La bouture doit avoir au moins trois ou quatre yeux en terre, et deux ou trois yeux hors de terre.

Il y a plusieurs espèces d'arbres et arbustes qui peuvent très-bien se multiplier de *boutures*.

§ III. — DRAGEONS.

D. — Qu'entend-on par drageons ?

R. — On entend par *drageons* les rejetons que les racines d'un arbre poussent dans son voisinage. On les enlève pour les transplanter en pépinière. Les sujets *francs* obtenus par ce procédé sont de première qualité; ils gagnent facilement un ou deux ans pour la greffe sur les autres sujets de la pépinière.

Section Quatrième.

SAUVAGEONS.

D. — Qu'y a-t-il à remarquer sur les sauvageons ?

R — Les plants *sauvageons* ou issus de fruits sauvageons, sont robustes et conviennent le mieux ; il paraît même qu'ils conservent plus purement aux greffes qu'on leur confie, leur qualité et leur véritable espèce. Les sauvageons ayant le bois dur et serré ont l'avantage d'être par conséquent peu sujets au chancre, et de produire des fruits d'une chair ferme et d'une longue conservation.

OBSERVATION.

Quel que soit le mode de multiplication des arbres élevés en pépinière, on greffe les sujets en place à mesure qu'ils obtiennent la force convenable. — On greffe le plus jeune possible le pêcher, l'abricotier et le prunier ; beaucoup de sujets sont bons à écussonner dès la première année, et au plus-tard à la seconde. On greffe aussi très-jeunes les poiriers et pommiers qui doivent être conduits en corbeille, en quenouille, en pyramide, en espalier, ou former des arbres nains ; mais on laisse croître jusqu'à l'âge de trois ou quatre ans les sujets destinés à former des arbres en plein vent à haute tige.

La greffe étant, après le semis, l'opération la plus importante dans la pépinière, exige des explications détaillées qui feront l'objet du chapitre suivant.

CHAPITRE DEUXIÈME

GREFFES.

D. — Qu'est-ce que la greffe?

R. — La *greffe* est une opération par laquelle on implante une partie de branche d'un arbre de bonne espèce sur un sujet qu'on veut améliorer. En d'autres termes, *greffer*, c'est insérer sur un végétal une partie vivante d'un autre végétal qui, s'identifiant avec lui et profitant de sa sève, y croîtra comme sur son pied naturel, et donnera les mêmes fruits que l'arbre dont on a détaché la greffe.

Le petit rameau détaché s'appelle *greffe*; le pied sur lequel on l'implante s'appelle *sujet*. L'opération est encore appelée *greffe* ou *ente*.

D. — Que faut-il observer dans l'opération de la greffe?

R. — Pour qu'une greffe réussisse, il faut qu'entre elle et le sujet, il y ait analogie, affinité et que la saison de la sève et de la feuillaison soit la même, puisque la greffe ne reçoit de nourriture que du sujet. La greffe réussit bien entre les variétés et sous variétés d'une même espèce; entre les espèces d'un même genre, elle réus-it encore assez bien. En général, on peut greffer noyau sur noyau et pepin sur pepin; cependant il existe parfois des anti-pathies complètes entre des genres en apparence très-voisins. Ainsi, par exemple, entre le poirier et le pommier, bien que ces deux arbres aient des fruits à pepins, il y a une répugnance difficile à vaincre. A plus forte raison, si l'on voulait greffer un arbre à noyau sur un arbre à pepin, la greffe ne réussirait pas.

Il faut encore proportionner la force des greffes à celle des sujets.

D. — Combien distingue-t-on de sortes de greffes?

R. — Toutes les méthodes de greffes se divisent en deux principales opérations : la *greffe à la pousse* et la *greffe à œil dormant*. La première se pratique lorsque la sève commence à monter et elle pousse aussitôt ; la seconde, quand la sève est déjà ralentie, vers la fin de l'été : cette dernière ne se développe qu'au printemps suivant. On appelle celle-ci greffe à œil dormant, parce qu'en effet, le bouton inoculé *dort* jusqu'au retour du printemps, tandis que celui que l'on insère lors de la *pousse* de l'arbre, se développe aussitôt.

D. — Comment divise-t-on les diverses méthodes de greffes?

R. — On divise en trois principales les diverses espèces ou méthodes de greffes : 1° la *greffe en fente* ; 2° la *greffe en couronne* ; 3° la *greffe en écusson*, ou *gemma*.

L'écusson et la greffe en fente sont les deux plus importantes et les plus suivies.

§ I. — GREFFE EN FENTE.

D. — En quoi consiste la greffe en fente?

R. — La *greffe en fente* consiste à insérer un petit rameau garni de deux ou trois boutons dans une fente pratiquée sur un sujet donné.

D. — Comment faut-il opérer la greffe en fente ?

R. — Pour greffer en fente, on scie le sujet à la hauteur qu'on veut ; on polit la coupe avec la serpette ; puis, avec un couteau sur lequel on frappe à petits coups de maillet, on ouvre une fente de cinq à huit centimètres de long ; on introduit un petit coin ou un morceau de fer au milieu de cette fente pour la tenir ouverte ; on place deux greffes taillées à l'instant dans cette fente, ayant soin de rapprocher exactement les écorces intérieurement, de sorte qu'il y ait adhérence parfaite entre l'écorce de la greffe et celle du sujet. On retire doucement le coin et alors les greffes se trouvent convenablement pressées et assujetties. — On couvre immédiatement toute la plaie et les fentes avec de la cire à greffer.

D. — Comment faut-il tailler les greffes ?

R. — Pour greffer en fente, il faut tailler les *greffes* en forme de lame de canif de quatre à cinq centimètres de longueur, selon la grosseur de la greffe, ayant soin de ménager l'écorce extérieure de la greffe dans toute la longueur de sa taille, et l'on coupe la greffe au-dessus du troisième œil.

D. — De quoi est formée la cire à greffer ?

R. — La meilleure *cire à greffer* est formée de cire jaune et de résine par portions égales avec un peu de suif. — La cire à greffer est préférable à l'*onguent de Saint-Fiacre* et à tous les autres enduits, filasses ou ligatures. On se sert d'un pinceau pour appliquer sur la greffe la cire qu'on fait chauffer au moment de l'opération, laquelle doit être employée à l'état liquide, sans être bouillante.

D. — Pourquoi met-on plusieurs greffes sur le même sujet?

On ne met plusieurs greffes que par précaution : ce sont des chances en faveur de la réussite. S'il en prend plusieurs, on ne conserve que la plus belle et l'on coupe l'autre en bec de flûte.

D. — A quelle époque doit-on greffer en fente?

R. — On greffe en fente au printemps à la sève montante, vers la mi-mars, selon que le printemps est plus ou moins précoce. — On peut recueillir les greffes en février; on les conserve fraîchement à l'ombre, la base enterrée dans du sable ou de la terre légèrement humide, dans le but de prolonger le sommeil de la sève et de ne les mettre en contact avec les sujets que lorsque la végétation de ceux-ci a pris assez d'avance pour être en état de nourrir abondamment les greffes. — Toutefois, la greffe ne doit être taillée qu'au moment de l'opération.

Pour toute espèce de greffe, il est indispensable de faire choix d'un beau temps, sans gelées et sans sécheresse trop continue, autant que possible.

D. — Ne peut-on pas greffer en fente pendant le repos de la sève?

R. — On peut encore greffer pendant le repos de la sève : on met alors en contact la greffe et le sujet dans un état de sommeil ; au moment du réveil de la végétation, ils sont dans les conditions les plus favorables pour la transmission de la sève, et la greffe reprend presque toujours.

La greffe emporte avec elle les défauts ou les qualités des arbres sur lesquels on la prend : il est donc très-important de choisir les greffes parmi les meilleures espèces qu'on veut reproduire.

§ II. — GREFFE EN COURONNE.

D. — En quoi consiste la greffe en couronne ?

R. — La *greffe en couronne* consiste à insérer les greffes entre l'aubier et l'écorce du sujet, en forme de cercle ou de couronne. On enduit l'aire de l'ente avec de la cire à greffer, et l'on maintient les greffes au moyen d'une ligature.

D. — En quoi la greffe en couronne diffère-t-elle de la greffe en fente ?

R. — La greffe en couronne diffère de la greffe en fente en ce qu'on ne fend pas le bois du sujet, et qu'on place la greffe entre le bois et l'écorce.

D. — Comment pratique-t on la greffe en couronne ?

R. — Pour greffer en couronne, on commence par scier le tronc à la hauteur que l'on veut, et l'on rafraîchit avec la serpette le bois meurtri par la scie ainsi que l'écorce. On introduit un petit coin de bois entre le bois et l'écorce et on la soulève doucement, afin de ne pas l'endommager; on retire doucement le coin, et l'on place la greffe.

D. — *Quelle est la manière de tailler la greffe pour enter en couronne?*

R. — Le gros bout de la greffe doit être taillé en biseau sur une longueur d'environ trois centimètres, mais seulement d'un côté; le côté taillé sera tourné en dedans et touchera le bois du sujet; le côté non taillé et couvert de son écorce touchera l'écorce du sujet.

D. — *De quelle utilité est la greffe en couronne?*

R. — La greffe en couronne est utile pour les châtaigniers et les gros arbres qui ne pourraient pas être greffés en fente.

D. — *Combien faut-il mettre de greffes sur le même sujet?*

R. — Le nombre des greffes en couronne sur le même sujet doit être proportionné à la grosseur du tronc; six ou huit greffes faites avec soin sont plus que suffisantes sur les arbres de grande dimension.

D. — *Dans quelle saison faut-il pratiquer la greffe en couronne?*

R. — On ne peut pratiquer avec succès la greffe en couronne que lorsque les arbres sont en pleine sève.

§ III. — GREFFE EN ÉCUSSON.

D. — *Qu'est-ce que la greffe en écusson?*

R. — La *greffe en écusson*, appelée aussi *greffe par gemma*, est la plus facile de toutes et la plus usitée. — Elle diffère des autres greffes en ce qu'au lieu d'implanter un jeûne rameau dans le sujet, on se contente d'introduire entre le bois et l'écorce, sur le coté du sujet, une lame d'écorce garnie d'un œil ou gemma.

D. — Quels sont les avantages de la greffe en écusson?

R. — La greffe en écusson offre plusieurs avantages : d'abord elle est très-expéditive ; puis, sa perte n'entraine jamais celle du sujet ; il est toujours possible de la recommencer, parce que le sujet conserve sa tête jusqu'à ce qu'on est certain de la reprise de la greffe. De plus, on peut écussonner de très jeunes sujets qui n'auraient pas encore atteint la grosseur nécessaire pour être greffés en fente. Il y a donc en faveur de la greffe par gemma de justes motifs de préférence.

D. — Comment fait-on la greffe en écusson?

R. — Voici comment on greffe en écusson : On prend, sur un bourgeon de l'année, un œil bien nourri qu'on enlève avec le greffoir ou un bon canif ; cet œil joint à un morceau d'écorce taillée en forme de triangle isocèle d'une longueur de trois centimètres, est ce qu'on appelle un *écusson*. Il faut avoir soin en levant l'écusson de laisser un peu de bois sous l'œil ; sans cette précaution, la greffe ne réussirait pas.— L'écusson ainsi préparé, on le tient entre les lèvres ; et, avec la lame du canif, on fait sur l'écorce du sujet deux incisions en forme de T ; on soulève légèrement l'écorce des deux côtés de l'incision longitudinale et on insinue l'écusson sous l'écorce du sujet. Quand l'écusson est bien placé, enfoncé et collé contre le bois, on ramène par dessus les deux parties de l'écorce, en ayant soin de ne pas recouvrir l'œil. On lie ensuite la plaie et on la recouvre avec de la cire, mais toujours en laissant l'œil à nu. Au bout de quelques jours, la greffe et le sujet sont déjà soudés l'un avec l'autre, alors on coupe la ligature, sans l'enlever, pour ne pas gêner la circulation de la sève.

D. — Que faut-il observer dans la greffe en écusson?

R. — Lorsque les arbres sur lesquels on prend les bourgeons sont à proximité des sujets à greffer, il ne faut les couper qu'en proportion des besoins; les yeux ne doivent être enlevés qu'au moment de s'en servir; plus l'opération est menée rapidement, plus le succès est assuré; il faut que l'écusson passe immédiatement de sa branche native sur le sujet. — Lorsqu'on doit faire voyager les branches à écussons, on les pique dans une boule de terre glaise humectée, on les emballe avec des herbes fraîches ou des feuilles vertes; enfin on prend toutes les précautions possibles pour prévenir leur desséchement; car les yeux des écussons pris sur des branches desséchées ou seulement flétries, ont très peu de chances de succès. C'est encore dans le même but qu'on supprime les feuilles de ces rameaux, en laissant toutefois subsister leur pétiole ou queue, nécessaire pour faciliter la pose des écussons. — La suppression des feuilles ralentit l'évaporation de la sève, voilà pourquoi on coupe aussi, en greffant, les feuilles de l'écusson.

Tous les yeux d'un bourgeon ne sont pas également bons pour former des écussons : les yeux du sommet de la branche ne sont pas assez nourris ; ceux de la base sont plats et petits ; on ne doit lever pour écusson que les yeux de la partie intermédiaire. Les branches des arbres à noyaux fournissent des yeux à double et triples feuilles : ceux-là sont préférables aux yeux simples pour faire des écussons.

Il convient de placer l'écusson à l'abri de la grande ardeur du soleil.

Les bourgeons qui poussent au-dessous de la greffe doivent être retranchés avec soin.

La tête du sujet doit être coupée à dix centimètres au-dessus de l'écusson dès que celui-ci commence à pousser.

Tons les bourgeons qui peuvent survenir sur la tige au-dessus de l'écusson doivent être supprimés à mesure qu'ils se montrent.

D — A quelle époque faut-il écussonner ?

R.— On écussonne *à œil poussant* depuis la fin d'avril jusqu'au 1er juillet ; on écussonne *à œil dormant* dans le courant du mois d'août. — Il est plus avantageux d'écussonner plutôt à œil poussant qu'à œil dormant. Si l'on écussonne de bonne heure, on peut gagner une année sur la greffe à œil dormant.

D. — Quel est le principal avantage de la greffe ?

R. — Le principal avantage de la greffe est de conserver et de multiplier les meilleures espèces de fruits. L'arbre qui provient d'un pepin ou d'un noyau ne donne ordinairement par lui-même que des fruits abâtardis, il faut les greffer. La greffe a encore l'avantage d'améliorer les espèces. Si, par exemple, on greffe sur lui-même un arbre de bonne espèce, ses fruits seront plus beaux et plus parfaits.

D. — Peut-on greffer les arbres en les transplantant?

R. — La méthode de greffer les arbres en les transplantant est vicieuse en ce qu'elle a l'inconvénient de fatiguer beaucoup le sujet, qui a à souffrir plusieurs plaies à la fois dans ses racines et dans sa cime. — C'est dans la pépinière qu'il faut greffer. L'arbre doit être repris et fort avant de le transplanter.

Quand on a des sauvageons vigoureux, on peut les mettre en place et les greffer l'année suivante.

D. — Quels sont les sujets préférés pour recevoir certaines greffes?

R. — Le cognassier élevé en pépinière fournit des sujets propres à recevoir la greffe du poirier. Greffé sur franc, ou sauvageon de son espèce, le poirier ne se met à fruit que fort tard; placé sur le cognassier, il rapporte plustôt. Le poirier peut être greffé aussi sur l'aubépine et sur le néflier; mais il réussit mal sur le pommier, et le pommier ne prospère pas non plus sur le poirier, quoiqu'ils offrent entr'eux beaucoup d'analogie.

Le cognassier, greffé sur lui-même, donne des fruits appelés *coings* dont l'usage économique se borne à la préparation d'une gelée excellente.

Le pommier se greffe avantageusement sur les sujets sauvageons de son espèce.

Pour recevoir la greffe des pêchers et abricotiers, on doit préférer le prunier de Damas venu de noyau.

Le pêcher se greffe aussi avec succès sur lui-même et sur l'amandier. — Le néflier se greffe sur l'aubépine. — Le cerisier se greffe sur lui-même ou sur le mérisier. — Le prunier se greffe aussi sur lui-même.

On greffe toute espèce de cerisiers en écusson à œil dormant, vers la fin de juillet, ou en fente à la sève du printemps.

Le *figuier* n'a pas besoin d'être greffé ; on le multiplie par boutures et marcottes qui reprennent très-facilement, et par drageons qui n'ont pas besoin d'être enracinés pour former en très peu de temps des sujets vigoureux; il suffit de les enlever avec un *talon* ou fragment de la souche-mère. Les drageons sont toujours nombreux au pied de ces arbres.

Le figuier se contente du plus mauvais terrain; il brave les plus longues sécheresses et fructifie même entre des pierres. — Cet arbre précieux n'est point aussi multiplié qu'il devrait l'être dans le midi de la France qui semble ne pas se douter des ressources que peut lui offrir l'extension de la culture des fruits propres à son admirable climat.

Chapitre Troisième.

PLANTATION.

D. — Quelles sont les précautions qu'exige la plantation des arbres?

R. — La plantation des arbres est une opération qui exige de l'intelligence et des soins : la beauté et la durée des arbres dépendent principalement des précautions qu'on a prises en les plantant.

§ I. — PRÉPARATION DES FOSSES.

D. — Que faut-il observer dans la préparation des fosses?

R. — Les fosses où l'on veut planter les arbres doivent être creusées plusieurs mois à l'avance, afin que, exposées aux influences du soleil, de l'air et des pluies, la terre ait le temps de mûrir. — Il est utile et parfois même nécessaire de défoncer le terrain à cinquante centimètres au-dessous des racines, et de mettre au fond de la fosse un lit de bonne terre. De cette manière les racines pourront pivoter plus facilement; elles trouveront une nourriture plus abondante et elles ne courront pas le risque d'être baignées et pourries par l'eau qui pourrait se ramasser au fond de la fosse.

D. — Quelles doivent être la largeur et la profondeur des fosses?

R. — Les fosses doivent avoir deux mètres de côté pour les arbres en pyramide et en plein vent ; et au moins un mètre carré pour les autres arbres. La profondeur doit, être de 60 à 80 centimètres, sauf à mettre une couche de bonne terre au fond de la fosse ; parce que, en plantant les arbres, on doit veiller à ce qu'ils ne soient pas plus enfoncés en terre qu'ils ne l'étaient avant la transplantation, il faut aussi que la greffe reste un peu au-dessus de la surface du sol.

La forme carrée qu'on donne ordinairement aux trous n'est pas du tout nécessaire ; une forme circulaire convient mieux au libre développement des racines.

D. — Quelle précaution faut-il prendre lorsqu'on veut planter un arbre à la place d'un autre de la même espèce ?

R. — Si, à la place d'un poirier, par exemple, on voulait planter aussi un poirier, il faudrait changer la terre ; car elle doit être regardée comme usée pour un poirier ; mais si on voulait y planter une autre espèce d'arbre, comme un pommier, un abricotier, un pêcher, un prunier, il ne faudrait point changer la terre. parce qu'elle devrait être considérée comme neuve à l'égard de ces autres espèces.

§ II. — ORIENTATION.

D. — En quoi consiste l'orientation des arbres ?

R. — *L'orientation* consiste à placer les arbres, lors de leur plantation définitive, dans une situation exactement analogue à celle à laquelle ils sont habitués. Il ne faut pas que les arbres s'aperçoivent qu'ils ont changé de place.

Ainsi, avant d'arracher un arbre, le côté qui est tourné vers le nord, par exemple, sera noté par une marque particulière afin de le planter dans la même position.

L'orientation des sujets, utile pour tous les arbres, est surtout nécessaire pour les arbres fruitiers.

§ III. — ARRACHAGE.

D. — Que faut-il observer en arrachant les arbres?

R. — Avant d'arracher un arbre, il faut le découvrir et enlever assez de terre pour prendre ses racines en dessous, sans couper leurs extrémités. L'écorce des arbres doit être ménagée lorsqu'on les attache en paquets pour les faire voyager; chaque écorchure peut devenir l'origine d'une plaie dangereuse. — Dès que l'arbre est arraché, il faut le planter immédiatement. On dispose ses racines dans la fosse comme elles étaient avant d'être arrachées, entre lesquelles on distribue la terre légèrement avec les mains afin de bien remplir les vides; puis, on secoue l'arbre en le soulevant deux ou trois fois pour bien faire pénétrer la terre entre les racines; ensuite, on comble la fosse en tassant un peu la terre et en la piétinant. Il est bon d'arroser les arbres immédiatement après leur plantation.

D. — Est-il nécessaire de palisser les arbres?

R. — Les arbres nouvellement plantés doivent être palissés; c'est-à-dire qu'on leur donne des *tuteurs* pour les maintenir droits et empêcher l'agitation que le vent imprime à leur tige et qui se communique aux racines. On se sert de liens de paille tordue pour attacher l'arbre au tuteur.

On ne coupera pas la tête des arbres transplantés, ou du moins on n'en élaguera qu'une partie.

§ IV. — SAISON DES PLANTATIONS.

D. — A quelle époque faut-il planter les arbres?

R. — L'époque la plus favorable pour planter les arbres est la fin d'octobre et tout le mois de novembre pour les terres légères et chaudes. Dans les terres argileuses, naturellement froides et humides, on ne plantera qu'en février. — En principe, aussitôt que la chute des feuilles annonce le sommeil de la végétation, il est temps de planter les arbres à fruit. La plantation d'automne est toujours plus avantageuse que celle du printemps, parce que l'arbre qui a le temps avant les grands froids de commencer à former ses racines, en profitant d'un reste d'arrière-saison, est mieux disposé à végéter au printemps de l'année suivante que l'arbre arraché et planté au moment où le travail de la végétation va recommencer.

On s'abstiendra de plantations pendant les pluies et pendant les gelées.

§ V. — DISTANCE ENTRE LES ARBRES.

D. — A quelle distance faut-il planter les arbres?

R. — Il y a de l'inconvénient à trop rapprocher comme à trop éloigner les arbres : trop rapprochés, les arbres se gênent, manquent d'air et de soleil et sont forcés de monter d'une manière démesurée; trop éloignés les uns des autres, ils sont privés de fraîcheur et s'arrondissent en buisson au lieu de monter en pyramide. La distance moyenne des arbres fruitiers en plein-vent, à haute tige, doit être de 8 à 10 mètres en tout sens. Du reste, la qualité du terrain et le but qu'on se propose d'atteindre doivent servir de règle à cet égard.

D. — A quel âge faut-il planter les arbres?

R. — Autant qu'on le peut, il faut planter des arbres qui soient jeunes : moins ils seront âgés, plus aisément ils reprendront, et mieux ils pousseront par la suite, parce qu'il y aura moins de mutilations à faire éprouver aux racines et aux branches, et parce que les racines très-jeunes font du chevelu plus vite et plus avantageusement.

D. — Où faut-il planter les arbres fruitiers?

R. — Les arbres fruitiers taillés en espalier ou éventail, en quenouille ou pyramide, en corbeille ou en cul de lampe, peuvent, sans inconvénient, être plantés en bordure et aux angles des carrés du potager. — Les arbres fruitiers en plein vent seront plantés dans les vergers, le long des clôtures des jardins, autour des champs, des vignes et des prairies artificielles, le long des routes et chemins de servitude ; enfin partout où il y aura un petit coin de terre inoccupé.

CHAPITRE QUATRIÈME.

VERGER.

D. — Qu'est-ce qu'un verger?

R. — Un *verger* est un terrain planté d'arbres fruitiers en plein vent. Ces arbres acquièrent tout le développement dont ils sont susceptibles, durent très-longtemps et finissent par produire d'immenses quantités de fruits qui n'ont coûté aucun soin.

D. — *Comment faut-il conduire les arbres d'un verger?*

R — Les arbres élevés en plein vent n'ont pas besoin d'être soumis au régime périodique de la taille. Il suffit, de leur enlever proprement le bois mort, de nettoyer les tiges et les branches; et, en faisant disparaître les mousses, les lichens, les gui et les chicots, d'écheniller soigneusement, et de donner, dans les premières années, une bonne direction aux branches, afin qu'elles ne s'enchevêtrent pas et qu'elles ne tombent pas trop vers la terre.

D. — *Quel est le sol qui convient à l'établissement d'un verger?*

R. — La qualité du sol, l'exposition et la disposition d'un verger sont à peu près les mêmes que pour un potager. Le sol doit être profondément défoncé et convenablement amendé. Les terrains calcaires et gypseux sont essentiellement propres à tous les arbres à fruits à noyaux. Les autres terrains conviennent plus particulièrement aux arbres à fruits à pepins.

D. — *Comment peut-on utiliser le sol d'un verger?*

R. — Toutes les espèces de cultures réussiront bien dans le verger tant que les arbres ne donneront pas trop d'ombrage. Les prairies artificielles, même la luzerne, n'y occasionneront aucun dommage. Dans le cas où le verger serait livré au pâturage, il n'aura pas besoin d'engrais, pour peu d'ailleurs que le terrain soit substantiel; mais si on le fait faucher, il faudra nécessairement étendre tous les deux ou trois ans une couche de fumier ou de bon terreau.

D. — Est-il nécessaire de serfouir les arbres?

R. — Quoique le verger n'ait pas précisément besoin d'être labouré, cependant les arbres y pousseront plus vigoureusement si, tous les ans, au moins pendant leur jeunesse, le pied en est serfoui dans un rayon de 50 centimètres à un mètre, selon leur grosseur. — Ce travail se fera en novembre et se répétera en mars, toujours par un temps sec.

D. — Comment divise-t-on les arbres fruitiers?

R. — On divise les arbres fruitiers en trois classes; savoir: 1° fruits à pepins; — 2° fruits à noyau; — 3° fruits à enveloppe.

Section Première.

FRUITS A PÉPINS.

D. — Quels sont les arbres fruitiers à pepins?

R. — Les arbres fruitiers à pepins sont: le poirier, le pommier, le coguassier et le néflier.

§ I. — POIRIER.

D. — Qu'est-ce que le poirier ?

R. — C'est le plus grand, le plus robuste et le plus durable des arbres fruitiers. Il peut vivre plus de deux cents ans, s'élever à plus de quinze mètres et couvrir de ces vastes branches une étendue à peu près égale à sa hauteur. Il est susceptible d'être greffé, soit à écusson sur cognassier, pour les espaliers et les quenouilles, soit en fente sur franc, ce qui le rend plus vigoureux, mais plus lent à produire ces premiers fruits. C'est le poirier greffé sur franc, ou sauvageon de son espèce, que l'on doit mettre dans le verger pour être élevé en plein vent.

Au reste quelques variétés ne réussissent que sur cognassier ; d'autres ne mûrissent bien qu'en espalier le long des murs. Ses variétés sont très-nombreuses : il y en a au moins une cinquantaine qui méritent d'être cultivées pour la table.

Le *poirier* est, par le nombre, la variété et les qualités précieuses de ses fruits, le premier d'entre les arbres fruitiers à pépins.

§ II. — POMMIER.

D. — Quelles sont les qualités particulières du pommier.

R. — Presque aussi vigoureux que le poirier, le *pommier* dure moins longtemps, s'étend moins, s'élève moins haut ; mais parmi les arbres dont le cultivateur peut enrichir ses champs, le pommier doit être placé en première ligne, comme fournissant d'abondants produits en bois et surtout en fruits dont tout le monde connaît les précieuses qualités, soit pour manger crus ou cuits et préparés de manières, soit pour en tirer une boisson qui, sous le nom de *cidre*, est fort estimée.

Le pommier réussit très-bien dans un terrain sain, substantiel, bien exposé. Sa fleur est un peu délicate et craint les gelées. — Le pommier adopte toutes les formes qu'on lui donne, et toutes ses variétés réussissent parfaitement en plein vent.

Dans la culture des champs, les soins qu'on donne aux pommiers et poiriers sont à peu près nuls, en sorte qu'on peut dire que c'est presque sans frais qu'on se crée pour l'avenir une richesse considérable.

§ III. — COGNASSIER.

D. — Quelles sont les variétés du cognassier ?

R. — On connaît trois variétés de cet arbre : 1° le *cognassier commun*; 2° le *cognassier de Portugal*, qui est bien supérieur, et dont il existe deux sous-variétés; l'une à fruits ronds, appelés *coings-pommes*, et l'autre à fruits allongés, appelés *coings-poires*; 3° le *cognassier de la Chine*, beau fruit, très-parfumé, mais qui mûrit difficilement. — On cueille les coings en octobre.

§ IV. — NÉFLIER.

D. — Qu'y a-t-il à savoir sur le néflier ?

R — Le *néflier*, de même que le cognassier, ne doit

pas être taillé, parce que les fruits se forment au bout des jeunes branches. Cet arbre s'accommode de tous les terrains et de toutes les expositions. On le greffe sur poirier, sur cognassier et sur aubépine. Ordinairement on élève le néflier sur les haies d'aubépine. — C'est dans le courant d'octobre ou au commencement de novembre qu'il faut cueillir les *nèfles*, pour les étendre sur la paille où elles mûrissent.

Section Deuxième.

ARBRES A NOYAU.

D. — *Indiquez les arbres à noyau?*

R. — Les arbres à noyau sont : l'abricotier, le pêcher, le prunier, le cerisier et le brugnonier.

§ I. — ABRICOTIER.

D. — *Quels sont les soins qu'exige la culture de l'abricotier?*

R. — L'*abricotier* réussit très-bien en espalier le long des murs exposés au sud ou à l'est. On le multiplie soit par le semis soit par écusson à œil dormant. Pour que cet arbre prospère en plein vent, il faut qu'il soit abrité par des bâtiments voisins ou des arbres élevés. L'abricotier en plein vent n'exige pas moins de soins que l'abricotier en espalier lorsqu'on veut en obtenir des récoltes abondantes. Sa floraison étant très-précoce, l'arbre a beaucoup à craindre les effets des dernières gelées. Pour les arbres en espalier il est facile de les couvrir au moment de la floraison au moyen de toiles que l'on abaisse pendant les gelées. — Les fruits précieux de l'abricotier compensent largement les soins qu'exige leur conservation.

§ — II. PÊCHER.

D. — Qu'est-ce que le pécher?

R. — Le *pécher* est de tous les arbres fruitiers celui qui donne les fruits les plus exquis et les plus beaux. — Malheureusement il est peu robuste et peu durable. Jeune, il a besoin d'être soutenu par un tuteur, nettoyé des bourgeons et des rejets qui s'élèvent sans cesse sur son tronc et au collet des racines. Abandonné en plein vent, il suffit de lui enlever à la fin de l'hiver ses mousses et son bois sec.

Le pêcher ne doit jamais être taillé pendant le plein de la sève ; mais alors on peut pincer les branches trop vigoureuses ou mal placées pour faire tourner au profit des branches utiles une surabondance de sève.

La taille et le pincement ont pour but de donner à l'arbre la forme que l'on veut et d'obtenir de plus beaux fruits.

§ III. — PRUNIER.

D. — Quelles sont les qualités du prunier?

R. — Le *prunier* est un arbre robuste, peu délicat sur le choix du terrain et peut se passer de la taille. La conduite du prunier en espalier diffère peu de celle de l'abricotier ; mais le plus souvent, on ne le cultive qu'en plein vent. On le multiplie de noyaux, ce qui produit les meilleurs arbres; ou de rejetons, ce qui donne plus-tôt des fruits; ou bien on le greffe pour propager les espèces que l'on désire.

§ IV. — CERISIER.

D. — Comment cultive-t-on le cerisier ?

R. — Le *cerisier* n'a pas besoin d'être taillé, à moins qu'on ne l'élève en espalier. Il se met à fruit de lui-même, et prend naturellement la forme qui convient le mieux à son mode de végétation; une fois que sa tête est commencée sur trois ou quatre bonnes branches, il n'y a plus à s'en occuper. — Les cerisiers d'espèces précoces se plantent avec avantage à l'espalier; ils y sont d'une fertilité pro-digieuse; leur produit n'est guère moins lucratif que celui d'un bon espalier de pêcher ou d'abricotier. Rien n'est plus agréable à conduire qu'un espalier de cerisiers; ces arbres sont d'une docilité parfaite. — Les yeux à fleur de cerisier mettent trois ans à se former; mais une fois la mise à fruit bien établie, ils se succèdent sans interrruption, et donnent tous les ans.

§ V. — BRUGNONIER.

D. — Qu'est-ce que le brugnonier ?

R. — Le *brugnonier* donne un fruit excellent à peau lisse, qui diffère essentiellement de la pêche sous les rap-ports du goût, de la forme et de la couleur. On ne doit donc pas admettre les *brugnons* parmi les pêches, comme le veulent la plupart des auteurs. C'est bien à peu près le même arbre, mais ce n'est pas le même fruit. Les brugnons viennent très-bien en espalier; souvent, on les préfère à tout autre fruit pour garnir les murs bien exposés et peu élevés. — Le brugnonier réussit aussi en plein vent; mais alors ses fruits sont moins beaux que ceux qui viennent en espalier.

On ne greffe les brugnoniers que sur prunier.

Section Troisième.

ARBRES FRUITIERS A ENVELOPPE.

D. — Nommez les arbres fruitiers à enveloppe?

R. — Les arbres fruitiers à enveloppe sont : l'amandier, le noyer, le noisetier et le châtaignier.

§ I. — AMANDIER.

D. — Comment cultive-t-on l'amandier?

R. — On peut le mettre en espalier ou l'abandonner en plein-vent, le semer ou bien le greffer sur prunier ou sur lui-même. — Il faut à l'*amandier*, dont la fleur est très-précoce, une bonne exposition; il aime les terres franches, profondes et substantielles.

On peut manger les amandes douces soit en vert, soit en sec.

§ II. — NOYER.

D. — Qu'est-ce que le noyer?

R. — Le *noyer* est, avec le châtaignier, le plus grand arbre de nos vergers. — Son bois et ses fruits sont d'une grande importance. On emploie le bois pour la menuiserie. Les *noix* se mangent soit fraîches, soit sèches. On en extrait aussi beaucoup d'huile et l'on en fait une excellente liqueur, appelée *eau-de-noix*. — S'il était possible de semer le noyer à demeure, il réussirait à peu près partout. Quand on le transplante, il faut tâcher de l'établir avec toutes ses racines dans une fosse bien défoncée où il puisse se développer à son aise.

§ III. — NOISETIER.

D. — Qu'est-ce que le noisetier ?

R. — Le *noisetier* est le coudrier des bois, dont quelques variétés ont été améliorées par la culture. Un terrain gras, frais et pierreux convient beaucoup au noisetier.

L'*avelinier* est une espèce de noisetier dont les fruits portent le nom d'*avelines* Elles font l'objet d'un commerce assez répandu sur les marchés de France et d'Europe.

On multiplie ces arbrisseaux par marcottes, par boutures et par greffes.

§ IV. — CHATAIGNIER.

D. — Comment élève-t-on le châtaignier ?

R. — On élève le *châtaignier* de semis, ou bien on le greffe sur lui-même. Cet arbre, très-grand, a besoin d'une terre fraîche et profonde, surtout granitique. C'est là qu'il pousse plus vite et monte plus haut.

Pour faire une pépinière, on choisit des châtaignes saines et grosses, de l'espèce la plus productive ; mais cela ne dispense pas de greffer les arbres. Comme on ne les sème qu'après l'hiver, il est nécessaire de les stratifier. — Les châtaigniers se plantent comme tous les arbres fruitiers, on ne met pas de fumier. Les châtaignes constituent un commerce d'exportation assez important. Elles figurent aussi sur les meilleures tables.

CHAPITRE CINQUIÈME.

TAILLE.

D. — Quel est le but de la taille?

R. — Le but de la taille des arbres fruitiers est : 1° de faire durer davantage un arbre; 2° de lui donner la forme que l'on veut; 3° d'avoir de plus beaux fruits.

D. — Expliquez comment la taille peut faire durer davantage un arbre?

R. — Nous avons dit qu'on taille un arbre pour le faire durer davantage : la raison est que par cette taille on retranche toutes les branches inutiles, en laissant seulement celles qu'on juge nécessaires pour la figure de l'arbre et pour porter du fruit. — Si au contraire on ne taillait point l'arbre, et qu'on lui laissât toutes ses branches, elles épuiseraient la sève de l'arbre et le feraient périr en peu de temps.

D. — Quelles sont les formes qu'on peut donner à un arbre?

R. — Par le moyen de la taille, on élève un arbre en espalier ou éventail, en quenouille, en pyramide, en corbeille, en cul-de-lampe ou vase renversé ; ainsi un arbre bien dirigé dès les premières années prend la forme agréable que l'on désire.

D. — Pourquoi un arbre taillé donne-t-il de plus beaux fruits ?

R. — Parce que la sève de cet arbre n'est point occupée à nourrir des branches et des feuilles inutiles ; le plus subtil de cette sève étant en plus grande abondance, reflue sur toutes les parties de l'arbre qui acquiert par là plus de vigueur ; le fruit en profite mieux et devient plus beau et plus gros.

D. — Dans quel temps faut-il tailler les arbres ?

R. — Les auteurs qui ont traité du temps de la taille des arbres sont tous du même sentiment, et l'on peut convenir avec eux que dès que les feuilles sont tombées, on peut commencer à tailler. Mais l'usage ordinaire est de tailler en janvier et février les arbres qui poussent peu en bois et qui ont peu de vigueur. Pour ceux qui sont gourmands en bois et qui ont beaucoup de vigueur, il faut les tailler en mars.

D. — Pour quelle raison faut-il faire cette taille en différents temps ?

R. — On taille les arbres faibles en janvier ou février pour conserver toute la sève dont ils ont besoin dans le temps auquel elle est en mouvement. Pour les arbres trop vigoureux, ils ne doivent être taillés que dans leur sève qui commence à être en mouvement au mois de mars, afin de leur faire perdre une partie de cette surabondance de sève, au profit des branches à fruit.

Section Première.

PRINCIPES DE LA TAILLE.

D. — Quels sont les principes de la taille des arbres?

R. — Pour bien savoir tailler les arbres fruitiers, il faut convenir de certains principes essentiels sans lesquels on ne saurait réussir. — Ces principes reposent sur la connaissance parfaite des diverses sortes de branches dont la plupart des arbres se composent et sur la manière de les tailler et de les diriger.

D. — Combien y a-t-il de sortes de branches sur un arbre?

R. — On distingue cinq sortes de branches sur un arbre, savoir : 1° des branches à bois; 2° des branches de faux-bois; des branches à fruit ou lambourdes; 4° des branches chiffonnes ou chétives; 5° des branches gourmandes.

§ I. — BRANCHES A BOIS.

D. — Quelles sont les branches à bois?

R. — Les *branches à bois* sont celles qui forment la figure de l'arbre, sur lesquelles on taille avec jugement, suivant la vigueur de l'arbre, depuis dix jusqu'à trente centimètres de long. Dans les arbres en espalier, on couche lès branches à bois presque horizontalement et on les attache à une palissade ou treillage préparé à cet effet, ayant soin de les placer à égale distance ; après quoi, on les taille à la longueur voulue.

§ II. — BRANCHES DE FAUX BOIS.

D. — Quelles sont les branches de faux bois?

R. — Les *branches de faux bois* sont celles qui viennent sur les bonnes branches à bois, dont les yeux sont plats et éloignés les uns des autres : elles sont inutiles, on doit les couper à l'épaisseur de deux ou trois millimètres. Les yeux ainsi ménagés à la base de ces branches produisent des boutons à fruit.

§ III. — BRANCHES A FRUIT.

D. — Donnez l'explication des branches à fruit?

R. — Les *branches à fruit* sont plus menues que celles à bois, les yeux y sont près les uns des autres et sont gros, ce qui forme les boutons à fleur. On raccourcit celles qui sont trop longues et qui auraient peine à porter leurs fruits, et on laisse entières celles qui sont d'une juste longueur, en coupant seulement l'extrémité de la branche, pour que les boutons à fruit profitent.

§ IV. — BRANCHES CHIFFONNES.

D. — En quoi consistent les branches chiffonnes?

R. — Les *branches chiffonnes*, ou *chétives*, sont de petites branches menues qui poussent ordinairement sur le vieux bois, dont les yeux sont excessivement plats, et qui ne peuvent donner ni bois ni fruit ; c'est pourquoi on doit les retrancher. — Il ne faut pas confondre les branches chiffonnes avec les *brindilles* : celles-ci sont de petites bonnes branches qui se changent en *lambourdes* ou branches à fruit. On les conserve avec soin, raccourcissant seulement celles qui sont trop longues.

§ V. — BRANCHES GOURMANDES.

D. — Comment reconnaît-on les branches gourmandes ?

R. — Les *branches gourmandes* sont celles qui poussent sur le vieux bois ; elles sont grosses environ comme le doigt, droites comme des cierges ; l'écorce en est très-unie et très-nette ; les yeux en sont plats et éloignés les uns des autres. Il faut les retrancher d'un arbre, à moins que quelqu'une ne soit nécessaire pour remplir un vide ; dans ce cas, il faut la laisser.

D. — Que faut-il observer dans la taille des arbres ?

R. — La taille doit être proportionnée à la vigueur de l'arbre : les arbres greffés sur cognassier doivent être taillés plus courts que ceux qui sont greffés sur franc, parce que ces derniers poussent plus en bois qu'en fruit. — Une bonne taille est toujours celle qui conserve à l'arbre une certaine vigueur, et le force à donner beaucoup de fruit. — Il est à remarquer que plus un arbre produit de fruits, plus promptement il s'épuise ; et que plus on lui laisse développer de bois, plus on le maintient vigoureux. La taille diffère selon les espèces d'arbres : en effet, sur les uns les boutons à fruits naissent le long des rameaux, sur les autres ils se développent à leur extrémité. Ainsi le néflier et le cognassier, qui sont dans ce dernier cas, ne peuvent être taillés sans préjudice de la perte de leurs fruits : on doit donc se borner à les diriger selon les circonstances.

Dans les arbres à noyaux, les boutons à fruit naissent sur le bois de l'année précédente, et ne peuvent se changer en boutons à bois ; dans les arbres à pepins, les boutons à fruit se développent plus généralement sur le vieux bois : cependant le poirier et le pommier donnent quelquefois des fleurs sur le bois de la dernière année ; le bouton terminal d'une branche est ordinairement un bouton à fleur. Hors ce cas, les boutons à fruit mettent trois ans à se former.

Section Deuxième.

DIVERSES SORTES DE TAILLE.

D. — Quelles sont les différentes sortes de taille?

R. — On taille les arbres de différentes manières, selon qu'on les élève en espalier ou éventail, en quenouille, en pyramide, en buisson, en cul-de-lampe ou vase, en girandole, en plein vent, etc.

§ I. — TAILLE EN ESPALIER.

D. — Quels sont les principes de la taille des arbres en espalier?

R. — Les meilleurs espaliers pour la production comme pour la qualité des fruits, sont ceux qui sont dressés le long des murs exposés au midi, à l'est ou au sud-est. Les murs destinés à recevoir les espaliers doivent être garnis de treillages en bois ou en fil de fer; contre lesquels on attache les branches au moyen de jonc ou d'osier. Le mur doit être crépi et blanchi. — On fait aussi des espaliers ou éventails sur les plates-bandes des jardins : on les désigne alors sous le nom de contre-éventails.

Pour élever un arbre en espalier, on coupe la tige à quinze centimètres au-dessus du sol; le tronc pousse alors plusieurs branches ; on en conserve deux qui soient disposées latéralement au-dessus de la greffe, et parallèlement au mur; ces deux branches-mères doivent être inclinées et attachées au treillage de manière à leur donner tout de suite ou peu à peu une direction telle qu'il en résulte un V ouvert. Ensuite on taille les deux branches-mères à cinq ou six yeux. Les rameaux qui partent des branches-mères doivent être conservés avec soin pour former la charpente de l'espalier. On les taille chaque année au-dessus du cinquième œil.

Pendant le cours des trois premières années, la taille n'a pour but que de faire produire de bonnes branches à bois. La quatrième année et les suivantes, on continue de ailler de manière à imprimer à la sève une direction oblique. On dirige les branches de troisième, quatrième et cinquième formation, toujours dans une direction presque horizontale, comme la plus favorable au développement des branches à fruit. Les distances entre les branches, étant observées avec symétrie, l'arbre présente un aspect agréable : les vides finissent par être garnis et l'ouverture primitive de l'arbre en forme de V doit diminuer insensiblement et se rapprocher d'un U étroit. Telle est la forme des espaliers à la Montreuil ; forme préférable à celle en éventail et en palmette.

D. — Quelle est la différence de la taille en éventail ?

R. — La taille en éventail diffère de la taille à la Montreuil en ce qu'au lieu de n'élever l'arbre que sur deux branches principales, on en laisse un plus grand nombre, en donnant aux unes une direction plus ou moins horizontale, et aux autres une direction verticale, ou plus ou moins oblique, de manière à donner à l'arbre la forme d'un éventail.

D. — En quoi consiste la taille en palmette ?

R. — La taille en palmette consiste principalement à diriger les branches latérales à droite et à gauche de la flèche de la palmette, et à maintenir dans une direction horizontale toutes les branches qui partent de la tige verticale, laquelle doit nécessairement absorber une grande quantité de sève au préjudice des autres parties de l'arbre.

La forme en palmette à double tige, n'admettant point de membres verticalement placés, est préférable à la palmette à tige simple; mais cette méthode, qui se rapproche beaucoup de la forme en U, exige les plus grand_s soins.

§ II. — TAILLE EN QUENOUILLE ET EN PYRAMIDE.

D. — Quel avantage présentent les arbres en quenouille ?

R. — La forme des *arbres en quenouille* présente cet avantage que les branches inférieures ont de très-bonne heure des productions fruitières très-développées qui flattent les acheteurs, charmés de ce qu'ils regardent comme un signe de fécondité précoce. En effet, les arbres élevés en quenouille se mettent à fruit dès les premières années. Les branches latérales des quenouilles sont taillées très-courtes et d'égale longueur dans toute la hauteur de la tige. Certaines variétés de poires, greffées sur cognassier, réussissent très-bien de cette manière. Mais si au bout de quelques années d'une trop précoce et trop abondante production, les arbres épuisés languissent, il faut sacrifier toutes les branches à fruit, et former des arbres en pyramide.

D. — Comment forme-t-on les pyramides ?

R. — On forme les *pyramides,* en forçant l'arbre par le moyen de la taille, à fournir des branches depuis sa base jusqu'à son sommet. Les branches de la base sont taillées plus longues, qui doivent diminuer insensiblement jusqu'à la tige ou flèche. On met en pyramides plusieurs espèces d'arbres trop vigoureux pour rester en quenouille. La taille des pyramides consiste à les tenir suffisamment garnies de branches latérales et à retarder le prolongement de la flèche pour forcer la sève autant que possible à se porter vers le bas.

Les pyramides ne diffèrent des quenouilles que par l'inégalité qu'elles présentent dans la longueur des branches; les pyramides durent plus longtemps que les quenouilles, et fournissent du fruit plus abondamment.

§ III. — TAILLE EN BUISSON, EN CUL DE LAMPE, OU VASE.

D. — Qu'est-ce qu'un arbre en buisson?

R. — On appelle *buisson* un arbre fruitier dont la taille a été dirigée de manière à lui donner la forme d'un globe. Quelques auteurs confondent le buisson avec l'arbre en *cul de lampe*, en *corbeille*, ou en *vase*. Cependant la différence est très-grande : ces derniers, de forme également arrondie, doivent être vides en dedans, et toutes les branches à bois qui forment la rondeur de l'arbre, doivent être taillées horizontalement, et régulièrement espacées.

§ IV. — TAILLE EN GIRANDOLE.

D. — En quoi consiste la taille en girandole?

R. — On donne quelquefois aux arbres fruitiers et principalement au poirier la forme dite en *girandole*; c'est une véritable pyramide interrompue par des intervalles dégarnis, formant comme des étages superposés qui vont en diminuant jusqu'au sommet. La manière d'établir la girandole ne diffère en rien du procédé indiqué pour la formation des pyramides; on a soin seulement de supprimer tous les bourgeons qui pourraient naître sur les parties de la flèche lesquelles doivent devenir sur le tronc des intervalles vides. Quelques espèces de poiriers, dont le fruit a besoin de beaucoup d'air et de lumière pour parvenir à parfaite maturité, se conduisent sous cette forme moins usitée qu'elle ne devrait l'être si l'on en appréciait mieux les avantages. Cette forme, de même que la pyramide, ne peut se maintenir qu'en surveillant avec un soin extrême l'équilibre de la sève; ainsi toutes les branches trop vigoureuses seront taillées *court*, sur un œil inférieur, peu développé; toutes les branches minces et délicates seront taillées *long* sur leur meilleur œil. La sève, trouvant issue dans plusieurs yeux bien conformés, s'y portera de préférence et rendra bientôt ces branches faibles capables de faire équilibre aux rameaux plus forts rabattus sur un œil faible; tout dépend de l'observation rigoureuse de ce précepte.

§ V. — TAILLE DES ARBRES EN PLEIN VENT.

D. — Est-il nécessaire de tailler les arbres en plein vent?

R. — Les arbres en plein vent doivent être taillés pendant les premières années pour leur donner de la vigueur et une forme convenable. Cette taille est fort simple;

la première année, on coupe la tête de l'arbre environ à deux mètres du sol. Les yeux placés au-dessous de la taille ne manquent pas de pousser, dès la même année, un certain nombre de branches. On en choisit trois ou quatre des mieux placées pour en faire des *branches mères* et former la rondeur de l'arbre. L'année suivante, on taille ces branches à cinq ou six yeux *placés en dehors*. On retranche les bourgeons intérieurs, et on abandonne les autres à leur développement jusqu'à la taille suivante, qui doit être la dernière, et qui ne laisse que les branche nécessaires à la formation de l'arbre.

Section Troisième.

PINCEMENT.

D. — *En quoi consiste le pincement des arbres?*

R. — Le *pincement* consiste à enlever avec l'ongle ou la serpette la pointe des bourgeons qui n'ont pas encore atteint tout leur développement, et qui n'ont pas même cessé d'être de consistance herbacée. — Ce retranchement des bourgeons naissants suspend la marche de la sève vers l'œil terminal et les force de produire des lambourdes et des branches à fruit.

D. — *Dans quel temps peut-on pincer les arbres?*

R. — On peut pincer les arbres pendant toute la durée de la sève. — On commence dès le printemps à pincer les bourgeons qui se placent mal ou qui sont trop vigoureux.

D. — Quels sont les effets du pincement ?

R. — Les effets du pincement sont de faciliter la distribution de la sève entre toutes les parties de l'arbre, en évitant la naissance et le développement des branches gourmandes, sans recourir à la taille pendant la végétation.

———

Section Quatriéme.

ÉBOURGEONNEMENT.

D. — En quoi consiste l'ébourgeonnement ?

R. — L'*ébourgeonnement* consiste à ôter les branches inutiles et toutes celles qui font une certaine confusion, afin que les bonnes branches à bois et à fruit se fortifient et se conservent pour la beauté de l'arbre. — L'ébourgeonnement des pêchers et abricotiers se fait pendant les mois de mai et de juin; celui des autres arbres a lieu ordinairement dans le courant du mois d'août. Cette opération se fait avec la serpette. Le bourgeon terminal doit être conservé avec soin. — En faisant l'ébourgeonnement des pêchers, on ôtera la trop grande quantité de pêches qu'il pourrait y avoir sur les arbres, afin que celles qu'on laissera soient plus grosses et mieux nourries. — La même précaution sera observée pour les autres fruits.

Il est à propos, lors de l'ébourgeonnement, de donner aux bourgeons réservés la direction, l'inflexion qu'ils doivent avoir, lorsque devenus forts, ils seront palissés.

Section Cinquième.

PALISSAGE.

D. — De quelle utilité est le palissage des arbres?

R. — Après la taille d'été, il est utile de palisser les arbres pour mettre en place les bourgeons conservés; et de découvrir suffisamment les fruits pour qu'ils jouissent des bienfaits de la lumière, du soleil et de la chaleur : cette opération ne doit être effectuée que lorsque les fruits sont assez forts pour n'avoir pas à redouter l'ardeur du soleil, et que les rameaux à dresser ont assez de consistance et de longueur pour être attachés. — En dressant les jeunes rameaux, quelle que soit la forme de l'espalier, du gobelet, etc, on évitera les croisements qui finiraient par faire toucher les branches; on les distribuera à des distances à peu près égales: on évitera la confusion du trop grand nombre de bourgeons, tout autant que les amputations trop nombreuses qui dégarniraient l'arbre et nuiraient à la production des fruits. — Pour assujettir les bourgeons, on emploie le jonc ou le petit osier, et l'on ne serre que le moins qu'il est possible pour ne pas offenser les écorces, et pour ne pas gêner la circulation de la sève.

Le palissage, fait après l'ébourgeonnement, facilite le travail du printemps suivant, et prépare les arbres à prendre la forme que l'on désire.

CHAPITRE SIXIÈME.

CHOIX DES MEILLEURES ESPÈCES DE FRUITS.

D. — De quelle importance est le choix des espèces de fruits ?

R. — Le choix des espèces de fruits est de la plus haute importance et doit être pris en sérieuse considération. — *Il est évident qu'un arbre de bonne espèce ne tient pas plus de place qu'un autre, et la greffe des meilleures variétés n'est pas plus difficile que celle des médiocres ou des mauvaises.* — Le terrain qui convient aux unes convient également aux autres. — Les soins de culture étant absolument les mêmes, il est donc avantageux de donner toujours la préférence aux espèces les plus précieuses; sans toutefois exclure les variétés qui se recommandent par leur précocité ou leur usage particulier.

Voici le détail des espèces et des variétés de fruits dont les noms sont le plus généralement reçus, et l'époque de leur maturité.

Section première.

FRUITS À PEPINS.

D. — Quels sont les fruits à pepins les plus estimés ?

R. — Les principaux fruits à pepins sont les poires et les pommes dont la nomenclature est si arbitraire que souvent la même variété porte différents noms dans les catalogues des divers pays.

Nous commencerons le détail des fruits par les espèces de poires qui sont le plus estimées.

§ I. — POIRES D'ÉTÉ.

D. — Quelles sont les poires d'été?

R. — Les meilleures poires d'été sont :

1° Le *petit muscat* (dit 7 en gueule) est une des premières poires que l'on mange : elle a une odeur de musc et le goût très relevé. — 2° Le *petit Saint-Jean* ou *amiré joannet* : ces deux espèces mûrissent à la fin de juin. — 3° Le *gros Saint-Jean*, ou *muscat Robert*, appelé aussi *poire à la reine* et *poire d'ambre*, est plus gros que le petit muscat, plus jaune, meilleur, et mûrit vers la mi-juillet. — 4° La *blanqurtle*, dont on connaît trois variétés : le *gros-blanquet* ou **roi Louis**; le *petit-blanquet*, et la *blanquette à longue queue*, est une poire plus longue que ronde, sa peau est lissée; elle est cassante, sucrée, un peu musquée; elle se garde assez longtemps, et mûrit à la fin de juillet. — 5° Le ***rousselet hâtif***, ou *rousselet d'été* : sucré, demi-cassant, très-parfumé, ressemble assez au rousselet ordinaire pour la figure et pour le goût; il est en maturité vers la fin de juillet. — 6° L'*épargne*, appelée aussi *beau présent*, *cuisse madame*, est allongée et très estimée; même époque de maturité; elle réussit bien sur cognassier. — 7° La *Madeleine*, ou *citron des carmes*, fruit moyen, fondant: fin de juillet. — 8° Le *rousselet de Reims*, ou *petit rousselet*, est connu pour être une des meilleures poires qu'il y ait; fin d'août. —

9° **L'*ognonet*** ou *archiduc d'été*; demi-cassant sucré, parfumé. — 1° Le *salviati* ou l'*orange d'été*. — 11° L'*orange musquée*. — 12° L'*orange rouge*. — 13° Le *bon chrétien d'été*, ou *gratiole*. — 14° Le *bon chrétien turc* ou d'Orient. — 15° Le *doyenné d'été*. — 16° Le *beau-teint*. — 17° Le *beurré d'été*. — 18° La *bergamotte d'été*. — 19° La *robine* ou *royale d'été*. — 20° La *bellissime d'été*; fin d'août, ainsi que les précédentes.

§ II. — POIRES D'AUTOMNE.

D. — Quelles sont les poires d'automne?

R. — Les meilleures poires d'automne sont:

1° La *verte-longue*, ou *mouille-bouche*, est longue et verte, même quand elle est mûre; elle est très-fondante, parfumée et sucrée. — 2° Le *beurré rouge*, dit d'*Anjou*, est une grosse poire agréable à la vue, qui est fort colorée; de même que la verte-longue, l'arbre a cet avantage qu'il charge beaucoup. — 3° Le *beurré gris*, ou *Isambert*; fruit parfait, qu'il faut cueillir un peu avant la maturité. — 4° Le *beurré d'Angleterre*. — 5° Le *beurré d'Angoulême*. — 6° Le *beurré capiaumont*, remarquable par sa fertilité; fruit bon cru, et exquis en compote. — 7° Le *beurré d'Amanlis*; très-vigoureux, un des meilleurs fruits. — 8° Le *sucre vert*; poire ronde, assez grosse, très-excellente, ainsi nommée parce qu'elle est toujours verte. — 9° Le *doyenné blanc panaché*. — 10° Le *doyenné boussock*, fruit superbe, de première qualité. — 11° La *bonne Louise d'Avranches*, l'une des poires les plus précieuses qui existent, comme qualité et comme fertilité. Les espèces qui précèdent mûrissent en septembre. —12°La *belle de Bruxelles*. —13° La *Crassane*, ou *bergamotte de Crassane*. —14° Le *doyenné gris;* fruit dont la bonne réputation est aussi ancienne que méritée. — 15° La *duchesse d'Angoulême;* une des plus belles et des meilleures poires. —16° La *jalousie de Fontenay;* très-bonne. — 17° La *Louise de Prusse;* superbe et excellente.—18°Le *messire Jean;* cassant, sucré. — 19° Le *Saint-Michel-archange.* — 20° Le *Napoléon;* fruit très-fondant et délicieusement parfumé. Ces dernières espèces mûrissent en octobre. —21° Le *franc-réal;* excellent cuit. — 22° La *sicutle.* — 23° La *virgouleuse;* mûrissent en novembre.

§ III. — POIRES D'HIVER.

D. — Quelles sont les poires d'hiver ?

R. — Les poires d'hiver les plus estimées sont :

1° Le *Colmar ;* fruit gros, plus long que rond; il est beurré et fondant; son eau est sucrée et d'un goût très-fin; c'est une des plus excellentes poires d'hiver; elle se conserve jusqu'à la fin de mars. — 2° Le *beurré d'Aremberg;* excellente espèce; janvier. — 3° Le *beurré rancé;* très-estimé; février.— 4° Le *beurré diel* ou *magnifique;* l'une des plus belles et des meilleures poires d'hiver; décembre. — 5° Le *doyenné d'hiver;* excellente espèce ; de janvier en avril. —6° Le *Saint-Germain,* de novembre en mars. — 7° Le *bezy de Chaumontel.* — 7° Le *bezy de Chassery;* fruit parfait dans sa bonté; décembre et janvier. — 9° Le *bon chrétien d'hiver;* fruit très-bon cuit, et même cru, quand il est suffisamment mûr; en avril et mai. —10° Le *bon chrétien de Vernois*; chair plus tendre et plus agréable que celle du précédent.—11° Le *bon chrétien d'Espagne*; le meilleur pour cuire; décembre et janvier. — 12° La *bergamotte de Pâques*; décembre et janvier. — 13° La *royale d'hiver*; janvier, février et mars. — 14° La *belle angevine*; la plus grosse poire connue, pesant quelquefois plus d'un kilogramme, bonne seulement cuite ou en compote. — 15° La *poire de livre*, très-bonne cuite; tout l'hiver. — 16° L'*angélique de Bordeaux*; janvier et février. — 17° Le *Martin-sec*; de janvier en avril. — 18° Le *gros rousselet d'hiver*; excellent cuit; décembre. — 19° La *duchesse de Berry d'hiver*; de décembre en mars. — 20° Le *catillac*; de décembre en avril. — 21° L'*impériale*; de janvier en avril. — 22° Le *chaptal*; de janvier en mai. — Ces dernières espèces sont des poires à cuire.

OBSERVATIONS.

Toutes les variétés de beurré doivent être cueillies un peu avant leur parfaite maturité; autrement, le moindre vent les fait tomber, elles se meurtrissent et perdent beaucoup de leur valeur; elles achèvent de mûrir sur les dressoirs du fruitier. — L'époque indiquée pour la maturité des fruits désigne la durée du temps pendant lequel chaque fruit peut être mangé dans toute sa perfection; quelques fruits durent beaucoup plus longtemps que nous ne l'indiquons; mais, sans être gâtés, ils ont perdu toute leur saveur.

Les poires qu'on veut manger cuites doivent être employées un peu avant leur maturité.

Il faut cueillir les fruits avec précaution : l'effet des contusions, peu visible d'abord, ne tarde pas à se manifester ; les poires se gâtent précisément au moment où elles seraient vendues avec le plus d'avantages.

Les poires d'automne et les poires d'hiver constituent la partie la plus riche de la récolte du verger ; elles doivent être les plus nombreuses, parce qu'elles offrent l'avantage de mûrir, non pas toutes à la fois, comme les poires d'été, mais successivement ; ce qui en rend la vente plus facile.

§ IV. — POMMES HATIVES.

D. — *Quelles sont les pommes hâtives préférées ?*

R. — Les principales pommes hâtives sont :

1° *L'écarlate sanspareille*, la plus belle et la meilleure des pommes précoces ; août. — 2° Le *calville d'été* ; fin de juillet. — 3° Le *rambourg d'été* ; une des meilleures pommes à cuire ; août et septembre. — 4° La *pomme-framboise* ; août et septembre. — 5° La *pomme de neige*, août et septembre. Ces deux espèces sont parfaites ; mais, comme tous les fruits précoces, ne se gardent pas ; on doit planter fort peu d'arbres appartenant aux espèces hâtives.

§ V. — POMMES D'HIVER.

D. — *Quelles sont les pommes d'hiver ?*

R. — Les différentes variétés de pommes d'hiver sont :

1° Le *calville blanc d'hiver* ; pomme superbe, excellente et l'une des plus estimées; de décembre en mars. — 2° Le *calville rouge d'hiver*; aussi très-bonne; de novembre en janvier. — 3° Le *fenouillet jaune* ou *drap d'or*; ferme, sucrée; octobre et novembre. — 4° La *reinette franche*; d'octobre en avril. L'une de celles qui se conservent le plus longtemps; arbre très-fertile. — 5° La *reinette d'Angleterre*; superbe, excellente crue et cuite; de novembre en mars. — 6° La *reinette blanche d'Espagne*; de décembre en avril. — 7° La *reinette grise*. — 8° La *reinette dorée*; de décembre en avril. — 9° La *reinette rouge*; de novembre en mars. — 10° La *reinette de Bretagne*; d'octobre en janvier. — 11° La *reinette de Hollande*; octobre et novembre. — 12° La *reinette du Canada*; de novembre en mars. — 13° La *reinette d'Orléans*; de novembre en mars. — 14° La *reinette Thouin*; l'une des meilleures reinettes à manger crues; de décembre en mars. — 15° La *pomme d'Api*; dont trois variétés de même nature et de couleurs différentes : rose, noir et blanc; petit fruit très-joli, assez bon, et se conservant tout l'hiver. — 16° L'*azérolly*. — 17° Le *court-pendu*; ou *kapendu*; février et mars; excellent fruit. — 18° Le *pigeonnet commun*, petit fruit très-estimé; octobre et novembre. — 19° Le *badwin*; espèce nouvelle, excellente, très-productive et l'une des plus estimées en Amérique; de décembre en mai. — 20° Le *newton-pippin*, aussi espèce nouvelle, fruit moyen d'excellente qualité, arbre très-fertile; mars.

Section Deuxième.

FRUITS A NOYAU.

D. — Quels sont les fruits à noyau ?

R. — Les fruits à noyau sont : les pêches, les abricots, les prunes, les cerises et les brugnous.

§ I. — PÊCHES.

D. — Quelles sont les variétés de pêches les plus estimées ?

R. — Parmi les nombreuses variétés de pêches, on distingue les suivantes :

1° — *Avant-pêche blanche ;* fin de juillet ; la plus précoce. — 2° *Madeleine-blanche ;* commencement d'août. — 3. *Madeleine-rouge de Courson :* gros fruit d'un beau rouge, ferme et vineux ; août. — 4° *pourprée hâtive,* très-belle et bonne ; mi-août. — 5° *mignonne (la grosse),* superbe et très-bonne ; août. — 6° *mignonne (la petite),* très-fertile ; fin de juillet. — 7° *pêche de Malte ;* chair fine et exquise ; commencement de septembre. — 8° *admirable blanche ;* fin de septembre. — 9° *admirable jaune,* ou *belle de Vitry ;* la plus convenable pour plein vent et l'une des plus belles et des meilleures tardives ; fin de septembre. — 10° *bourdine ;* fin de septembre. — 11° *alberge jaune ;* sucrée, vineuse. — 12° *Chevreuse hâtive ;* fondante et très-sucrée ; toutes deux au commencement de septembre. — 13° *téton de Vénus ;* sucré, fruit excellent ; fin de septembre. — 14° *Chevreuse tardive ;* fin de septembre. — 15° *nivette* ou *veloutée tardive ;* grosse, ferme et sucrée; commencement d'octobre. — 16° *pêche-abricotée*; gros fruit à chair jaune, ayant un peu la saveur d'abricot, mais mûrissant difficilement dans les cantons froids; fin d'octobre. — 17° *Pavie de Pomponne*; gros persèque rouge, ou gros melcoton; fin d'octobre. — 18° *brugnon musqué*; gros fruit à chair jaune, musqué et vineux; fin d'octobre, etc.

§ II. — ABRICOTS.

D. — Nommez les principales variétés d'abricots?

R. — 1° L'*abricot hâtif* ou *abricotin*; petit, mûr à la fin de juin. — 2° *abricot blanc*; presque aussi précoce. — 3° *abricot commun*; gros fruit, excellent; fin de juillet. — 4° *abricot de Hollande*; petit fruit de bon goût; fin de juillet. — 5° *abricot de Portugal*; petit, chair fondante et exquise; mi-août. — 6° *abricot alberge*; fin d'août. — 7° *abricot-pêche*; fondant, sucré, très-gros et beau, venant bien en plein vent; commencement d'août. — 8° *abricot impérial*; variété récente du précédent, un peu plus précoce, le meilleur de tous; fin d'août. — 9° *abricot musch*; variété nouvelle, chair fine et agréable; mi-juillet. — 10° *abricot d'Alexandrie*; gros fruit précoce; commencement de juillet.

§ III. — PRUNES.

D. — Indiquez les variétés principales de prunes?

R. — 1° *Prune reine-claude*; fruit exquis, mûr en août, et qui a plusieurs sous-variétés : celle qui est *verte et grise*, et celle qui est *violette*. C'est incomparablement la meilleure des prunes. — 2° *Damas*; très-bon fruit; août. — *Mirabelle; grosse* et *petite*, toutes deux sucrées et très-bonnes; du 1er au 15 août. — 4° *impériale violette*; grosse, sucrée; fin d'août. — 5° *prune de Monsieur*; gros fruit fondant; fin de juillet. — 6° *prune-pêche*; très-grosse, même saveur et même maturité que la prune de Monsieur, mais plus agréable. — 7° *prune abricotée*; musquée, fine, arbre très fertile; septembre. —8° *Perdrigon blanc* ou *rouge*; très-sucré et parfumé; commencement de septembre. — 9° *prune de brignoles*; très-sucrée et surtout employée en pruneaux. — 10° *royale de Tours*; fin de juillet. — 11° *Sainte-Catherine*; très-sucrée, en espalier; fin de septembre. C'est avec cette espèce qu'on fait les excellents pruneaux de Tours. — 12° *L'impératrice blanche*; sucrée, agréable; commencement de septembre. — 13° *diaprée rouge*; très-bonne; septembre. — 14° *Saint-Martin*; ressemblant entièrement à la reine-claude, violette bonne et très-tardive.

§ IV. — CERISES.

D. — *Quelles sont les variétés de cerises les plus recherchées ?*

R. — Les variétés de cerises les plus recherchées sont : —1° *guigne à gros fruit noir*; commencement de juin. —2° *guigne à gros fruit blanc*; fin de juin. — 3° *bigarreau à gros fruit rouge*; fin de juillet. — 4° *bigarreau à gros fruit blanc*; plus succulent que le précédent. — 5° *bigarreau gros cœuret*; très bon fruit; fin de juillet. — 6° *bigarreau hâtif;* petit rouge, remarquable par sa précocité; fin de mai. — 7° *bigarreau-Napoléon;* juillet. — 8° *Montmorency ordinaire;* très-estimé et très-fertile; commencement de juillet. — 9° *cerise anglaise;* grosse, excellente, productive; du 1er juin au 1er août. — 10° *griotte;* dont plusieurs sous-variétés plus ou moins tardives, offrent des produits fort avantageux.

§ V. — BRUGNONS.

D. — Combien distingue-t-on d'espèces de brugnons?

R. — Les catalogues anglais contiennent plus de cent variétés de brugnons dont une vingtaine de très-bonne qualité. Ce fruit diffère si essentiellement de la pêche sous les rapports du goût, de la forme et de la couleur, qu'on a peine à comprendre comment nos auteurs en ont fait une pêche à peau lisse. Botaniquement parlant, c'est bien à peu près le même arbre, mais ce n'est pas le même fruit. Aussi en faisons-nous l'objet d'un paragraphe spécial. comprenant les variétés suivantes, peu répandues ou totalement inconnues :

1° *Brugnon jaune;* fin d'octobre. — 2° *Brugnon blanc;* 15 août. — 3° *Brugnon rouge;* fin d'août. — 4° *Brugnon violet hâtif;* du 1er au 15 septembre. — 5° *Gros brugnon violet;* du 15 au 30 septembre. — 6° *Brugnon musqué;* fin de septembre. — 7° *Fairchild précoce d'Angleterre;* chair jaune très-productif; commencement d'août. — 8° *Dutilly d'Angleterre;* fruit de première qualité, rouge-foncé au soleil, vert-clair du côté opposé; 15 août. L'arbre charge excessivement. — 9° *brugnon d'Italie ;* sa chair est jaune et sa peau est jaune et rouge; mais la pulpe adhère au noyau. Il mûrit à la fin de septembre. — 10° *Brugnon de Gênes ;* fruit qui ne mûrit qu'en octobre, estimé à cause de sa rusticité et de sa maturité tardive qui succède à tous les autres.

Section Toisième.

FRUITS À ENVELOPPE.

D. — Quels sont les fruits à enveloppe ?

R. — Les fruits à enveloppe sont : l'amande, la noix, la noisette et la châtaigne.

§ I. — AMANDES.

D. — Quelles sont les variétés d'amandes ?

R. — Les meilleures variétés sont les suivantes : 1° *l'amande à coque dure et fruit doux :* plus ou moins grosse, plus ou moins longue, plus ou moins tardive. — 2° *l'amande à coque tendre et fruit doux très-gros.* — 3° *l'amande princesse.* — 4° *l'amande sultane.* — 5° *l'amande pistache ;* toutes trois à coques tendres. — 6° *l'amande amère,* soit *à coque dure,* soit *à coque tendre.* — 7° *l'amande-pêche,* participant de la pêche et de l'amande, fruit doux, mais médiocre, dont on mange l'amande et la partie charnue et succulente qui l'enveloppe. On peut manger les amandes douces soit en vert, soit en sec.

§ II. — NOIX.

D. — Cultive-t-on plusieurs variétés de noyers?

R. — On cultive peu de variétés de noyers. Voici les meilleures : 1° le *noyer commun* : très-productif. 2° le *noyer à coque tendre* : fruit délicat. — 3° le *noyer tardif* : préférable dans les pays froids, parce qu'il fleurit tard. — 4° le *noyer de jauge* : à très-gros fruit, rarement plein, et qui n'est bon qu'en vert. — 5° le *noyer à gros fruit long* : coque tendre, très-bon fruit sec. — 6° le *noyer de Montbron* : fort pittoresque, fleur tardive, fruit excellent, coque très-tendre.

§ III. — NOISETTES.

D. — Quelles sont les variétés de noisettes ?

R. — On préfère les variétés suivantes : 1° la *noisette franche*, soit *blanche*, soit *brune*. — 2° la *noisette franche rouge*. — 3° *l'aveline* : gros fruit. — 4° la *noisette ovale*. — 5° la *noisette en grappes*.

§ IV. — CHÂTAIGNES.

D. — Nommez les variétés de châtaignes ?

R. — Les meilleures châtaignes sont : 1° la *châtaigne pourtalonne* : bonne et belle bien sucrée. — 2° la *châtaigne verte du Limousin* : grosse, et de longue conservation. — 3° la *châtaigne exhalade* : productive, très-sucrée. — 4° Le *marron doré de Lyon*. — 5° La *châtaigne hâtive*.

pire : dont il existe une bonne variété rousse. — 6° La *châtaigne hâtive de mai* : fruit gros, très-précoce.

Section Quatrième.

FIGUES.

D. — Quelles sont les variétés de figues générale-ment cultivées ?

R. — Voici les principales 1° la *figue longue* ou *prin-mière* : douce et fort agréable. — 2° La *figue blanche onde* : chair sucrée, écorce verte. — 3° La *figue vio-ette* : encore plus sucrée que les deux précédentes. — ° La *figue jaune angélique*, écorce jaunâtre, tiquetée e vert ; douce, sucrée ; arbre très-productif. — 5° La *igue de Bordeaux*. — 6° La *Madeleine* : très-fertile et xcellente. — 7° La *marseillaise*, gros fruit et très-sucré.

Setion Cinquième.

GROSEILLES.

D. — Qu'est ce que les groseilles ?

R. — Les *groseilles* sont les fruits du *groseillier* ; elles ervent à faire d'excellentes gelées ou confitures.

D. — Comment cultive-t-on le groseillier ?

R. — La culture et la multiplication de cet arbrisseau ont très-faciles : On plante les groseilliers soit en haies, soit isolément sur les plates-bandes ou le long des murs ;

on peut les multiplier de boutures, ou de drageons enraciués, qu'on place en octobre ou novembre dans une terre amendée, légère et assez profonde. Ces arbrisseaux n'out pas besoin d'être taillés; il suffit d'enlever les mousses et les branches mortes, et d'éclaircir ou rabattre les rameaux trop enchevêtrés, ou trop inégalement prolongés.

D.—Combien distingue-t-on d'espèces de groseilliers?

R. — On distingue principalement trois espèces de groseilliers : 1° le *groseillier à grappes* qui est, le plus recherché, et dont ses variétés sont : le *groseillier-gondouin*, à grandes feuilles, à gros grains rouges, s'élevant moins que les autres; le *groseillier blancperlé*, dont le fruit est très-bon; et le *groseillier à fruits roses*, ou couleur de chair.

2° Le *groseillier noir* ou *cassis*, sorte de grand groseillier à grappes, dont le fruit est noir, et dont les feuilles et le bois sont très-odorants. Son fruit, dont la saveur plaît à peu de personnes, est tonique et bon pour l'estomac, soit qu'on le mange cru, soit qu'on l'emploi en ratafia. C'est surtout pour ce dernier usage qu'on le cultive.

3° Le *groseillier épineux*, ainsi nommé à cause de ses aiguillons multipliés. Son fruit est très-sucré et très-bon. On en fait aussi des gelées; mais elles n'ont pas l'agréable acidité des groseilles à grappes. —L'emploi des fruits verts du groseillier épineux pour l'assaisonnement du maquerean lui a fait donner le surnom de *groseillier à maquereau*, sous lequel il est connu dans nos jardins. Le groseillier épineux présente plusieurs variétés que l'on distingue par la forme, la couleur et la grosseur de son fruit.

Section Sixième.

FRAMBOISES.

D. — Quel est l'emploi des framboises ?

R. — Ce fruit délicieux et très parfumé entre dans les liqueurs et les confitures, auxquelles il communique une odeur et une saveur exquises.

D. — Quel est le mode de propagation du framboisier ?

R. — Ce petit arbuste se propage de drageons ou de racines, et doit occuper dans les jardins une place à part. Ses tiges prennent en un an toute la longueur qu'elles doivent avoir ; l'année suivante elles fleurissent, fructifient et meurent. Il ne reste de vivant qu'une souche garnie de nombreuses racines traçantes ; le framboisier se continue ainsi d'année en année par ses drageons toujours surabondants ; rien ne peut empêcher le framboisier de deux ans de mourir : telle est la marche invariabe de sa végétation.

On taille le framboisier à un mètre trente centimètres du sol, ayant soin d'éclaircir les jets, et de ne laisser à chaque souche qu'une quantité modérée de pousses annuelles.

D. — Combien connaît-on de variétés du framboisier ?

R. — On en connaît plusieurs variétés : 1º le *framboi-*

ier à fruit rouge; — 2° *le framboisier à fruit blanc;* — 3° le *framboisier des Alpes,* qui produit une partie de l'été et de l'automne, avantage qui lui a valu le nom de framboisier de tous les mois, ou des quatre saisons, bien qu'il ne produise que deux fois l'année. — 4° le *framboisier couleur de chair,* à gros fruits excellents.

D. — *Quel est le sol qui convient au framboisier ?*

R. — Cet arbuste préfère un sol frais et profond, gras et un peu ombragé. Il suffit en février de sarcler la terre, d'en enlever le bois sec, de tailler et de jeter sur la planche ou carré un peu de bonne terre, ou de fumier bien consommé.

Section Septième.

MURES.

D. — *Y a-t-il plusieurs espèces de mûres ?*

R. — Il n'y a que deux espèces de *mûres;* les *blanches* et les *noires.* — Les feuilles du mûrier blanc servent à la nourriture des vers à soie. On ne cultive pour la table que le mûrier à fruits noirs. L'arbre donne ses produits de la fin de juillet à la mi-septembre; comme les fruits ne parviennent pas ensemble à la maturité on en jouit assez longtemps. Le fruit, acide sucré, est fort agréable et très-rafraîchissant : on le mange en général, comme le melon, au commencement du repas.

Section Huitième

NÈFLES.

D. — Combien connait-on de variétés du néflier ?

R. — On ne connaît que trois variétés du néflier : 1° le *néflier sauvage*, dont les fruits sont petits, mais d'une acidité agréable ; — 2° le *néflier commun à gros fruit* ; — 3° le *néflier de Hollande*, soit précoce, soit tardif, soit rond, soit allongé.

Section Neuvième.

CONSERVATION DES FRUITS.

D. — Indiquez les moyens de conserver les fruits ?

R. — La plupart des moyens de conservation des fruits reposent sur le principe qu'on évite la fermentation et la pourriture en interdisant le renouvellement de l'air et l'accès de l'humidité. En général, dans les fermes, on se borne à placer les fruits dans les greniers, par couches peu épaisses, sur de la paille, et on les recouvre encore de paille ou de regain à l'approche du froid et des gelées. On visite souvent les fruits, pour enlever ceux qui commencent à se gâter.

Dans certains établissements, il existe des fruitiers proprement dits où les fruits sont rangés par espèces sur des étagères, ou entassés dans des compartiments, des boîtes, des tonneaux, par couches alternatives, avec du son, des cendres, du sable desséché au four, des balles d'avoine, de la mousse, etc.

Quel que soit le mode de conservation, il faut que les fruits se trouvent isolés les uns des autres et à l'abri des alternatives atmosphériques de sécheresse, d'humidité, de froid ou de chaud.

Il est généralement reconnu qu'on doit laisser sur les arbres le plus tard possible les fruits d'hiver dont l'usage doit se continuer pendant longtemps.

Section Dixième.

MALADIE DES ARBRES.

D. — D'où provient la maladie des arbres?

R. — La maladie des arbres provient d'un grand nombre de causes très-diverses : comme la privation de sucs nutritifs, la végétation dans un sol humide ou aride, contraire à la plante ou bien au climat défavorable, une transplantation mal faite, une blessure profonde, des érosions chancreuses aux racines, la défoliation pendant l'été, un excès de floraison et de fructification, l'invasion de plantes ou d'insectes parasites. La nature du sol paraît être une des principales causes des affections de ce genre : Quand le sol est froid et humide, il est presque impossible qu'un arbre y puisse réussir. La preuve en est convaincante : c'est la chaleur qui anime les arbres et active leur végétation ; un excès d'humidité prive les arbres de la nourriture qui leur convient; ils se couvrent de mousse, ils languissent et périssent infailliblement. Un sol maigre ne produit que des arbres chétifs; ils y éprouvent avant l'âge les infirmités de la vieillesse; leur écorce est sillonnée d'érosions cancéreuses; leurs branches se dessèchent, leur tronc se dégarnit et l'arbre ne produit que peu ou point de fruit.

D. — Indiquez les moyens de remédier aux causes de la maladie des arbres?

R. — Une bonne appropriation des végétaux que l'on cultive aux diverses natures de terre qu'on a à exploiter; l'amélioration du sol par des amendements et des engrais convenablement choisis, tels sont les moyens d'éviter les inconvénients qui résultent de la plupart des affections auxquelles les arbres sont sujets.

Le moyen d'assainir un sol humide est de pratiquer des rigoles d'une profondeur suffisante pour dessécher le terrain et donner de l'écoulement aux eaux.

Le seul remède connu et appliqué uniformément à tous les *ulcères*, c'est de couper toute la partie ulcérée ou pourrie jusqu'au vif, et d'appliquer un emplâtre sur la plaie.

On diminue les inconvénients des *plaies* produites par l'élagage, la coupe des taillis, l'abattage des arbres, en leur donnant une coupe oblique qui procure l'écoulement de l'eau. La même chose doit être observée pour les vieux arbres qu'on dirige en têtards. Les branches

14

latérales doivent être coupées près du tronc; excepté celles de quelques arbres, comme les conifères, qui doivent être coupées à cinq centimètres du tronc, parce que si l'on coupe à la naissance des branches, il se forme un trou qui pénètre jusque dans le bois, tandis que ces tronçons, en se desséchant, ferment la plaie.

Il arrive souvent que les arbres dépérissent parce qu'on a replanté à la même place un arbre de l'espèce de celui qu'on a remplacé. La terre doit être considérée alors comme usée et impropre à la végétation de cet arbre. C'est pourquoi l'on ne doit point hésiter de faire mettre de la terre neuve à la place de celle qui est usée, en y mêlant un peu de bon fumier, ou de marne.

La maladie des arbres peut venir aussi de quelques vers qui rongent les racines, et qu'on appelle *vers-blancs mans* ou *turcs*. Le seul remède contre ces insectes est de les rechercher au pied des arbres pour les détruire.

Les *taons* sont une autre espèce de gros vers qui naissent du fumier, rongent les racines des arbres, les font languir et à la fin mourir. Il faut fouiller au pied de l'arbre, les tuer et y mettre de la terre neuve.

La *mousse* gâte aussi l'écorce des arbres : le remède est de les émousser de temps à autre en automne, par un temps de pluie, avec des couteaux de bois, ou avec des brosses faites exprès pour cet usage.

Chapitre Septième.

CULTURE DE LA VIGNE.

D. — Que faut-il observer dans la culture de la vigne?

R. — Les observations relatives à la culture de la vigne ont pour objet, savoir : le climat, le terrain, l'exposition, les diverses sortes de vignobles, le choix des cépages, la plantation, les façons d'entretien, la taille, l'ébourgeonnement, l'épamprement, le provignage, les engrais et amendements, les labours, le desséchement, la vendange, etc.

§ I. — CLIMAT QUI CONVIENT A LA VIGNE.

D. — Quel est le climat qui convient à la vigne?

R. — Quoique la vigne soit originaire de l'Asie ainsi que la plupart de nos meilleurs arbres fruitiers, les climats tempérés et particulièrement le climat de la France sont les plus favorables à la production des bons vins. Si des contrées plus méridionales produisent quelques vins exquis, la France a aussi ses vins de liqueur, et les vins de Bordeaux, de Bourgogne, de Champagne, de Roussillon, etc. ; sont justement estimés. De sorte qu'on peut dire que le climat de la France convient généralement à la vigne. — Il y a cependant des exceptions : dans quelques départements situés au nord et sur les parties les plus élevées du territoire, la culture de la vigne est très-bornée ; on ne peut la cultiver qu'en treille, en cordon, ou en espalier le long des murs : la chaleur n'ayant pas assez de force pour mûrir le raisin. Mais dans les départements du midi, la vigne végète avec plus de force, le raisin mûrit parfaitement bien et le vin qu'on y récolte en abondance est d'une facile consommation par sa délicatesse et par sa légèreté.

§ II. — TERRAIN CONVENABLE A LA VIGNE.

D.— Quel est le terrain convenable à la vigne ?

R. — Une terre pierreuse, mélangée de sable, de marne et de terre franche, est celle qui convient le mieux, sinon pour la végétation de la vigne, du moins pour la qualité du raisin. — La vigne aime surtout un terrain chaud, sec, assez meuble et riche. — Toutefois elle s'accommode des sols les plus médiocres ; et, avec les soins convenables, elle réussit même dans le sable pur : les belles vignes de Capbreton et de Messanges, situées sur le bord de l'Océan et qui produisent cet excellent vin connu sous le nom de *vin de sable*, en sont une preuve évidente.

§ III. — EXPOSITION FAVORABLE A LA VIGNE.

D. — Quel est l'exposition la plus favorable à la vigne ?

R. — L'exposition du midi est la plus favorable à la vigne ; puis vient celle du sud-est et de l'est. L'exposition du nord est regardée comme peu avantageuse ; cependant il y a de bons vignobles légèrement inclinés vers le nord dont les produits sont souvent les plus estimés. — En général les vignes exposées au nord sont moins sujettes aux effets désastreux des gelées du printemps, et plus exposées aux impressions favorables du vent du nord. — L'ouest est partout nuisible à la vigne, ainsi que le voisinage des marais.

§ IV. — DIVERSES SORTES DE VIGNOBLES.

D. — *Combien distingue-t-on de sortes de vignobles ?*

R. — On distingue trois sortes principales de vignobles : les *hautins*, les *espaliers* ou vignes moyennes et les *piquepouls* ou vignes basses.

D. — *Qu'appelle-t-on hautin ?*

R. — On appelle *hautin*, une vigne qu'on laisse monter à la hauteur de deux mètres et dont les pieds, ordinairement au nombre de deux, plantés à deux mètres cinquante centimètres de distance en tout sens, sont soutenus par de bons piquets liés entre eux par des *tirasses* qu'on renouvelle chaque année. — Ces *tirasses* qui ne sont autre chose que des sarments attachés les uns aux autres, servent à entrelacer les rameaux flexibles de la vigne. — Dans certaines parties de la France, la culture de la vigne en hautin est assez commune ; mais comme ce genre de vignoble exige au moins de huit à dix ans avant d'être en plein rapport, on préfère généralement cultiver les vignes en espalier, lesquelles donnent des produits abondants dès la quatrième année.

D. — *Qu'est-ce que la vigne espalier ?*

R. — La *vigne espalier* est celle qu'on plante à un mètre ou un mètre vingt centimètres de distance entre chaque pied et à 2 mètres 30 centimètres entre les rangs. La hauteur des souches doit être de 60 centimètres. — La vigne espalier est soutenue par des échalas et reçoit au moins deux rangs de tirasses; le premier rang qu'on remplace quelquefois par des barres, des lattes, ou des roseaux, sert à attacher horizontalement les branches-mères ou sarments taillés; le second rang est destiné à préserver les jeunes pousses de la violence des vents. A cet effet, dès que les rameaux atteignent la tirasse, on se hâte de les lier avec du jonc, ayant soin de diviser également les bourgeons.

D. — Qu'est-ce que les vignes moyennes?

R. — Les *vignes moyennes* ou ordinaires sont celles qu'on élève en pyramides sans tirasses; on réunit en paquets tous les rameaux de l'année et on les attache vers le haut de l'échalas par un ou plusieurs liens d'osier ou de jonc.

Ces sortes de vignobles sont plantés à des distances plus ou moins rapprochées, selon qu'on veut les cultiver à la main, ou labourer à la charrue.

D. — Qu'est-ce que les piquepouts?

R. — Les *piquepouts* sont des vignes basses cultivées sans échalas et maintenues à 30 centimètres au dessus du sol. — Il est nécessaire que les vignes-piquepouts soient piquetées pendant les premières années afin que les pieds puissent se maintenir droits.

§ V. — CHOIX DES CÉPAGES.

D. — De quelle importance est le choix du plant de vigne ?

R. — De tout temps on a reconnu l'influence de la variété du cépage sur la qualité du vin. Caton, Celse, Columelle, chez les Romains, Olivier de Serres, Rosier, Roxas Clémente, chez les modernes, mettent ce choix au premier rang des considérations qui doivent occuper le plus sérieusement les propriétaires qui entreprennent la plantation d'une vigne. Ce qui en prouve encore plus l'importance, c'est la dénomination de plusieurs vins renommés qui la tirent des variétés de plants qui les ont produits. Toutefois, il est à remarquer que la qualité du terrain peut modifier considérablement la qualité du vin.

Le nombre des variétés des cépages étant considérable et les mêmes espèces étant désignées sous des noms différents dans les diverses contrées de la France, il est très-difficile d'indiquer les variétés qui doivent être préférées tant pour les vins blancs que pour les vins rouges. — En général, il est prudent de se conformer à l'usage du pays et de choisir les espèces les plus convenables au climat, à l'exposition, au terrain, et les plus avantageuses sous le rapport de la quantité et de la qualité du vin qui en est le produit.

§ VI. — PLANTATION DE LA VIGNE.

D. — Comment faut-il planter la vigne ?

R. — Le meilleur mode de plantation consiste à creuser des fossettes de quarante centimètres de longueur et de profondeur sur vingt centimètres de largeur;

on jette au fond de la fossette dix centimètres de bonne terre que l'on prend à la surface du sol, ce qui favorise singulièrement l'enracinement du plant et anime plus tard sa végétation ; on couche les *crossettes* ou sarments dans la fosse à 30 centimètres de profondeur en les coudant à l'angle de la tranchée ; on couvre d'abord le sarment d'une petite couche de terre par-dessus laquelle l'on jette un peu de fumier ; après cela, on remplit le trou de terre, que l'on tasse avec les pieds, et l'on coupe l'extrémité du sarment à deux yeux au-dessus du sol.

Il est bien entendu que le terrain destiné à la plantation d'une vigne doit être préalablement labouré, terré, et marné. On doit aussi piqueter le sol avant la plantation ; afin que le plant se trouve aligné dans tous les sens.

D. — A quelle époque faut-il planter la vigne ?

R. — L'époque la plus favorable pour planter la vigne est le mois d'avril. — Mais au moment de la taille, on choisit le plant parmi les vignobles qui produisent le meilleur vin ; on donne aux sarments une longueur de 80 centimètres et on laisse un petit bourrelet du bois de deux ans que l'on coupe droit. Ces sarments ainsi préparés se nomment *crochets* ou *crossettes*. On les réunit par cinquante et on les lie ensemble pour les conserver en terre jusqu'au jour même de la plantation.

§ VII. — FAÇONS D'ENTRETIEN.

D. — Quels sont les soins qu'exige la vigne après la plantation ?

R. — Les soins de culure que la vigne exige pendant les

premières années se bornent à des sarclages répétés pour éloigner les mauvaises herbes et tenir le terrain toujours propre. On taille très-court et on supprime toutes les pousses inutiles. A la troisième année, il est ordinairement nécessaire d'implanter les échalas. Dès lors la vigne commence à donner quelques raisins et à la quatrième ou cinquième année, elle est en plein rapport.

§ VIII. — TAILLE DE LA VIGNE

D. — Quels sont les principes de la taille de la vigne ?

R. — La taille de la vigne repose sur des principes propres à chaque genre de vignobles et qu'il est très-essentiel d'observer. Il est facile de comprendre que les hautins, les espaliers et les piquépouts ne doivent pas être taillés de la même manière. Ces différentes sortes de tailles exigent quelques explications dans lesquelles nous allons entrer.

HAUTINS.

D. — Comment faut-il tailler les hautins ?

R. — Chaque pied de hautin est ordinairement formé de deux ceps dont chacun se termine par deux bras ou branches-mères, applées *ployons, courgées* ou *verges*; ce sont des sarments de l'année destinés à produire des branches à fruit; il faut les tailler à 8, 10 ou 12 yeux, selon leur force et celle du cep. On choisit pour ployons les sarments vigoureux qui se trouvent les plus rapprochés de la tige principale. Les branches gourmandes, c'est-à-dire celles qui poussent sur le vieux bois, ne doivent jamais être choisies pour ployons ou verges, attendu que

14.

dans un grand nombre de variétés de cépages elles ne porteraient point de fruit ; mais quand il est nécessaire de les conserver pour rapprocher les branches-mères, on les taille en coursons.

D. — Qu'appelle-t'on coursons ?

R. — On appelle *coursons*, ou crochets de rappel, des rameaux placés au-dessous des verges, destinés à fournir deux branches pour la taille de l'année suivante. On taille les coursons à deux ou trois yeux, en observant que l'œil terminal du courson doit toujours être placé dessus, jamais dessous. Cette observation est très-importante et facilite singulièrement la conduite de la vigne.

Ainsi, rien n'est plus aisé à tailler que la vigne, et rien n'est plus nécessaire, par la raison que si on ne la taillait point, son fruit n'aurait pas la qualité de celui dont la taille aurait été faite avec précaution, et la vigne périrait infailliblement.

Il suffit que chaque pied de hautin ait **quatre branches-mères** taillées et **quatre coursons**; on **couche** horizontalement les quatre verges qu'on attache aux tirasses ou à des traverses de bois placées en croix. Cette opération doit être faite lorsque la vigne commence à pousser ; car en tardant trop de courber les verges, la sève se porte activement aux boutons supérieurs et abandonne les inférieurs qui avortent.

ESPALIERS.

D. — Comment faut-il tailler les vignes en espalier ?

R. — On taille les vignes en espalier à peu près comme

les hautins, avec cette différence que le pied de vigne espalier ne doit avoir que deux verges et deux coursons. La longueur des verges doit être toujours proportionnée à la vigueur du cep : taillée trop long, la vigne s'épuise en peu de temps et reste languissante ; taillée trop court, elle pousse beaucoup en bois et porte peu de fruit. — Dans tous les cas, les coursons seront coupés à deux ou à trois yeux, conformément à l'observation que nous avons déjà faite. C'est du reste la seule difficulté que présente la taille de la vigne ; or cette difficulté n'en est pas une, puisqu'il ne s'agit que d'y faire attention. Lorsqu'on est obligé de tailler le courson à trois yeux, on éborgne l'œil qui est à la base, de manière à ne laisser pousser que deux branches, qui seront les sujets sur lesquels on taillera l'année suivante : la plus haute des deux servira de verge et la plus basse de courson.

D. — Que faut-il faire dans le cas où le courson n'a donné qu'une seule branche ?

R. — Dans ce cas, plusieurs auteurs conseillent de tailler cette branche en courson, c'est-à-dire à deux yeux, et de prendre pour verge la branche la plus basse parmi celles qui seront venues de la taille de l'année précédente, en retranchant toutes les autres. Mais l'expérience nous a appris que ce second courson ne réussit presque jamais ; alors il convient de tailler cette seule branche en verge de la longueur voulue, sans courson ; ou bien de la raser et de prendre sur la taille précédente deux des branches les plus basses pour en faire un courson et une verge.

Quel que soit le genre de vignobles, les *vorges*, *courgées* ou *ployons*, doivent toujours être courbées à temps et attachées soit aux échalas, soit aux tirasses, soit aux barres de bois placées à cet effet.

PIQUEPOUTS.

D. — Quelle est la taille particulière des piquepouts ?

R. — On taille les piquepouts d'une manière toute particulière. Comme les sarments de l'espèce piquepout proprement dite produisent des raisins même sur le vieux bois, on choisit quatre branches les mieux placées, que l'on taille à deux yeux en forme de couronne. — Ensuite on abandonne les bourgeons à eux-mêmes, sauf l'opération de l'ébourgeonnement dont il sera parlé dans le paragraphe suivant.

D. — Quelles sont les autres précautions qu'exige la taille de la vigne ?

R. — Les autres précautions qu'exige la taille de la vigne sont : 1° de retrancher tout le bois mort et toutes les branches qui sont inutiles ; — 2° de laisser un bon doigt de bois au-dessus de l'œil du haut de la branche taillée ; — 3° de faire la taille en talus de l'autre côté de l'œil, pour ne point l'endommager ; car la vigne venant d'être en sève et pleurant beaucoup quand elle n'est pas taillée de bonne heure, si le talus était du côté de l'œil, il serait noyé par l'abondance de l'eau qui sortirait du haut de la branche taillée.

D. — A quelle époque faut-il tailler la vigne?

R. — On peut tailler la vigne dès le mois de décembre; mais l'époque la plus convenable est le mois de mars.

§ IX. — EBOURGEONNEMENT DE LA VIGNE.

D. — En quoi consiste l'ébourgeonnement de la vigne?

R. — L'ébourgeonnement de la vigne consiste à supprimer tous les bourgeons qui ne portent pas de fruit et qui ne sont pas nécessaires pour la taille suivante. Cette opération doit être regardée comme indispensable, pour toute espèce de vignobles et confiée à des personnes qui connaissent la taille de la vigne.

D. — A quelle époque doit-on ébourgeonner la vigne?

R. — C'est en mai et juin qu'on doit ébourgeonner la vigne. C'est en même temps l'époque de lier les jeunes pousses, afin que le vent ne les fasse pas tomber et que le fruit profite et mûrisse jusques à son entière perfection.

§ X. — ÉPAMPREMENT.

D. — De quelle utilité est l'épamprement de la vigne?

R. — Cette opération, bien faite et en temps convenable, est fort utile pour toutes les vignes sans exception; au moyen de *l'épamprement* on expose les raisins aux rayons du soleil en les dégageant des feuilles ou *pampres* qui les interceptaient; la maturité du raisin se décide mieux et s'accomplit sous des conditions plus favorables, le raisin étant exposé sans intermédiaire aux rayons du soleil; toutefois il faut prendre garde de commencer trop tôt à effeuiller la vigne, car il arrive souvent dans ce cas que les raisins sont grillés par la chaleur encore trop vive du soleil. On ne commence à effeuiller que quand le raisin a acquis presque toute sa grosseur.

§ XI. — PROVIGNAGE.

D. — Qu'est que le provignage?

R. — Le *provignage* ou *marcottage* a pour objet de remplacer les pieds qui manquent. — Pour *provigner*, on ouvre des fossettes de 20 centimètres de profondeur et autant de longueur; on y couche les sarments des ceps voisins en les relevant contre le bord de la fossette; on remplit la fosse de terre et de fumier et on taille les *provins* à deux yeux au-dessus du sol.

D. — A quelle époque faut-il provigner?

R. — L'époque la plus convenable pour provigner la vigne est le mois de mars. — Un an après, on coupe la moitié seulement des tiges-mères des provins; et à la seconde année on les coupe entièrement. Si l'on ne coupait les tiges-mères qu'à la troisième année, les provins pousseraient évidemment avec plus de force; mais les souches-mères se trouveraient considérablement affaiblies, surtout si elles n'avaient pas une grande vigueur.

§ XII. — ENGRAIS ET AMENDEMENTS.

D. — Quels sont les engrais et amendements applicables à la vigne?

R. — Les meilleurs *engrais* et *amendements* applicables à la vigne sont le *terreau* et la *marne*. Le *fumier* ne convient pas à la vigne parce qu'en augmentant la quantité des produits, il en diminue la qualité.

C'est à la fin de l'automne qu'on doit terrer et marner les vignes.

§ XIII. — LABOURS.

D. — Quels sont les travaux de labourage nécessaires à la vigne?

R. — La *première façon* qu'il est nécessaire de donner à la vigne, consiste à la labourer immédiatement après la taille, c'est-à-dire quand les ceps et le sol sont débarrassés des sarments qui seraient un obstacle à la bonne exécution du travail. Ce premier labour doit être fait le plus tard en avril. — On donne la *seconde façon* aussitôt que le fruit est noué, ce qui a lieu à la fin de juin. Ce second labour n'est pas moins nécessaire que le premier.

L'époque de ces travaux peut être avancée ou retardée selon l'état de l'atmosphère : après de fortes pluies, ce travail ferait plus de mal que de bien. Si on labourait par une grande sécheresse, on ferait évaporer l'humidité des racines; on verrait bientôt les feuilles jaunir et le fruit se dessécher. — La règle générale est que la terre ne doit jamais être labourée ni trop sèche ni trop mouillée. L'instrument le plus convenable pour serfouir la vigne est la houe ou pioche à fourche; c'est l'instrument qui meurtrit le moins les racines; on s'en sert pour tourner la terre qui n'a pu être labourée par la charrue.

§ XIV. — DÉCHAUSSEMENT.

D. — Est-il nécessaire de déchausser la vigne?

R. — Il est nécessaire de *déchausser* la vigne pour couper les racines supérieures qui enlèvent l'humidité et la nourriture aux racines inférieures et gênent les façons à la houe ; hors ce cas, le *déchaussement* des ceps est toujours nuisible à la vigne, surtout quand on la laisse ainsi pendant longtemps exposée à la pluie ou à la sécheresse. Dès qu'on a déchaussé les ceps et rogné les racines, il faut les recouvrir immédiatement.

§ XV. — TREILLES. — BERCEAUX.

D. — Qu'appelle-t-on treilles?

R. — On appelle *treilles* des vignes cultivées en espalier le long des murs qu'elles tapissent de raisins et de pampres. Les treilles sont avantageuses partout, mais particulièrement dans les pays où la vigne en grande culture ne mûrit pas bien. — Il n'existe pas de propriété rurale, même dans les contrées les plus septentrionales de la France, où l'on ne puisse, au moyen des treilles, se procurer du raisin bon à manger.

On peut aussi cultiver la vigne en *berceaux* et en *tonnelles* : elle réussit ainsi parfaitement dans le midi ; mais, dans le reste de la France, le raisin n'arrive pas à sa parfaite maturité.

D. — Quelles sont les variétés de raisins qui conviennent pour les treilles?

R. — Les variétés préférées sont : 1° le *chasselas*

blanc de Fontainebleau: excellent, gros, tendre, ambré, eau délicieuse ; c'est le meilleur raisin de table que l'on puisse cultiver. — 2° Le *muscat blanc de Frontignan* : grosse grappe, mais grains très-serrés, exposés à pourrir dans les années humides, très-sucré, très-délicat. —3° Le *muscat*, soit *noir*, soit *blanc*, du Pô et du Jura : sucré, très-bon, et surtout très-précoce. — 4° Le *chasselas rouge* ou *noir* variété excellente et très-productive. —5° Le *morillon*, soit gros, soit petit ; précoce, sucré, peau noire. — 6° La *Malvoisie blanche du Pô* : très-sucré, délicieux, eau très-fine.

§ XVI. — VENDANGE.

D. — Qu'est-ce que la vendange et à quelle époque faut-il la faire ?

R. — La *vendange* est la récolte des raisins ; l'époque de la vendange varie selon le climat, la saison et l'exposition, et aussi selon l'espèce des divers cépages. On ne doit vendanger que lorsque les raisins ont atteint le plus haut degré de maturité. — Il convient de choisir un temps sec et de commencer par vendanger les plus précoces. — On sait, par un grand nombre d'expériences, qu'en vendangeant tard et en laissant bien mûrir le raisin, on obtient toujours un vin plus spiritueux.

D. — Comment fait-on pour obtenir des vins rouges de belle couleur ?

R. — Après avoir égrappé les raisins rouges et noirs, on les fait *cuver*, c'est-à-dire on les fait fermenter dans une cuve fermée avec une grosse toile pendant dix à douze jours, quelquefois davantage. Dès que la fermentation est faite, on soutire le vin et on le met dans des futailles solides et propres.

Pour bien conserver le vin, il faut le soutirer au moins une fois par an et *l'ouiller* souvent afin que les tonneaux soient constamment pleins.

CHAPITRE HUITIÈME.

ARBRES FORESTIERS.

Section Première.

DES FORÊTS EN GÉNÉRAL.

D. — *Qu'appelle-t-on arbres forestiers ?*

R. — On appelle *arbres forestiers* ceux qui entrent dans la composition des bois et forêts.

D. — *Quelle différence y a-t-il entre ces mots* BOIS *et* FORÊTS?

R. — Ces deux mots sont à peu près synonymes; on donne ordinairement le nom de forêt à un bois d'une grande étendue. Nos forêts sont en général une production de la nature à la création de laquelle l'art n'a point contribué; on les désigne alors sous le nom de forêts naturelles. Depuis quelques années, on a fait en France de fort belles plantations et des semis d'arbres qui forment es forêts magnifiques. Lorsque les *forêts plantées* ne sont pas cultivées, elles ne tardent pas à ressembler aux *forêts naturelles.*

D. — Comment peut-on cultiver les arbres forestiers ?

R. — On peut les cultiver en *taillis* ou en *futaie.*

§ I. — TAILLIS.

D. — Qu'est-ce qu'un taillis ?

R. — Un *taillis* est un bois que l'on coupe plus ou moins jeune, soit pour les employer au chauffage, soit pour convertir les bûches en charbon, soit pour faire les échalas, des cercles, des pieux, etc. Le caractère distinctif des taillis est qu'ils repoussent de leurs souches ; tandis que les futaies se repeuplent presque entièrement par les semis. — Il n'y a point de taillis d'arbres résineux ; car ces bois ne repoussent pas de leurs souches.

D. — Que nomme-t-on baliveaux ?

R — Quand on coupe un taillis et qu'on réserve quelques pieds pour les laisser monter en futaie, on les nomme *baliveaux* ou *futaie sur taillis.* — Ce système est mauvais et la conservation des baliveaux est toujours nuisible aux taillis.

§ II. — FUTAIES.

D. — Qu'appelle-t-on futaies ?

R. — On appelle *futaies* des bois que l'on ne coupe que lorsque les arbres ont pris tout leur développement. — Les bois de futaie prennent différents noms selon leur âge : La *jeune futaie* est celle qui a de 20 à 30 ans. On l'appelle *demi-futaie* lorsqu'elle est âgée de 30 à 50 ans ; et *haute futaie*, quand elle a dépassé l'âge de 50 ou 60 ans.

Section Deuxième.

CULTURE DES FORÊTS.

D. — Que comprend la culture des forêts ?

R. — La culture des forêts comprend les soins à donner aux semis et plantations, les travaux d'assainissement et d'irrigation, l'élagage et les éclaircis, le repeuplement des vides et clairières.

§ I. — SEMIS ET PLANTATIONS.

D. — De quelle manière peut avoir lieu la formation des bois et forêts ?

R. — La *formation des bois et forêts* peut avoir lieu de deux manières : par les *semis* et par les *plantations.* — Les semis sont *naturels* ou *artificiels.* — Les semis naturels produisent les forêts qui se forment par la nature abandonnée à elle-même. Les semences qui tombent des arbres lors de leur maturité assurent, sans le secours de l'art, l'entretien naturel et la perpétuelle durée des forêts. — Les semis artificiels ont pour objet la création de forêts au moyen de l'ensemencement des graines.

D. — De quelle importance est le choix des essences ?

R. — Le choix des essences est d'une grande importaance. Les semis doivent toujours se faire avec des espèces de bois qui conviennent le plus aux besoins du pays et à la nature du terrain. Les bois résineux seront confiés aux sols légers, sablonneux, couverts de bruyère, en observant toutefois que le pin maritime doit être préféré pour l'ensemencement des dunes et des landes sablonneuses.

D. — Comment se font les semis ?

R. — Les *semis* se font en lignes ou à la volée ; il est toujours avantageux de semer la graine dans une terre fraîche et nouvellement remuée, de manière qu'elle puisse facilement y germer, s'y étendre et s'y nourrir. Les méthodes les plus simples et les moins coûteuses sont les plus naturelles et par conséquent les meilleures. En général, les semences doivent être peu recouvertes de terre. La saison naturelle des semis est l'automne ou le printemps.

D. — Comment se font les plantations ?

R. — Les *plantations* se font en jeunes plants élevés dans les pépinières, ou arrachés dans les forêts. Les plants élevés en pépinière sont infiniment préférables.

D. — A quelle époque peut-on procéder aux plantations ?

R. — On peut procéder aux plantations depuis la chute des feuilles jusqu'à leur renouvellement.

Les arbres qui poussent de bonne heure au printemps, ou qu'on destine à des sols légers, secs et chauds, doivent être *plantés en automne*; ceux qui craignent les gelées, ou qu'attendent des terrains argileux et humides réussissent mieux au *printemps*.

Il faut éviter d'arracher et de planter par un temps de gelée, ou quand l'air est sec et froid. Les racines ne doivent rester exposées à l'air que le moins possible. On retranche celles qui ont été mutilées ou froissées.

D. — Quelle doit être la distance des sujets entre eux?

R. — La distance des sujets entre eux dépend de la qualité du sol, des espèces de plants et de l'aménagement qu'on se propose d'adopter. Les plantations destinées à former des futaies, sont faites par rangées éloignées de 4 mètres au moins les unes des autres; on y espace les arbres également à 4 mètres, mais disposés en quinconce, afin que l'air, la lumière et la chaleur puissent circuler et pénétrer librement dans toutes les parties de la plantation.

L'espacement demande moins d'attention dans la plantation des bois destinés à être aménagés en taillis, parce que l'on est toujours maître de l'éclaircir.

Quant aux arbres isolés et d'alignement, on les plante ordinairement à des distances de 7 à 8 mètres.

§ II. — TRAVAUX D'ASSAINISSEMENT ET D'IRRIGATION.

D. — En quoi consistent les travaux d'assainissement et d'irrigation?

R — Lorsque l'humidité du sol est occasionnée par le

séjour d'eaux croupissantes, ce qui est une cause fréquente du dépérissement des forêts, il est nécessaire de faire écouler ces eaux dans des canaux creusés à cet effet. Les eaux stagnantes se rendent dans ces fossés par de petites rigoles qui sillonnent le terrain dans toutes les directions.

Les irrigations naturelles, occasionnées par le débordement des rivières et des ravins dans les forêts, influent fortement sur la végétation, pourvu que ces eaux puissent prendre assez promptement leur écoulement, et ne croupissent pas dans le sol.

Il est souvent facile, par le moyen de quelques barrages, d'arroser un bois à peu de frais.

§ III. — ÉLAGAGE ET ÉCLAIRCIES.

D. — *Quelle précaution exige l'élagage des arbres?*

R. — L'*élagage* des arbres exige les précautions suivantes : 1° on ne coupe que les branches inférieures des arbres; 2° les branches seront coupées avec un instrument bien tranchant, tout près de l'écorce de la tige principale, ayant soin de ne pas endommager cette écorce; 3° les branches des arbres résineux ne seront jamais coupées près de la tige, mais on laissera un tronçon ou chicot d'environ 20 centimètres de longueur; 4° quand il est indispensable d'enlever de grosses branches, il faut appliquer un peu d'onguent sur la section dont la surface doit être parfaitement nette; 5° l'élagage sera fait dans la jeunesse de l'arbre, et exécuté depuis la fin d'automne jusqu'au commencement du printemps.

La valeur d'un arbre dépend principalement de la netteté, de la beauté et de la hauteur des tiges. On doit donc les diriger de manière à en former des arbres de prix.

D. — En quoi consiste l'opération des éclaircies?

R. — L'opération des *éclaircies* et du *nettoiement* consiste à faire couper dans les semis et les taillis, âgés de 8 à 10 ans : 1° les épines, les ronces, les genêts, la bruyère, le lierre ; 2° les brins traînants, difformes et inutiles ; 3° les plants de bourdaine et autres arbrisseaux semblables qui nuisent aux forêts.

On peut commencer à nettoyer les taillis dès la deuxième ou troisième année après la coupe. La difficulté consiste à savoir combien la souche peut porter de jets. La vigueur des souches doit être le seul guide à cet égard.

Dans les plantations et semis de pins, il faut éclaircir par degrés en coupant tous les plants qui empêcheraient les arbres qui doivent rester en place de s'étendre un peu en largeur et de développer librement leurs racines.

D. — Qu'est-ce que l'émondage?

R. — L'*émondage* consiste à couper annuellement toutes les menues branches inutiles qui croissent sur la tige. Cet ébourgeonnement est renouvelé pendant les trois ou quatre années qui suivent le premier élagage.

§ IV. — REPEUPLEMENT DES VIDES ET CLAIRIÈRES.

D. — Par quel moyen peut-on remplir les places vides des bois?

R. — Un excellent moyen de remplir les places vides

des bois et forêts est de courber et d'étendre dans la terre les jeunes pousses à côté des souches qui les ont produites. Au moyen de cette espèce de marcottage, on peut garnir complètement le sol sans faire la dépense d'un seul plant. Les rejetons poussent avec toute la force que leur donnent les souches tant qu'ils ne sont pas pourvus de leurs propres racines, et peuvent, à leur tour, être recouchés de la même manière dans toutes les directions.

Quand les clairières ont une certaine étendue, on a recours aux semis ou aux plantations.

Les arbres résineux croissent mieux que les autres dans l'intérieur des massifs ; c'est donc l'espèce à préférer pour le repeuplement des vides.

Section Troisième.

DIVERSES ESPÈCES D'ARBRES FORESTIERS.

D. — *Quels sont les arbres qui entrent dans la composition des forêts ?*

R. — Les arbres qui entrent le plus communément dans la composition des forêts sont :

1° L'alizier, le bouleau, le charme, le châtaignier, le chêne, l'érable, le hêtre, le merisier, le micocoulier, l'orme, le robinier ou acacia, le sorbier et le tilleul, qui se plaisent surtout dans les terrains secs ;

2° L'aune ou vergne, le frêne, le peuplier, le platane et le saule, qui croissent de préférence dans les terrains humides ;

3° La bourdaine ou bourgène, le buis, le cornouiller, le cytise, le fusain, le houx, le noisetier, le sureau et la viorne ou mancienne, que l'on désigne sous le nom d'arbrisseaux forestiers;

4° Le cèdre, le cyprès, le genevrier, le mélèze, l'if, le pin et le sapin appelés généralement arbres verts, ou résineux, ou conifères.

§ I. — ARBRES DES TERRAINS SECS.

1. — ALIZIER.

D. — *Qu'est-ce que l'alizier ?*

R. — L'*alizier* est un arbre qui a beaucoup de rapport avec les sorbiers et les poiriers et dont la hauteur est d'environ dix mètres. Son bois est très-dur et susceptible d'un beau poli. On en fait des montures d'outils, des flûtes, etc. Le charbon qu'il donne est très-estimé.

D. — *Comment multiplie-t-on les aliziers ?*

R. — On multiplie les aliziers de graines, ainsi que par la greffe et par les marcottes. Lorsque la graine n'est pas semée aussitôt qu'elle est mûre, elle demande à être conservée dans du sable frais.

2. — BOULEAU.

D. — *Qu'est-ce que le bouleau ?*

R. — Le *bouleau* est un arbre très-commun qui s'élève de 15 à 20 mètres. Son écorce est blanchâtre, et son bois, nuancé de rouge, est recherché des menuisiers, des tourneurs, des ébénistes et des sabotiers. Ce qui le distingue de tous nos arbres forestiers, c'est qu'il réussit dans les sols les plus arides ainsi que dans les lieux humides et marécageux. Son charbon sert à faire de la poudre à tirer. L'écorce du bouleau remplace dans certains pays l'écorce de chêne dans le tannage des peaux.

D. — Comment multiplie-t-on le bouleau?

R. — On multiplie le bouleau de semis ou de jeunes plants qui ont l'avantage de pousser très-vite ; il faut avoir soin en les plantant de presser fortement la terre sur les racines.

5. — CHARME.

D. — Qu'est-ce que le charme?

R. — Le *charme* est un arbre qui, dans les forêts, s'élève à 12 ou 14 mètres; mais il croît très-lentement. Il se couvre d'une infinité de rameaux, depuis sa base jusqu'à son sommet. Dans les jardins paysagers, il contribue à leur ornement, parce qu'il se prête à toutes les formes qu'on veut lui donner. Il est très-propre à faire des haies, des salles de verdure, des *charmilles* qu'on taille à toutes les époques de l'année. — Le bois du charme est blanc, dur, pesant, tenace et d'un grain serré. On ne doit l'employer que lorsqu'il est très-sec, parce qu'il fait beaucoup de retrait à la dessiccation. Son charbon est excellent pour les forges, la cuisine et la fabrication de la poudre à canon.

D. — Comment forme-t-on une charmille?

R.—Pour former une *charmille*, on met le plant de 3 à

4 ans à une distance de 20 à 30 centimètres. On tond les charmilles deux fois par an.

4. — CHATAIGNIER.

D. — Qu'est-ce que le châtaignier ?

R. — Le *châtaignier* commun, dont il a déjà été parlé, est un des arbres les plus précieux de nos forêts par sa hauteur, les qualités de son bois, l'abondance et la bonté de ses fruits, et la propriété qu'il a de croître dans des sables où beaucoup d'autres arbres ne donnent qu'une faible végétation. — Le châtaignier en taillis sert à faire des échalas pour les vignes. On en fabrique aussi des futailles et des cerceaux qui durent longtemps.

5. — CHÊNE.

D. — Qu'est-ce que le chêne ?

R. — Le *chêne* est l'arbre le plus important et le plus robuste de nos contrées. Il offre plusieurs variétés précieuses : le *chêne blanc* ou *chêne gravelin*; le *chêne bouvre*, ou *chêne commun*; le *chêne tauzin*; le *chêne pyramidal*; le *chêne yeuse*, ou *chêne vert*, et le *chêne liège* dont l'écorce est employée à faire des bouchons, des semelles pour se préserver de l'humidité, des chapelets de pêcheurs, des bouées, etc. Pour cet objet, on écorce les chênes lièges tous les 8 ou 10 ans.

6. — ERABLE.

D. — Quelles sont les variétés de l'érable ?

R. — Les principales variétés de l'érable sont : 1° l'érable commun ou champêtre, formant un buisson ou s'élevant à dix mètres, si l'on a soin de l'élaguer. — Son bois est dur, d'un grain homogène, liant, blanc ou jaune, et susceptible d'un beau poli. Les tourneurs, les ébénistes, les luthiers le recherchent pour en faire des ouvrages de tabletterie ou de lutherie. Ses jeunes tiges servent à faire des fouets pour les cochers. — 2° *L'érable sycomore*, arbre de première grandeur, remarquable par son port et son beau feuillage. Son bois est blanc, marbré, d'un tissu serré ; il est employé par les sculpteurs et les facteurs d'instruments de musique et surtout de violons. On en fait aussi des montures de fusils. — 3° *L'érable plane*, à feuilles de platane, ou *érable de Norwège*. — 4° *L'érable griffon* ou *patte d'oie*. — 5° *L'érable de Tartarie*, arbrisseau d'un effet agréable à cause de ses fleurs à calice rouge et de ses graines dont les ailes sont de la même couleur. — 6° *L'érable de Montpellier*, grand arbrisseau. — 7° *L'érable de Virginie* grand arbre fort beau, dont le bout des rameaux est rouge, et qui se multiplie de ses graines semées aussitôt qu'elles sont mûres.

7. — HÊTRE.

D. — *Qu'est-ce que le hêtre ?*

R. — Le *hêtre des bois* est un arbre superbe, d'une écorce lisse, d'un feuillage agréable et d'un port noble ; il s'élève à plus de 30 mètres. — Le hêtre se plaît dans presque tous les terrains ; il forme quelquefois à lui seul, ou mêlé avec le chêne, des forêts d'une grande étendue. — Son *fruit*, nommé *faîne*, est bon pour engraisser les porcs et les dindons. On en fait aussi une huile bonne à manger.

8. — MÉRISIER.

D. — Qu'est-ce que le mérisier?

R. — Le *mérisier* est un arbre élevé de 10 à 12 mètres. On le considère comme le type de toutes les variétés de cerises cultivées. Le bois de mérisier est ferme, roussâtre, dur et serré; il est facile à travailler et prend un beau poli. Il est recherché par les tourneurs, les ébénistes et les menuisiers. — Cet arbre se multiplie de graines. L'utilité de son bois et de ses fruits mérite qu'on le cultive dans les forêts.

9. — MICOCOULIER.

D. — Qu'est-ce que le micocoulier?

R. — Le *micocoulier* est un arbre indigène à la France méridionale et à l'Italie. Sa tige, unie et grisâtre dans la jeunesse de l'arbre, noirâtre, et raboteuse lorsqu'il est vieux, s'élève de 15 à 20 mètres. Son bois, compacte, liant et souple, présente de grands avantages pour la menuiserie, pour la marquetterie et la fabrication des meubles. — Cet arbre croît dans presque tous les terrains. On le multiplie de graines et de drageons enracinés.

10. — ORME.

D. — Qu'est-ce que l'orme?

R. — L'orme a une tige haute de 20 à 24 mètres. Le bois en est jaune, marbré de couleurs brunes ou jaunâtres, dur, pesant, susceptible d'un beau poli. C'est le meilleur de nos bois indigènes pour le charronage; il sert de préférence à tout autre pour les moyeux, les jantes et les essieux. Après le chêne, c'est le bois de construction le plus durable. — On le multiplie par le semis de ses graines, par rejetons, par marcottes, par boutures et par greffes; mais les semis donnent les arbres les plus vigoureux.

11. — ROBINIER OU ACACIA.

D. — Qu'est-ce que le robinier ou acacia?

R. — Le *robinier*, ou *acacia commun*, monte à plus de 20 mètres. Cet arbre, dont le port est gracieux et le feuillage charmant, est peu difficile sur le choix du terrain, et pousse vigoureusement. Ses rameaux sont armés de fortes épines; ses feuilles sont alternes, ailées composées de 15 à 20 folioles ovales, d'un vert très-agréable. Ses belles grappes de fleurs blanches à odeur de fleur d'oranger, le rendent précieux pour les jardins paysagers, et les bonnes qualités de son bois le recommandent comme arbre forestier.

D. — Quelles sont les variétés de cet arbre?

R. — Les variétés suivantes sont les plus recherchées : 1° le *robinier spectabilis*, dépourvu d'aiguillons; 2° le *robinier rose*, qui ne monte qu'à 5 mètres, à belles fleurs rose-carmin; 3° le *robinier visqueux*, à fleurs rose pâle; 4° le *robinier de la Chine*, donnant en mai ses grandes fleurs jaunes, et ne s'élevant guère qu'à un mètre.

Le robinier ou acacia se multiplie de graines et de drageons qui poussent autour des arbres.

12. — SORBIER.

D. — Combien y a-t-il d'espèces de sorbiers?

R. — Il y a deux espèces de sorbiers; 1° le *sorbier des oiseaux*, qui ne s'élève qu'à 8 ou 10 mètres, ainsi nommé parce que beaucoup d'oiseaux recherchent ses fruits pour s'en nourrir. Cet arbre est plutôt d'agrément que de valeur, on le plante communément dans les jardins paysagers, dont il fait l'ornement. Ses fleurs, qui se développent au mois de mai, sont blanches, nombreuses, légèrement odorantes; il leur succède des fruits arrondis de la grosseur d'une petite cerise et presque de la même couleur.

1° Le *sorbier domestique*, ou *cormier*, qui s'élève de 14 à 16 mètres. Cet arbre croît naturellement en France dans les forêts. Les fruits du cormier ont la forme d'une petite poire, ils sont d'une saveur âpre et acerbe insupportable. On les désigne sous le nom de sourbes ou de cormes.

13. — TILLEUL.

D. — Qu'est-ce que le tilleul?

R. — Le *tilleul commun* est susceptible de s'élever à la hauteur de nos grands arbres; mais il est souvent condamné, sous le ciseau, à ne pas dépasser la dimension des allées ou galeries. Son feuillage est ample et beau, ses fleurs, peu apparentes, exalent une odeur agréable.

D. — Quelles sont les variétés du tilleul?

R. — Les variétés les plus répandues de cet arbre

sont : 1° Le *tilleul à petites feuilles* qui peut devenir très-grand ; 2° le *tilleul à larges feuilles* qui acquiert également avec les années des dimensions énormes ; 3° le *tilleul à rameaux rouges* ; 4° le *tilleul du Canada* ; 5° le *tilleul argenté*, ainsi nommé du duvet blanc qui recouvre le dessous de ses feuilles.

L'espèce qu'on plante presque exclusivement dans les avenues, les promenades et les jardins publics, est le *tilleul à larges feuilles* ou *tilleul de Hollande*. Cet arbre vit très-longtemps et acquiert alors une grosseur colossale.

D. — Quelles sont les qualités de cet arbre ?

R. — Le *bois* du tilleul de Hollande est blanc et assez léger, peu dur, mais liant et peu sujet à être piqué des vers. — L'infusion théiforme des *fleurs* de tilleul est une boisson assez agréable, fréquemment employée en médecine.

D. — Comment se multiplient les tilleuls ?

R. — Les tilleuls se *multiplient* naturellement de graines et de rejetons ; on peut aussi les propager par marcottes et même par boutures.

§ II. — ARBRES DES TERRAINS HUMIDES.

1. — AUNE.

D. — Qu'est-ce que l'aune ?

R. — L'*aune*, appelé aussi *vergne*, est le plus aquatique de tous les arbres de l'Europe ; il a l'avantage de croître dans les marécages et dans les lieux les plus humides, même au sein des eaux. Son écorce est noirâtre, son feuillage d'un vert très-foncé, ses pousses très-vigoureuses. Les fleurs du vergne s'épanouissent avant les feuilles, à la fin de mars ou au commencement d'avril.

En taillis, les aunes peuvent être coupés régulièrement tous les 7 à 8 ans, et les perches qu'ils fournissent servent aux tourneurs pour faire des chaises, des échelles, des échalas, des manches à balais, des râteaux pour les foins. Le bois de vergne sert à faire des sabots, des semelles et des talons pour les chaussures. Ce bois donne beaucoup de flamme, et est excellent pour chauffer les fours.

L'aune se reproduit surtout de semis.

2. — FRÊNE.

D. — Qu'est-ce que le frêne ?

R. — Le *frêne* est un arbre de haute futaie qui s'élève à plus de 25 mètres. Cet arbre vient dans tous les terrains, pourvu que le fonds soit un peu humide. Il ne se reproduit guère que de semis. Quand on replante les frênes, on ne doit jamais les étêter, ainsi qu'on fait pour plusieurs arbres, parce qu'ils réparent difficilement la perte de leur bourgeon terminal. — On plante rarement le frêne, dans les lieux d'agrément, à cause de l'inconvénient qu'il a d'être souvent entièrement dépouillé de ses feuilles par les cantharides.

Le bois de frêne est blanc, assez dur; mais il est sujet à la vermoulure. On l'emploie cependant pour un grand nombre d'ouvrages; on en fait des brancards et des timons de voitures. Les tourneurs en fabriquent des chaises, des manches d'outils, des queues de billard.

3. — PEUPLIER.

D. — Le peuplier offre-t-il beaucoup de variétés?

R. — Cet arbre élégant qui, en peu de temps, parvient à une grande hauteur, offre une vingtaine de variétés dont les suivantes sont les plus connues : 1° le *peuplier blanc*, vulgairement *blanc de Hollande*, ou *ydreau*, dont les feuilles, couvertes d'un beau duvet blanc, produisent un effet charmant ; 2° le *peuplier tremble*, remarquable par sa belle écorce lisse et la mobilité de son feuillage ; 3° le *peuplier d'Athènes*, à feuilles en cœur ; 4° le *peuplier d'Italie*, qui s'élève en pyramide ; 5° le *peuplier noir*, ou *peuplier franc*, dont les bourgeons sont odorants à la reprise de la végétation ; 6° le *peuplier du Canada* ; 7° le *peuplier de Virginie* ou appelé *Suisse*, aussi *peuplier de Caroline*, etc.

Tous ces arbres se propagent facilement, de rejetons, de boutures et de marcottes.

C'est surtout dans les endroits humides que le peuplier déploie la force de sa végétation et la beauté de son feuillage. Sa croissance est rapide. Son bois, blanc et léger, sert à faire des caisses d'emballage, et des ouvrages de toutes sortes, comme portes, volets, boiseries, châssis, tablettes, etc.

4. — PLATANE.

D. — Qu'est-ce que le platane?

R. — Le *platane* est un bel arbre susceptible de s'élever à plus de 25 mètres. Il faut aux platanes un terrain gras, un peu humide et qui ait beaucoup de fond ; ils se plaisent surtout dans le voisinage des eaux et des rivières ; c'est là qu'ils acquièrent les plus belles dimensions.

Les platanes se multiplient de graines, de marcottes et de boutures.

5. — SAULE.

D. — Quelles sont les particularités du saule ?

R. — Le *saule* comprend les extrêmes de la végétation, de grands arbres qui s'élèvent de 12 à 15 mètres, et d'humbles arbustes dont les tiges basses et rampantes n'ont que quelques décimètres de longueur. Les espèces de ce genre croissent en général sur les bords des eaux et dans les lieux humides des bois et des montagnes. On cultive le saule en *taillis* ou en *tétard* qu'on peut exploiter avec avantage tous les 5 à 6 ans. Ses branches servent à faire des échalas, des cercles, des lattes, des fourches, des perches, etc. Le saule se reproduit très-facilement de boutures.

D. — Quelles sont les variétés du saule ?

R. — Ses variétés principales sont : 1° le *saule blanc*, ou *saule de rivière* ; c'est le plus commun, son feuillage est argenté ; 2° le *saule osier*, dont on connaît plusieurs sous-variétés ; 3° le *saule marceau*, très-commun dans les bois frais et humides, et qui croît avec beaucoup de rapidité, surtout quand il repousse sur sa souche ; 4° le *saule de Babylone*, *saule pleureur*, ou *saule parasol*, dont les rameaux. tombant avec grâce, sont propres à ombrager le bord des eaux, etc.

§ III. — ARBRISSEAUX FORESTIERS.

1. — BOURGÈNE.

D. — Qu'est-ce que la bourgène?

R. — La *bourgène* ou *bourdaine*, vulgairement *senguin*, est un arbrisseau dont la tige, ligneuse, haute de 4 à 5 mètres, se divise en rameaux garnis de feuilles alternes, ovales, un peu pointues. Ses fleurs sont petites verdâtres, groupées plusieurs ensemble dans les aisselles des feuilles ; il leur succède de petites baies noirâtres. Cet arbrisseau est assez commun dans les bois humides.

Le *bois* de bourgène est tendre et cassant ; on en fait des allumettes. — Son *charbon*, très-léger. est regardé comme le meilleur qu'on ait trouvé jusqu'à présent pour la fabrication de la poudre à canon, et par cette raison, l'administration a le droit de le mettre en réquisition dans les bois des particuliers.

La bourgène se multiplie spontanément par ses graines dans les lieux qui lui sont favorables.

2. — BUIS.

D. — A quels usages emploie-t-on le buis?

R. — Le *buis* est un arbrisseau toujours vert, dont le bois, d'un jaune pâle, sert à fabriquer des grains de chapelets, des sifflets, des cuillers, des fourchettes, des boutons, des peignes, des tabatières, etc.

On les multiplie de graines, de marcottes et de boutures.

3. — CORNOUILLER.

D. — Qu'est-ce que le cornouiller ?

R. — Le *cornouiller* des bois est un grand arbrisseau qui peut s'élever à 8 mètres. Ses fleurs, jaunes, paraissent avant les feuilles dès le mois de mars, et ses fruits rouges, qu'on peut manger, mûrissent très-tard en automne. Le bois de cornouiller est dur et très-fin ; on en fait des échelons, des chevilles, des rayons de roue.

Cet arbrisseau croît naturellement dans les bois et les buissons.

4. — CYTISE.

D. — Qu'est-ce que le cytise ?

R. — Le *cytise*, dont on connaît plusieurs variétés, est un arbrisseau ou petit arbre qui s'élève de 5 à 6 mètres. Il croît naturellement dans les bois des montagnes. On le plante communément dans les jardins et les bosquets, comme un arbre d'ornement.

Les cytises fleurissent en mai et en juin.

5. — FUSAIN.

D. — Qu'est-ce que le fusain ?

R. — Le *fusain*, qu'on appelle vulgairement *bonnet de prêtre, bois à lardoire*, est un arbrisseau qui s'élève à 4 ou 5 mètres, en se divisant en rameaux quadrangulaires. Ses *fleurs*, petites et blanchâtres, paraissent en mai et juin ; ses *fruits*, d'un rouge éclatant, restent presque tout l'hiver sur les rameaux. Son *bois* est léger, d'un blanc jaunâtre ; on en fait des fuseaux et des lardoires. Son *charbon* peut servir à la fabrication de la poudre à canon. Ce même charbon, fait avec de jeunes rameaux, est employé par les dessinateurs pour tracer des esquisses, parce qu'il s'efface plus facilement que le crayon ordinaire.

6. — HOUX.

D. — Qu'est-ce que le houx?

R. — Le *houx* est un arbuste qui peut s'élever de 8 à 9 mètres. Ses feuilles sont armées de piquants. Son bois, dur et pesant, prend la couleur noire mieux qu'aucun autre, parce que le grain en est fin et serré. Les ébénistes en font de très-beaux meubles; on en fabrique des manches d'outils, des engrenages de roues, des verges de fléaux à battre le blé, et plusieurs ouvrages de tour.

C'est avec *l'écorce* de cet arbuste qu'on fait la meilleure glu pour prendre les oiseaux.

7. — NOISETIER.

D. — Qu'est-ce que le noisetier?

R. — Le *noisetier commun*, ou *coudrier*, est un grand arbrisseau qui croît naturellement dans les taillis et dans les haies. On en fait des cerceaux, des échalas et différents ouvrages de vannerie. — Les *noisettes* ont un goût généralement agréable.

8. — SUREAU.

D. — Qu'est-ce que le sureau?

R. — Le *sureau* est un grand arbrisseau qui peut devenir un arbre de 7 à 8 mètres de hauteur; mais on ne le cultive guère qu'en haie ou en buisson. Ses fleurs blanches d'un aspect très-agréable, employées en infusion, ont une propriété sudorifique très-puissante.

9. — VIORNE.

D. — Qu'est-ce que la viorne?

R. — La *viorne* ou *mancienne*, nommée encore *bourdaine blanche*, forme un arbrisseau de 3 à 4 mètres d'élévation, dont les rameaux sont recouverts d'une poussière blanchâtre ; ses fleurs sont blanches et assez jolies ; ses fruits sont de petites baies arrondies, noirâtres dans la maturité et contenant une seule graine. — Cet arbrisseau se trouve fréquemment dans les bois taillis, les haies et les buissons. ; il fleurit en avril et en mai. Ses jeunes rameaux sont aussi souples et aussi liants que le meilleur osier. ce qui les fait employer pour faire des corbeilles, des paniers, des liens, etc.

§ IV. — ARBRES VERTS, RÉSINEUX, CONIFÈRES.

D. — Que désigne-t-on sous le nom d'arbres verts, résineux, conifères?

R. — On désigne sous ces noms les arbres forestiers qui conservent leurs feuilles pendant l'hiver, et dont le caractère commun est d'être *résineux*. Leur fruit, en forme d'œuf, consiste en un épi serré ou assemblage d'écailles que l'on appelle *cône*: c'est pourquoi on les nomme *conifères*.

D. — Quels sont les avantages des arbres résineux ?

R. — Les avantages des arbres résineux, notamment du pin maritime, sont d'offrir de grands produits en résine, poix, goudron, bois de construction et de chauffage, charbon, etc. ; et de pouvoir utiliser les terrains les plus secs et les plus stériles en y semant ou plantant des arbres verts ; de sorte qu'une forêt d'arbres résineux enrichit le propriétaire, et améliore en même temps le sol plus qu'aucun autre.

Nous allons signaler avec quelques détails ceux de ces arbres qui peuvent le plus contribuer à augmenter notre richesse territoriale.

1. — CÈDRE.

D. — Qu'est-ce que le cèdre ?

R. — Le *cèdre du Liban* est un arbre magnifique, de forme pyramidale, qui ne croît spontanément que sur le mont Liban. Cet arbre est certainement le plus historique, le plus célèbre et le plus majestueux de tous ceux que nous connaissons.

Le cèdre du Liban n'est encore chez nous qu'un arbre d'agrément ; et cependant il serait avantageux de planter des masses imposantes de cèdres sur le sol de la France.

2. — CYPRÈS.

D. — Qu'est-ce que le cyprès ?

R. — Le *cyprès* est un arbre pyramidal qui ne se cultive guère que pour l'ornement. Il offre plusieurs variétés qui toutes méritent une place distinguée dans les jardins paysagers; telles sont: 1° le *cyprès commun*, s'élevant à 10 ou 12 mètres; 2° le *cyprès horizontal*; 3° le *cyprès faux-thuya*. ou *cèdre blanc*, dont le bois est incorruptible et qui s'élève à 25 mètres.

3. — GENÉVRIER.

D. — Qu'est-ce que le genévrier?

R. — Le *genévrier* est un petit arbre qui ne s'élève qu'à 3 ou 4 mètres dans les bois. Il produit de petits fruits ronds. noirâtres, d'une saveur très-aromatique, dont on fait usage en médecine et dont on peut même fabriquer une boisson.

4. — MÉLÈZE.

D — Qu'est-ce que le mélèze?

R. — Le *mélèze* est le seul des arbres conifères qui perde ses feuilles pendant l'hiver. Il s'élève très-haut, prend une belle attitude pyramidale, et donne en mai ses fleurs rouges. Il pousse très-vite et se multiplie de semences comme les arbres verts résineux, avec lesquels il a beaucoup de rapport. Sa longévité est prodigieuse et son bois à peu près incorruptible.

5. — IF.

D. — Qu'est-ce que l'if?

R. — L'*if* est un bel arbre, à tête arrondie, toujours vert, susceptible de recevoir et de conserver toutes les formes qu'on veut lui donner. Son port est noble et élégant, et il s'élève jusqu'à 12 mètres. Il aime les terrains un peu ombragés. Sa croissance est très-lente. Aux petites fleurs jaunâtres de l'if succèdent des fruits ovales, gros comme des pois, qui deviennent d'un très-beau rouge, et que les enfants mangent impunément sous le nom de *morviaux*.

6. — PIN.

D. — Qu'est-ce que le pin?

R. — Le *pin* est le plus utile de la famille des conifères. Cet arbre précieux s'élève quelquefois à 50 mètres et gagne en croissance et en qualité pendant cent ans. Ses feuilles sont raides et aiguillées, longues de 8 à 30 centimètres, réunies de 2 à 5 à la base par une petite gaîne, et d'un vert assez clair. Le fruit appelé *cône*, et vulgairement *pomme de pin*, est de différentes grosseurs, selon les espèces. Les graines appelées *pignons*, ne mûrissent qu'à la seconde ou à la troisième année.

Toutes les espèces de pin produisent de la résine en plus ou moins grande quantité, et leur bois, toujours de longue durée, est excellent pour les constructions.

Le pin offre le genre le plus nombreux en espèces.

D. — Quelles sont les espèces les plus utiles de cet arbre?

R. — Les espèces les plus utiles de cet arbre pittoresque sont : 1° le *pin Sylvestre, pin de Riga, pin de Russie, pin de Haguenau, pin de Genève, pin à mâture*, qui croît aux expositions les plus froides. Sa tige qui s'élève droite comme un cierge jusqu'à une hauteur de 33 mètres, fournit des mâts aux plus grands vaisseaux.

2° Le *pin maritime* qui croît abondamment dans les Landes et sur les dunes qui s'étendent le long de la mer depuis Bordeaux jusqu'à Bayonne, ainsi que sur les bords de la Méditerranée; sa végétation est magnifique, et pendant sa jeunesse il est très beau par ses nombreuses feuilles longues de 15 à 18 centimètres et d'un vert tendre. Tant qu'il est jeune, il surpasse en hauteur le pin Sylvestre de son âge; mais après 50 ans il se laisse dépasser en hauteur, quoiqu'il conserve toujours la supériorité en grosseur. C'est aussi le pin qui fournit le plus de terreau par la décomposition de ses feuilles tombées, et qui, par ce moyen, contribue le plus à améliorer le sol où il vit longtemps. Cette espèce réussit difficilement dans le nord de la France.

3° Le *pin de Corse*, ou *pin Laricio*, très préconisé parmi nous, et sa culture en grand est vivement conseillée par les meilleurs écrivains. C'est un arbre magnifique, non moins droit que le pin Sylvestre, et qui le surpasse en grossur et en élévation. Il est tout aussi rustique, et d'une culture aussi facile.

4° Le *pin pignon* dont les feuilles sont plus longues et d'un plus beau vert que celles des espèces précédentes; ses cônes, plus gros que le poing renferment des graines qui sont trois ans à mûrir, et dont l'enveloppe osseuse et très-dure renferme une amande bonne à manger. Son tronc devient gros, mais sa hauteur ne dépasse pas ordinairement une quinzaine de mètres, car il se forme naturellement une tête ronde fort large, qui ne lui permet pas d'allonger sa flèche.

D. — Comment fait-on pour former une forêt de pins ?

R. — Tous les auteurs conviennent que pour former une forêt de pins, la meilleure manière est d'y faire un semis de graines de cet arbre ; mais on n'est pas d'accord sur le meilleur procédé à employer pour réussir le plus complètement possible. Si le terrain est entièrement nu, les uns conseillent de le labourer peu profondément, et au printemps, d'y semer à la volée des graines de pin et de l'avoine que l'on recouvre très-légèrement. Si, au contraire, le terrain est couvert d'herbages et d'arbustes, on veut qu'on le laboure profondément pour faire le semis de la même manière ; mais l'expérience a appris qu'un semis de pins fait sur une terre profondément labourée ne réussit jamais bien. D'autres conseillent de semer en lignes parallèles, et d'ouvrir à cet effet des rigoles profondes de 10 à 12 centimètres au fond desquelles on jette la graine de pin.

Le procédé le plus simple, le plus économique et en même temps le plus sûr, est celui qui a été employé avec succès par Brémontier dans l'ensemencement d'une partie des dunes de Gascogne :

On mêle à la graine de pin une certaine quantité de graine de genêt et d'ajonc Ces semences sont répandues sur le sable mobile de la dune ; par-dessus, on couche des branches d'arbres, des broussailles d'arbustes qui contiennent le sol. Au bout de quatre ou cinq ans, le genêt a atteint la hauteur de un à deux mètres ; ses touffes maintiennent le sable. Les branchages qui formaient la couverture pourrissent et se réduisent en poussière. Le pin prend le dessus, et, surmontant le genêt, élève dans les airs sa tige vigoureuse, tandis que sa racine pénètre profondément dans le sable. Une belle forêt se trouve ainsi créée ; le sol est fixé. Il ne reste alors qu'à éclaircir la forêt à mesure que les arbres grandissent. Comme ce genre d'arbre vit autant par les feuilles que par les racines, il faut que les arbres aient toujours de l'air, et qu'ils soient assez serrés pour se soutenir et assez éloignés pour ne pas se nuire. Dès qu'un arbre vert est dominé par un voisin trop proche, il cesse de croître et dépérit. On aura donc soin de couper tous les petits arbres couverts et dominés, ainsi que les petits pins qui repoussent naturellement de semis, sous de plus grands. Ils ne seraient jamais que des arbres rabougris ; ils épuisent inutilement la terre. Quand on sème trop épais, et qu'on n'a pas soin d'éclaircir, les arbres deviennent rapidement très-hauts et ne sont bons qu'à faire des échalas, et, dès qu'ils sont mal partis, il est presque impossible de les ramener à une proportion convenable.

D. — A quel âge commence-t-on à émonder les arbres pins ?

R. — On commence à émonder les arbres pins à 7 ou 8 ans. Il faut laisser au moins cinq couronnes ; plus on en laisse, plus l'arbre devient gros. On coupe la branche à 15 centimètres du tronc ; cette méthode a l'avantage de procurer des planches sans nœud; et cet avantage est grand.

D. — Comment pratique-t-on les semis dans les terrains couverts ?

R. — Pour ensemencer les landes et autres terrains incultes couverts de bruyères, il suffit de semer à la volée la graine de pin sans se donner la peine de la recouvrir; elle se trouvera suffisamment protégée par les herbages, les ajoncs et les bruyères ; elle germera et lèvera très-bien ainsi abandonnée aux soins de la nature.

Le pin maritime se plaît dans les landes sablonneuses et les expositions chaudes; c'est l'arbre le moins délicat; là où il périt rien ne peut venir. Depuis que l'on cultive cet arbre dans les landes, les terrains sablonneux, qui étaient pour ainsi dire abandonnés au premier occupant, ont acquis une grande valeur. *La culture du pin maritime est donc une véritable mine d'or pour les propriétaires de terrains sablonneux;* et en présence de ces immenses succès, nos exhortations et nos encouragements sont superflus.

D. — Que faut-il observer dans le choix de la graine?

R. — Le choix de la graine est très-difficile, parce qu'il est impossible de reconnaître la graine extraite des cônes au soleil, et qui est la seule bonne, d'avec celle qui est extraite au four, et dont les germes, étant trop desséchés lèvent mal ou même pas du tout. Il faut s'adresser à des fermiers ou marchands de confiance.

7. — SAPIN.

D. — Qu'est-ce que le sapin?

R. — Le *sapin commun* est un très-bel arbre pyramidal, droit comme une flèche, et dont les branches, disposées par étages, s'étendent horizontalement. Ses fruits presque cylindriques se tiennent toujours verticalement sur les rameaux. Ils mûrissent leurs graines dans la seconde année. La croissance de cet arbre est assez lente pendant ses premières années; mais bientôt sa flèche s'allonge avec vigueur et l'arbre parvient à la hauteur de 30 mètres et davantage. Son écorce est toujours lisse et à certain âge il commence à se former, sous son épiderme, de grosses ampoules pleines de térébenthine que l'on recueille et qui entre dans le commerce sous le nom de *térébenthine de Strasbourg*. Le bois de sapin, qui sert à la marine, à la charpente et à la menuiserie, est léger et très-vibrant, ce qui le fait préférer par les luthiers pour les instruments à corde. Le sapin se plaît surtout à l'exposition du nord et dans les pays froids.

L'*épicéa* est une espèce de sapin qui croît naturellement dans le nord de l'Europe, sur les Alpes et dans les Vosges; il figure abondamment dans tous les jardins paysagers. Son feuillage est d'un vert très-sombre. Le bois de l'épicéa a les qualités de celui du sapin.

Chapitre Neuvième.

ABEILLES.

D. — Combien y a-t-il d'espèces d'abeilles ?

R. — Il y a beaucoup d'espèces d'abeilles, mais il n'y en a qu'une indigène des parties tempérées de l'Europe qui soit cultivée. On la nomme simplement *abeille* et *mouche à miel*. On en connaît quatre variétés dont celle nommée *petite Hollandaise* a obtenu la préférence dans la culture, parce qu'elle est plus active, plus douce et plus facile à apprivoiser.

De tous les insectes connus, l'abeille est sans contredit le plus utile à l'homme par le *miel* et la *cire* qu'elle lui fournit.

D. — De quoi est composé un essaim d'abeilles ?

R. — Une *famille* ou *essaim d'abeilles* est composé d'une *mère* ou *reine*, de plusieurs milliers d'abeilles *neutres* ou *ouvrières* et de quelques centaines de *mâles*, appelés *faux-bourdons* à cause du grand bruit qu'ils font en volant.

D. — Quelles sont les mœurs des abeilles ?

R. — *Les abeilles ont un caractère très doux ;* mais quand on les irrite, elles piquent ceux qui les approchent. La crainte de la mort ne les arrête pas, quoiqu'il en périsse souvent un grand nombre, parce qu'elles laissent ordinairement leur aiguillon dans la plaie.

16

Les abeilles sont très-laborieuses et très-actives. Pendant que les unes vont recueillir le suc des fleurs, les autres s'occupent des travaux de l'intérieur.

Leurs yeux sont disposés de manière à voir pendant la nuit comme pendant le jour. Aussi travaillent-elles à ces deux époques à la confection de leurs rayons.

Elles sont susceptibles d'attachement et reconnaissent ceux qui les soignent. Leur amour pour leur reine ou mère est tel qu'elles se sacrifient au besoin pour la sauver du moindre danger.

Quant à leur instinct, leurs travaux démontrent qu'il est très-développé. Leur cri ou chant très-varié leur donne les moyens de s'entendre.

D. — *Quel est le gouvernement des abeilles ?*

R. — *Leur gouvernement est maternel.* C'est une mère de famille constamment dans l'habitation, qui surveille les travaux de ses enfants, qui s'occupe une partie de la journée de reproduire son espèce et qui ne demande en échange que le simple nécessaire. Ses sujets sont tous égaux. Ils s'occupent indifféremment, à l'exception des mâles, de tous les ouvrages utiles à la société, et ils jouissent en commun des provisions qu'ils ont déposées dans leurs magasins.

D. — *En quoi consiste le travail des abeilles ?*

R. — Leur travail consiste dans la construction des *rayons* composés d'alvéoles en cire, qu'elles remplissent de miel. Ces alvéoles sont destinées à servir de berceau pour les reines ou mères, à élever des ouvrières et des mâles, à servir de magasin, et à y placer du miel.

Pour se procurer les matériaux et les approvisionnements nécessaires, des ouvrières sortent, au printemps, depuis l'aurore jusqu'au crépuscule ; mais pendant les chaleurs fortes de l'été, elles restent sédentaires de midi à deux ou trois heures.

Les travaux des abeilles ne cessent que lorsqu'une température pluvieuse et froide, vient les interrompre. Alors elles ne sortent de leur habitation que lorsqu'un beau soleil réchauffe de temps à autre l'atmosphère. Elles y passent tranquillement l'hiver en usant sobrement de leurs provisions. Si le froid augmente beaucoup, elles s'engourdissent et restent dans cet état sans manger jusqu'à ce que la chaleur vienne les vivifier et leur rendre leur activité.

D. — Qu'appelle-t-on ruches et ruchers ?

R. — On appelle *ruches* les paniers dans lesquels les abeilles travaillent. On les fabrique avec de la paille de seigle, avec de l'osier ou des branches de bois résineux, ou d'autres essences de bois bien souple. Leurs formes et leurs dimensions varient suivant l'usage des lieux et la qualité des terrains. Les ruches du même rucher doivent avoir les mêmes dimensions.

On appelle *rucher* l'endroit où les ruches sont réunies. On établit le rucher à l'exposition du levant ou du midi, ayant soin de ne laisser pousser aucune plante sous les ruches.

D. — Quels sont les soins à donner aux abeilles ?

R. — Les soins à donner aux abeilles sont les suivants

1° *Les visiter souvent* pour détruire les araignées, les limaces, ainsi que les fausses teignes qu'on trouve entre le *surtout* ou *chemise de paille* et la ruche; brûler les guêpiers et les fourmilières avec le feu ou l'eau bouillante; enfin faire la chasse à la famille des rats et aux oiseaux ;

2° Recueillir avec précaution les *essaims* quand ils sortent; ce qui a lieu ordinairement par un très-beau jour depuis dix heures du matin jusqu'à trois heures du soir. On dispose en conséquence des ruches qu'on nettoie bien et qu'on parfume en les frottant avec des plantes aromatiques;

3° On fait la récolte du *miel* et de la *cire* au moins une fois par an; mais on n'enlève jamais aux abeilles tout leur miel; on leur en laisse une quantité suffisante pour qu'elles puissent se nourrir pendant l'hiver;

4° Quand l'hiver se prolonge ou que les premiers jours du printemps sont froids et pluvieux, on place devant les ruches des assiettes remplies de vieux miel, ou d'un mélange d'eau et de vin sucré. Cette espèce de sirop sert de nourriture aux abeilles, en attendant le retour de la belle saison;

D. — Quelles sont les propriétés du miel ?

R. — Le miel est une *nourriture fort saine*, mais un peu relâchante, et qui, par cette considération, est très-utile pour les enfants en bas-âge. Il sert de remède contre plusieurs maladies. On s'en sert pour améliorer les vins dans les années mauvaises pour la maturité du raisin. A cet effet, on en fait bouillir avec un quart de son poids d'eau et on le verse chaud dans le moût. Le miel sert encore à faire *l'hydromel*. C'est une liqueur commune, mais fort saine.

La préparation du *sirop de miel* peut remplacer celui de sucre dans les liqueurs et les confitures.

CHAPITRE DIXIÈME.

LÉGISLATION RURALE.

D. — *Qu'entend-t-on par légis ation rurale?*

R. — Par *législation rurale*, on entend les lois et décrets qui régissent plus spécialement les intérêts agricoles. L'ensemble de ces lois particulières qui protègent les biens situés à la campagne et qui font connaître aux cultivateurs et propriétaires ruraux leurs droits et leurs devoirs, forme ce qu'on appelle le *code rural*.

LOI du 28 septembre — 6 octobre 1791, sur la police rurale.

TITRE I. — DES BIENS ET DES USAGES RURAUX.

SECTION PREMIÈRE.

Des principes généraux sur la propriété territoriale.

ART. 1er. Le territoire de la France, dans toute son étenduc, est libre comme les personnes qui l'habitent : ainsi toute propriété territoriale ne peut être sujette, envers les particuliers, qu'aux redevances et aux charges dont la convention n'est pas défendue par la loi; et envers la nation, qu'aux contributions publiques établies par le corps législatif, et aux sacrifices que peut exiger le bien général, sous la condition d'une juste et préalable indemnité. Ch. 9. — C. 545. — L. 3 mai 1841. C. exprop.

— 2. Les propriétaires sont libres de varier à leur gré la culture et l'exploitation de leurs terres, de conserver à leur gré leurs récoltes, et de disposer de toutes les productions de leur propriété dans l'intérieur de la France et au dehors, sans préjudicier au droit d'autrui, et en se conformant aux lois.

— 3. Tout propriétaire peut obliger son voisin au bornage de leurs propriétés contiguës, à moitié frais. C. 646 (1).

SECTION TROISIÈME.

Des diverses propriétés rurales.

Art. 1er. Nul agent de l'agriculture, employé avec des bestiaux au labourage ou à quelque travail que ce soit, ou occupé à la garde des troupeaux, ne pourra être arrêté, sinon pour crime avant qu'il ait été pourvu à la sûreté desdits animaux; et en cas de poursuite criminelle, il y sera également pourvu immédiatement après l'arrestation, et sous la responsabilité de ceux qui l'auront exercée.

---

(1) Nota. Les sections et articles dont il ne sera point fait mention ont été abrogés ou sont sans importance pour les cultivateurs.

Les articles 2, 3 et 4 qui déclaraient insaisissables les instruments et animaux destinés à l'agriculture, ainsi que les ruches à miel et les vers à soie, sont implicitement abrogés par le code de procédure civile (art. 592 et suiv. et 1041.)

— 5. Le propriétaire d'un essaim a le droit de le réclamer et de s'en ressaisir, tant qu'il n'a point cessé de le suivre. autrement l'essaim appartient au propriétaire du terrain sur lequel il est fixé. C. 524.

SECTION QUATRIÈME.

Des troupeaux, des clôtures, du parcours et de la vaine pâture.

ART. 1er. Tout propriétaire est libre d'avoir chez lui telle quantité et telle espèce de troupeaux qu'il croit utiles à la culture et à l'exploitation de ses terres, et de les y faire pâturer exclusivement, sauf ce qui sera réglé ci-après, relativement au parcours et à la vaine pâture.

— 2. La servitude réciproque de commune à commune, connue sous le nom de *parcours*, et qui entraîne avec elle le droit de vaine pâture, continuera provisoirement d'avoir lieu avec les restrictions déterminées à la présente section, lorsque cette servitude sera fondée sur un titre ou sur une possession autorisée par les lois et les coutumes. A tous autres égards elle est abolie. C. 648.

— 3. Le droit de vaine pâture dans une commune, accompagnée ou non de la servitude du parcours, ne pourra exister que dans les lieux où il est fondé sur un titre particulier, ou autorisé par la loi ou par un usage local immémorial, et à la charge que la vaine pâture n'y sera exercée que conformément aux règles et usages locaux qui ne contrarieront point les réserves portées dans les articles suivants de la présente section.

— 4. Le droit de clore et de déclore ses héritages résulte essentiellement de celui de propriété, et ne peut être contesté à aucun propriétaire.

— 5. Le droit de parcours et le droit simple de vaine pâture ne pourront, en aucun cas, empêcher les propriétaires de clore leurs héritages; et de tout temps qu'un héritage sera clos de la manière qui sera déterminée par l'article suivant, il ne pourra être assujetti ni à l'un ni à l'autre droit ci-dessus.

— 6. L'héritage sera réputé clos lorsqu'il sera entouré d'un mur de un mètre trente-trois centimètres (4 pieds) de hauteur avec barrière ou porte, ou lorsqu'il sera exactement fermé et entouré de palissades, ou de treillages, ou d'une haie vive ou d'une haie sèche, faite avec des pieux, ou cordelée avec des branches, ou de toute autre manière de faire les haies en usage dans chaque localité; ou enfin d'un fossé de un mètre trente-trois centimètres (4 pieds,) de large au moins à l'ouverture, et de soixante-six centimètres (2 pieds) de profondeur.

— 7. La clôture affranchira de même du droit de vaine pâture, réciproque ou non réciproque, entre particuliers, si ce droit n'est pas fondé sur un titre. Toutes lois et tous usages contraires sont abolis.

— 8. Entre particuliers, tout droit de vaine pâture fondé sur un titre, même dans les bois, sera rachetable à titre d'experts.

— 9. Dans aucun cas et dans aucun temps, le droit de parcours, ni celui de vaine pâture, ne pourront s'exercer sur les prairies artificielles, et ne pourront avoir lieu sur aucune terre ensemencée ou couverte de quelques productions que ce soit, qu'après la récolte.

— 10. Partout où les prairies naturelles sont sujettes au parcours ou à la vaine pâture, ils n'auront lieu provisoirement que dans le temps autorisé par les lois et coutumes, et jamais tant que la première herbe ne sera pas récoltée. — Dans aucun cas, les propriétaires ou fermiers ne pourront céder à d'autres leurs droits de parcours et de vaine pâture.

— 19. Aussitôt qu'un propriétaire aura un troupeau malade, il sera tenu d'en faire la déclaration à la municipalité, elle assignera sur le terrain du parcours ou de la vaine pâture, si l'un ou l'autre existe dans la commune, un espace où le troupeau malade pourra pâturer exclusivement, et le chemin qu'il devra suivre pour se rendre au pâturage. Si ce n'est point un pays de parcours ou de vaine pâture, le propriétaire sera tenu de ne point faire sortir de ses héritages son troupeau malade.

— 20. Les corps administratifs emploieront particulièrement tous les moyens de prévenir et d'arrêter les épizooties et la contagion de la morve des chevaux.

***

SECTION CINQUIÈME.

Des récoltes.

Art. 1. La municipalité pourvoira à faire serrer la récolte d'un cultivateur absent, infirme, ou accidentellement hors d'état de la faire lui-même, et qui réclamera ce secours ; elle aura soin que cet acte de fraternité et de protection de la loi soit exécuté aux moindres frais : les ouvriers seront payés sur la récolte de ce cultivateur.

— 2. Chaque propriétaire sera libre de faire sa récolte de quelque nature qu'elle soit, avec tout instrument et au moment qui lui conviendra, pourvu qu'il ne cause aucun dommage aux propriétaires voisins. — Cependant, dans les pays où le ban de vendanger est en usage, il pourra être fait à cet égard un règlement chaque année par le conseil général de la commune, mais seulement pour les vignes non closes ; les réclamations qui pourraient être faites contre le règlement seront portées au directoire du département, qui y statuera sur l'avis du directoire de district (préfet et sous-préfet).

— 3. Nulle autorité ne pourra suspendre ou intervertir les travaux de la campagne, dans les opérations de la semence et des récoltes.

SECTION SEPTIÈME.

Des gardes-champêtres.

ART. 1er. Pour assurer les propriétés et conserver les récoltes, il pourra être établi des gardes-champêtres dans les municipalités, sous la juridiction des juges de paix et sous la surveillance des officiers municipaux. Ils sont nommés par le conseil général de la commune, et ne pourront être changés ou destitués que dans la même forme.

(Aujourd'hui, ils sont nommés par le maire, dont le choix est approuvé par les conseils municipaux. (L. 18 juillet 1837, art. 13.)

— 2. Plusieurs municipalités pourront choisir et payer le même garde-champêtre; et une municipalité pourra en avoir plusieurs. Dans les municipalités où il y a des gardes établis pour la conservation des bois, ils pourront remplir les deux fonctions.

— 5. Les gardes-champêtres seront âgés au moins de vingt-cinq ans; ils seront reconnus pour gens de bonnes mœurs, et ils seront reçus par le juge de paix; il leur fera prêter le serment de veiller à la conservation de toutes les propriétés qui sont sur la voie publique, et de toutes celles dont la garde leur aura été confiée par l'acte de leur nomination.

— 6. Ils feront, affirmeront et déposeront leurs rapports devant le juge de paix de leur canton ou l'un de ses assesseurs (suppléants), ou feront devant l'un ou l'autre leurs déclarations. Leurs rapports, ainsi que leurs déclarations, lorsqu'ils ne donneront lieu qu'à des réclamations pécuniaires, feront foi en justice pour tous les délits mentionnés dans la police rurale, sauf la preuve contraire.

— 7. Ils seront responsables des dommages, dans le cas où ils négligeront de faire dans les vingt-quatre heures le rapport des délits.

— 8. La poursuite des délits ruraux sera faite au plus tard dans le délai d'un mois, soit par les parties lésées, soit par le procureur de la commune ou ses substituts, s'il y en a, soit par des hommes de loi commis à cet effet par la municipalité, faute de quoi il n'y aura plus lieu à poursuite.

TITRE II. — DE LA POLICE RURALE.

ART. 1er. La police des campagnes est spécialement sous la juridiction des juges de paix et des officiers municipaux, et sous la surveillance des gardes-champêtres et de la gendarmerie nationale.

— 2. Tous les délits ci-après mentionnés sont, suivant leur nature, de la compétence de juge de paix ou de la municipalité du lieu où ils auront été commis.

— 3. Tout délit rural ci-après mentionné sera punissable d'une amende, ou d'une détention, soit municipale, soit correctionnelle, ou de détention et d'amende réunis, suivant les circonstances et la gravité du délit, sans préjudice de l'indemnité qui pourra être due à celui qui aura souffert le dommage. Dans tous les cas, cette indemnité sera payable par préférence à l'amende. L'indemnité et l'amende sont dues solidairement par les délinquants.

— 7. Les maris, pères, mères, tuteurs, maîtres, entrepreneurs de toute espèce, seront civilement responsables des délits commis par les femmes et enfants, pupilles mineurs, n'ayant pas plus de vingt ans et non mariés, domestiques, ouvriers, voituriers et autres subordonnés. C. 1384. — L'estimation du dommage sera toujours faite par le juge de paix ou ses accesseurs (suppléants), ou par des experts par eux nommés.

— 8. Les domestiques, ouvriers, voituriers et autres subordonnés, serontà leur tour, responsables de leurs délits envers ceux qui les emploient.

— 10. Toute personne qui aura allumé du feu dans les champs, plus près que cent mètres des maisons, bois, bruyères, vergers, haies, meules de grains, de paille ou de foin, sera condamnée à une amende égale à la valeur de douze journées de travail, et paiera en outre le dommage que le feu aurait occasionné. Le délinquant pourra de plus, suivant les circonstances, être condamné à la détention de police municipale.

— 11. Celui qui achètera des bestiaux hors des foires et marchés sera tenu de les restituer gratuitement au propriétaire en l'état où ils se trouveront, dans le cas où ils auraient été volés.

— 12. Les dégâts que les bestiaux de toute espèce laissés à l'abandon, feront sur les propriétés d'autrui, soit dans l'enceinte des habitations, soit dans un enclos rural, soit dans les champs ouverts, seront payés par les personnes qui ont la jouissance des bestiaux : si elles sont insolvables, ces dégâts seront payés par celles qui en ont la propriété. — Le propriétaire qui éprouvera les dommages aura le droit de saisir les bestiaux, sous l'obligation de les faire conduire dans les vingt-quatre heures au lieu du dépôt qui sera désigné à cet effet par la municipalité. —Il sera satisfait aux dégâts par la vente des bestiaux, s'ils ne sont pas réclamés, ou si le dommage n'a point été payé dans la huitaine du jour du délit Si ce sont des volailles, de quelque espèce que ce soit qui causent le dommage, le propriétaire, le détenteur ou le fermier qui l'éprouvera, pourra les tuer, mais seulement sur le lieu, au moment du dégât.

— 13. Les bestiaux morts seront enfouis dans la journée à 1 m. 33 c. de profondeur par le propriétaire, et dans son terrain, ou voiturés à l'endroit désigné par la municipalité, pour y être également enfouis, sous peine par le délinquant de payer une amende de la valeur d'une journée de travail, et les frais de transport et d'enfouissement.

— 14. Ceux qui détruiront les greffes des arbres fruitiers ou autres, et ceux qui écorcheront ou couperont, en tout ou en partie, des arbres sur pied qui ne leur appartiendront pas, seront condamnés à une amende double du dédommagement dû au propriétaire, et à une détention de police correctionnelle qui ne pourra excéder six mois.

— 15. Personne ne pourra inonder l'héritage de son voisin, ni lui transmettre volontairement les eaux d'une manière nuisible, sous peine de payer le dommage, et une amende qui ne pourra excéder la somme du dédommagement.

— 16. Les propriétaires ou fermiers des moulins et usines construits ou à construire seront garants de tous dommages que les eaux pourraient causer aux chemins ou aux propriétés voisines, par la trop grande élévation du déversoir, ou autrement. Ils seront forcés de tenir les eaux à une hauteur qui ne nuise à personne, et qui sera fixée par le directoire du département, d'après l'avis du directoire de district (Préfet et Sous-Préfet). En cas de contravention, la peine sera une amende qui ne pourra excéder la somme du dédommagement.

— 17. Il est défendu à toute personne de recombler les fossés, de dégrader les clôtures, de couper des branches de haies vives, d'enlever des bois secs des haies, sous peine d'une amende de la valeur de trois journées de travail. Le dédommagement sera payé au propriétaire; et, suivant la gravité des circonstances, la détention pourra avoir lieu, mais au plus pour un mois.

— 18. Dans les lieux qui ne sont sujets ni au parcours,

ni à la vaine pâture, pour toute chèvre qui sera trouvée sur l'héritage d'autrui contre le gré du propriétaire de l'héritage, il sera payé une amende de la valeur d'une journée de travail par le propriétaire de la chèvre. — Dans les pays de parcours ou de vaine pâture, où les chèvres ne sont pas rassemblées et conduites en troupeau commun, celui qui aura des animaux de cette espèce ne pourra les mener aux champs qu'attachés, sous peine d'une amende de la valeur d'une journée de travail par tête d'animal. — En quelque circonstance que ce soit, lorsqu'elles auront fait du dommage aux arbres fruitiers ou autres, haies, vignes, jardins, l'amende sera double, sans préjudice du dédommagement dû au propriétaire.

— 19. Les propriétaires ou fermiers d'un même canton ne pourront se coalisr pour faire baisser ou fixer à vil prix la journée des ouvriers ou les gages des domestiques, sous peine d'une amende du quart de la contribution mobilière des délinquants, et même de la détention de police municipale, s'il y a lieu.

— 20. Les moissonneurs, les domestiques et ouvriers de la campagne ne pourront se liguer entre eux pour faire hausser et déterminer le prix des gages ou les salaires, sous peine d'une amende qui ne pourra excéder la valeur de douze journées de travail, et, en outre de la détention de police municipale.

— 21. Les glaneurs, les râteleurs et les grappilleurs, dans les lieux où les usages de glaner, de râteler ou de grappiller, sont reçus, n'entreront dans les champs, prés et vignes récoltés et ouverts, qu'après l'enlèvement entier des fruits. En cas de contravention, les produits du glanage, du râtelage et grappillage, seront confisqués, et, suivant les circonstances, il pourra y avoir lieu à la détention de police municipale. Le glanage, le râtelage et le grappillage sont interdits dans tout enclos rural, tel qu'il est défini à l'article 6 de la quatrième section du premier titre du présent décret.

— 22. Dans les lieux de parcours ou de vaine pâture, comme dans ceux où ces usages ne sont point établis, les pâtres et les bergers ne pourront mener les troupeaux d'aucune espèce dans les champs moissonnés et ouverts, que deux jours après la récolte entière, sous peine d'une amende de la valeur d'une journée de travail : l'amende sera double, si les bestiaux d'autrui ont pénétré dans un enclos rural.

— 24. Il est défendu de mener sur le terrain d'autrui des bestiaux d'aucune espèce, et en aucun temps, dans les prairies artificielles, dans les vignes, oseraies, dans les plants de câpriers, dans ceux d'oliviers, de mûriers, de grenadiers, d'orangers et arbres du même genre, dans tous les plants et pépinières d'arbres fruitiers ou autres, faits de main d'homme.

L'amende encourue pour le délit sera une somme de la valeur du dédommagement dû au propriétaire ; l'amende sera double si le dommage a été fait dans un enclos rural ;

et, suivant les circonstances, il pourra y avoir lieu à la détention de police municipale.

— 25. Les conducteurs des bestiaux revenant des foires, ou les menant d'un lieu à un autre, même dans les pays de parcours ou de vaine pâture, ne pourront les laisser pacager sur les terres des particuliers, ni sur les communaux, sous peine d'une amende de la valeur de deux journées de travail, en outre, du dédommagement. L'amende sera égale à la somme du dédommagement si le dommage est fait sur un terrain ensemencé, ou qui n'a pas été dépouillé de sa récolte, ou dans un enclos rural. — A défaut de paiement, les bestiaux pourront être saisis et vendus jusqu'à concurrence de ce qui sera dû pour l'indemnité, l'amende et autres frais relatifs; il pourra même y avoir lieu envers les conducteurs, à la détention de police municipale, suivant les circonstances.

— 26. Quiconque sera trouvé gardant à vue ses bestiaux dans les récoltes d'autrui sera condamné, en outre du paiement du dommage, à une amende égale à la somme du dédommagement, et pourra l'être, suivant les circonstances, à une détention qui n'excédera pas une année.

— 27. Celui qui entrera à cheval dans les champs ensemencés, si ce n'est le propriétaire ou ses agents, paiera le dommage et une amende de la valeur d'une journée de travail; l'amende sera double si le délinquant y est entré en voiture. Si les blés sont en tuyau, et que quelqu'un y entre, même à pied, ainsi que dans tout autre récolte pendante, l'amende sera au moins de la valeur de trois journées de travail, et pourra être d'une somme égale à celle due pour dédommagement au propriétaire.

— 28. Si quelqu'un, avant leur maturité, coupe ou détruit de petites parties de blé en vert, ou d'autres productions de la terre, sans intention manifeste de les voler, il paiera, en dédommagement au propriétaire, une somme égale à la valeur que l'objet aurait eue dans sa maturité; il sera condamné à une amende égale à la somme du dédommagement, et il pourra l'être à la détention de police municipale.

— 29. Quiconque sera convaincu d'avoir dévasté des récoltes sur pied, ou abattu des plants venus naturellement, ou faits de main d'homme, sera puni d'une amende double du dédommagement dû au propriétaire, et d'une détention qui ne pourra excéder deux années.

— 30. Toute personne convaincue d'avoir, de dessein prémédité, méchamment, sur le territoire d'autrui, blessé ou tué des bestiaux ou chiens de garde, sera condamné à une amende double de la somme du dédommagement. Le délinquant pourra être détenu un mois si l'animal n'a été que blessé, et six mois si l'animal est mort de sa blessure ou en est resté estropié : la détention pourra être du double, si le délit a été commis la nuit, ou dans une étable, ou dans un enclos rural.

— 31. Toute rupture ou destruction d'instrument de l'exploitation des terres, qui aura été commise dans les champs ouverts sera punie d'une amende égale à la somme du dédommagement dû au cultivateur, et d'une détention qui ne sera jamais de moins d'un mois, et qui pourra être prolongée jusqu'à six, suivant la gravité des circonstances.

— 32. Quiconque aura déplacé ou supprimé des bornes, ou pieds-corniers, ou autres arbres plantés ou reconnus pour établir les limites entre différents héritages, pourra, en outre du paiement du dommage et des frais du replacement des bornes, être condamné à une amende de la valeur de douze journées de travail, et sera puni par une détention, dont la durée, proportionnée à la gravité des circonstances, n'excédera pas une année : la détention cependant pourrra être de deux années, s'il y a transposition de bornes a fin d'usurpation.

— 33. Celui qui, sans la permission du propriétaire ou fermier, enlèvera des fumiers, de la marne, ou tous autres engrais portés sur les terres, sera condamné à une amende qui n'excédera pas la valeur de six journées de travail, en outre du dédommagement, et pourra l'être à la détention de police municipale. L'amende sera de douze journées, et la détention pourra être de trois mois, si le délinquant a fait tourner à son profit lesdits engrais.

— 34. Quiconque maraudera, dérobera des productions de la terre qui peuvent servir à la nourriture des hommes, ou d'autres productions utiles, sera condamné à une amende égale au dédommagement dû au propriétaire ou fermier ; il pourra aussi, suivant les circonstances du délit, être condamné à la détention de police municipale.

— 35. Pour tout vol de récolte fait avec des paniers ou des sacs, ou à l'aide des animaux de charge, l'amende sera double du dédommagement ; et la détention, qui aura toujours lieu, pourra être de trois mois, suivant la gravité des circonstances.

(Nous pensons que ces deux derniers articles ont été implicitement abrogés par l'article 388 du Code pénal, dont les paragraphes 3, 4, 5 et 6 prévoient et punissent exactement les mêmes délits.)

— 36. Le maraudage ou enlèvement de bois fait à dos d'homme dans les bois taillis ou futaies, ou autres plantations d'arbres des particuliers ou communautés, sera puni d'une amende double du dédommagement dû au propriétaire. La peine de la détention pourra être la même que celle portée en l'article précédent.

— 37. Le vol dans les bois taillis, futaies et autres plantations d'arbres des particuliers ou communautés, exécuté à charge de bête de somme ou de charrette, sera puni par une détention qui ne pourra être de moins de trois mois ni excéder six mois ; le coupable paiera en outre une amende triple de la valeur du dédommagement dû au propriétaire.

— 38. Abrogé. —

— 42. Le voyageur qui, par la rapidité de sa voiture ou de sa monture, tuera ou blessera des bestiaux sur les chemins, sera condamné à une amende égale à la somme du dédommagement dû au propriétaire des bestiaux.

— 43. Quiconque aura coupé ou détérioré des arbres plantés sur les routes, sera condamné à une amende du triple de la valeur des arbres, et à une détention qui ne pourra excéder six mois.

DÉCRET du 20 messidor an III (8 juillet 1795), qui ordonne l'établissement de gardes-champêtres dans toutes les communes rurales.

— ART. 1er. Il sera établi, immédiatement après la promulgation du présent décret, des gardes-champêtres dans toutes les communes rurales.

— 2. Les gardes-champêtres ne pourront être choisis que parmi les citoyens dont la probité, le zèle et le patriotisme seront généralement reconnus. Ils seront nommés par l'administration du district. (Le reste de la disposition a été abrogé par l'article 13 de la loi du 18-22 juillet 1837, qui attribue aux maires le droit de nomination des gardes-champêtres.)

— 3. Il y aura au moins un garde par commune ; et la municipalité jugera de la nécessité d'en établir davantage.

— 4. Tout propriétaire aura le droit d'avoir pour ses domaines un garde-champêtre : il sera tenu de le faire agréer par le conseil général de la commune. et confirmer par le district (le sous-préfet) ; ce droit ne pourra l'exempter néanmoins de contribuer au traitement du garde de la commune.

— 5. La police rurale sera exercée provisoirement par le juge de paix.

— 8. Le juge de paix prononcera sans délai contre les prévenus, et jugera d'après les dispositions de la loi des 28 septembre, — 6 octobre 1791 (ci-dessus). La peine sera pécuniaire et ne pourra être moindre de la valeur de cinq journées de travail, outre la restitution de la valeur du dégât ou du vol qui aura été fait, sans préjudice des peines portées par le code pénal, lorsque la nature du fait y donnera lieu, et, en ce cas, le juge de paix renverra au directeur du jury (juge d'instruction).

(La loi du 23 thermidor an IV, ajoute à l'amende d'une ou plusieurs journées de travail la peine de l'emprisonnement).

— 11. La conservation des récoltes est mise sous la surveillance et la garde de tous les bons citoyens.

LOI du 26 ventôse an IV (16 mars 1796), sur l'échenillage des arbres.

ART. 1. Tous propriétaires, fermiers, locataires ou autres, faisant valoir leurs propres héritages ou ceux d'autrui, seront tenus, chacun en droit soi, d'écheniller ou faire écheniller les arbres étant sur lesdits héritages, à peine d'amende qui ne pourra être moindre de trois journées de travail, et plus forte de dix.

— 2. Ils seront tenus, sous les mêmes peines, de brûler sur le champ les bourres et toiles qui sont tirées des arbres, haies ou buissons, et ce, dans un lieu où il n'y aura aucun danger de communication du feu, soit pour les bois, arbres et bruyères, soit pour les maisons et bâtiments.

— 3. Les administrateurs de département feront écheniller, dans le même délai, les arbres étant sur les domaines nationaux non affermés.

— 4. Les agents et adjoints des communes seront tenus
de surveiller l'exécution de la présente loi dans leurs
arrondissements respectifs; ils sont responsables des négli-
gences qui y sont découvertes.

— 5. Les commissaires du directoire exécutif près
les municipalités sont tenus, dans la deuxième décade de
la publication, de visiter tous les terrains garnis d'arbres,
d'arbustes, haies ou buissons, pour s'assurer que l'échenillage aura été fait exactement, et d'en rendre compte
au ministre chargé de cette partie.

— 6. Dans les années suivantes, l'échenillage sera fait,
sous les peines portées par les articles ci-dessus, avant le
1er ventôse (20 février).

— 7. Dans le cas où quelques propriétaires ou fermiers
auraient négligé de le faire pour cette époque, les agents
et adjoints le feront faire, aux dépens de ceux qui l'auront négligé, par des ouvriers qu'ils choisiront; l'exécu-
toire des dépenses leur sera délivré par le juge de paix,
sur les quittances des ouvriers, contre lesdits propriétaires
et locataires, et sans que ce paiement puisse les dispenser
de l'amende.

LOI du 29 avril 1845 sur les irrigations.

ART. 1. Tout propriétaire qui voudra se servir, pour l'irrigation de ses propriétés, des eaux naturelles ou artificielles

dont il a le droit de disposer, pourra obtenir le passage de ses eaux sur les fonds intermédiaires, à la charge d'une juste et préalable indemnité. — Sont exceptés de cette servitude les maisons, cours, jardins, parcs et enclos attenant aux habitations.

— 2. Les propriétaires des fonds inférieurs devront recevoir les eaux qui s'écouleront des terrains ainsi arrosés sauf l'indemnité qui pourra leur être due. — Seront également exceptés de cette servitude les maisons, cours, jardins, parcs et enclos attenant aux habitations.

— 3. La même faculté de passage sur les fonds intermédiaires pourra être accordée au propriétaire d'un terrain submergé en tout ou en partie, à l'effet de procurer aux eaux nuisibles leur écoulement.

— 4 Les contestations auxquelles pourront donner lieu l'établissement de la servitude, la fixation du parcours, de la conduite d'eau, de ses dimensions et de sa forme, et les indemnités dues, soit au propriétaire du fonds traversé, soit à celui du fonds qui recevra l'écoulement des eaux, seront portées devant les tribunaux, qui, en prononçant, devront concilier l'intérêt de l'opération avec le respect dû à la propriété. — Il sera procédé devant les tribunaux comme en matière sommaire. et s'il y a lieu à expertise, il pourra n'être nommé qu'un seul expert.

— 5. Il n'est aucunement dérogé par les présentes dispositions aux lois qui règlent la police des eaux.

AUTRE LOI sur les irrigations. — 11-15 *juillet* 1847.

ART. 1er. Tout propriétaire qui voudra se servir pour l'irrigation de ses propriétés des eaux naturelles ou artificielles dont il a le droit de disposer, pourra obtenir la faculté d'appuyer sur la propriété du riverain opposé les ouvrages d'art nécessaires à sa prise d'eau, à la charge d'une juste et préalable indemnité. — Sont exceptés de cette servitude les bâtiments, cours et jardins attenant aux habitations.

— 2. Le riverain sur le fonds duquel l'appui sera réclamé pourra toujours demander l'usage commun du barrage, en contribuant pour moitié aux frais d'établissement et d'entretien : aucune indemnité ne sera respectivement due dans ce cas, et celle qui aurait été payée devra être rendue. — Lorsque cet usage commun ne sera réclamé qu'après le commencement ou la confection des travaux, celui qui le demandera devra supporter seul l'excédant de dépense auquel donneront lieu les changements à faire au barrage pour le rendre propre à l'irrigation des deux rives.

— 3. Les contestations auxquelles pourra donner lieu l'application des deux articles ci-dessus seront portées devant le tribunaux. — Il sera procédé comme en matière sommaire, et s'il y a lieu à expertise, le tribunal pourra ne nommer qu'un seul expert.

— 4. Il n'est aucunement dérogé, par les présentes dis‑ positions, aux lois qui règlent la police des eaux.

LOI du 10 juin 1854 sur le libre écoulement des eaux provenant du drainage.

ART. 1. Tout propriétaire qui veut assainir son fonds, par le drainage ou un autre mode d'assèchement, peut moyennant une juste et préalable indemnité, en conduire les eaux, souterrainement ou à ciel ouvert, à travers les propriétés qui séparent ce fonds d un cours d'eau ou de toute autre voie d'écoulement.

Sont exceptés de cette servitude les maisons, cours, jardins, pavés et enclos attenant aux habitations.

ART. 2. Les propriétaires des fonds voisins ou traversés ont la faculté de se servir des travaux faits en vertu de l'article précédent, pour l'écoulement des eaux de leurs fonds.

Ils supportent dans ce cas : 1° une part proportionnelle dans la valeur des travaux dont ils profitent ; 2 les dépen‑ ses résultant des modifications que l'exercice de cette faculté peut rendre nécessaire ; et 3° pour l'avenir, une part contributive dans l'entretien des travaux devenus communs.

ART. 3. Les associations de propriétaires qui veulent,

au moyen de travaux d'ensemble, assainir leurs héritages par le drainage, ou tout autre mode d'assèchement jouissent des droits et supportent les obligations qui résultent des articles précédents Ces associations peuvent, sur leur demande, être constituées, par arrêés préfectoraux, en syndicats. auxquels sont applicables les articles 3 et 4 de la loi du 14 floréal an XI.

Art. 4. Les travaux que voudraient exécuter les associations syndicales, les communes et les départements pour faciliter le drainage ou tout autre mode d'assèchement, peuvent être déclarés d'utilité publique par décret rendu en conseil d'état.

Le règlement des indemnités dues pour expropriation est fait conformément aux paragraphes 2 et suivants de la loi du 21 mai 1836.

Art. 5. Les contestations auxquelles peuvent donner lieu l'établissement et l'exercice de la servitude, la fixation du parcours des eaux, l'exécution des travaux de drainage ou d'assèchement, les indemnités et les frais d'entretien, sont portées en premier ressort devant le juge de paix du canton, qui, en prononçant, doit concilier les intérêts de l'opération avec le respect dû à la propriété.

S'il y a lieu à expertise, il pourra n'être nommé qu'un seul expert.

Art. 6. La destruction totale ou partielle des conduits

d'eau ou fossés évacuateurs est punie des peines portées à l'article 456 du code pénal. *(a)*

Tout obstacle apporté volontairement au libre écoulement des eaux est puni des peines portées à l'art. 457 du même code. *(b)*

L'article 463 du code pénal peut être appliqué. *(c)*

(a) ART. 456 du Code pénal. — Quiconque aura, en tout ou en partie, comblé des fossés, détruit des clôtures, de quelques matériaux qu'elles soient faites, coupé ou arraché des haies vives ou sèches; quiconque aura déplacé ou supprimé des bornes ou pieds-corniers ou autres arbres plantés ou reconnus pour établir les limites entre différents héritages, sera puni d'un emprisonnement qui ne pourra être au dessous d'un mois ni excéder une année, et d'une amende égale au quart des restitutions et des dommages intérêts, qui, dans aucun cas, ne pourra être au-dessous de cinquante francs.

(b) ART. 457. — Seront punis d'une amende qui ne pourra excéder le quart des restitutions et des dommages intérêts, ni être au-dessous de cinquante francs, les propriétaires ou fermiers, ou toute personne jouissant de moulins, usines ou étangs, qui, par l'élévation du déversoir de leurs eaux au-dessus de la hauteur déterminée par l'autorité compétente, auront inondé les chemins ou les propriétés d'autrui. — S'il est résulté du fait quelques dégradations la peine sera, outre l'amende, un emprisonnement de six jours à un mois.

(c) ART. 463. — ...... Dans tous les cas où la peine de l'emprisonnement et celle de l'amende sont prononcées par le Code pénal si les circonstances paraissent atténuantes, les tribunaux correctionnels sont autorisés même en cas de récidive, à réduire l'emprisonnement même au dessous de six jours, et l'amende même au-dessous de seize francs, ils pourront aussi prononcer séparément l'une ou l'autre de ces peines, et même substituer l'amende à l'emprisonnement sans qu'en aucun cas, elle puisse être au-dessous des peines de simple police.

ART. 7. Il n'est aucunement dérogé aux lois qui règlent a police des eaux.

LOI sur le drainage.

(*Promulguée le 17 juillet 1856.*)

TITRE I. — ENCOURAGEMENTS DONNÉS PAR L'ÉTAT.

ART. 1er. Une somme de cent millions (100.000,000 fr.) est affectée à des prêts destinés à faciliter les opérations de drainage.

Un article de la loi de finances fixe, chaque année, le crédit dont le ministre de l'agriculture, du commerce et des travaux publics peut disposer pour cet emploi.

— 2. Les prêts effectués en vertu de la présente loi sont remboursables en vingt-cinq ans par annuités comprenant l'amortissement du capital et l'intérêt calculé à quatre pour cent.

L'emprunteur a toujours le droit de se libérer par anticipation, soit en totalité, soit en partie.

Le recouvrement des annuités a lieu de la même manière que celui des contributions directes.

TITRE II. — DU PRIVILÈGE SUR LES TERRAINS DRAINÉS ET SUR LEURS RÉCOLTES OU REVENUS.

— 3. Il est accordé au Trésor public, pour le recouvrement de l'annuité échue et de l'annuité courante, sur les récoltes ou revenus des terrains drainés, un privilège qui prend rang immédiatement après celui des contributions publiques. Néanmoins, les sommes dues pour les semences et pour les frais de la récolte de l'année sont payées sur le prix de la récolte avant la créance du Trésor public.

Le Trésor public a également, pour le recouvrement de ses prêts, un privilège qui prend rang avant tout autre sur les terrains drainés.

— 4. Le privilège sur les terrains drainés, tel qu'il est établi par l'article précédent, est accordé : 1° aux syndicats, pour le recouvrement de la taxe d'entretien et des prêts ou avances faits par eux ; 2° aux prêteurs, pour le remboursement des prêts faits à des syndicats ; 3° aux entrepreneurs, pour le paiement du montant des travaux de drainage par eux exécutés ; 4° à ceux qui ont prêté des deniers pour payer ou rembourser les entrepreneurs, en se conformant aux dispositions du paragraphe 5 de l'article 2103 du Code Napoléon.

Les syndicats ont, en outre, pour la taxe d'entretien de l'année échue, et de l'année courante, le privilège sur les récoltes ou revenus, tel qu'il est établi par l'article 3.

Le privilège n'affecte chacun des immeubles compris dans le périmètre d'un syndicat que pour la part de cet immeuble dans la dette commune.

— 5. Toute personne ayant une créance privilégiée ou

hypothécaire antérieure au privilège acquis en vertu de la présente loi a le droit, à l'époque de l'aliénation de l'immeuble, de faire réduire ce privilège à la plus-value existant à cette époque et résultant des travaux de drainage.

TITRE III. — DU MODE DE CONSERVATION DU PRIVILÈGE.

— 6. Le Trésor public, les syndicats, les prêteurs et les entrepreneurs n'acquièrent le privilège que sous la condition d'avoir préalablement fait dresser un procès-verbal, à l'effet de constater l'état de chacun des terrains à drainer relativement aux travaux de drainage projetés, d'en déterminer le périmètre et d'en estimer la valeur actuelle d'après les produits.

Lorsqu'il s'agit d'un prêt demandé au Trésor public, le procès-verbal est dressé par un ingénieur ou un homme de l'art commis par le préfet, assisté d'un expert désigné par le juge de paix; s'il y a désaccord entre l'ingénieur et l'expert, celui-ci fait consigner ses observations dans le procès-verbal.

Dans les autres cas, le procès-verbal est dressé par un expert désigné par le juge de paix du canton où sont situés les biens.

Les entrepreneurs qui ont exécuté des travaux pour des propriétaires non constitués en syndicats doivent, de plus, faire vérifier la valeur de leurs travaux, dans les deux mois de leur exécution, par un expert désigné par le juge de paix. Le montant du privilège ne peut pas excéder la valeur constatée par ce second procès-verbal.

— 7. Le privilège accordé par la présente loi sur les terrains drainés se conserve par une inscription prise : pour le Trésor public et pour les prêteurs, dans les deux mois de l'acte de prêt ; pour les syndicats, dans les deux mois de l'arrêté qui les constitue ; pour les entrepreneurs, dans les deux mois du procès-verbal prescrit par le premier paragraphe de l'article 6.

L'inscription contient, dans tous les cas, un extrait sommaire de ce procès-verbal.

Lorsqu'il y aura lieu à vérification des travaux, en exécution du quatrième paragraphe de l'article 6, il est fait mention, en marge de l'inscription, du procès-verbal de cette vérification dans les deux mois de sa date.

— 8. L'acte de prêt consenti au profit d'un syndicat répartit provisoirement la dette entre les immeubles compris dans le périmètre du syndicat, proportionnellement à la part que chacun de ces immeubles doit supporter dans la dépense, et l'inscription est prise d'après cette répartition provisoire. Pour les avances d'un syndicat, l'inscription est également prise d'après une répartition provisoire faite, comme il est dit au paragraphe précédent, par les soins du syndicat.

Si la répartition provisoire est rectifiée ultérieurement par l'effet des secours ouverts aux propriétaires en vertu de l'article 4 de la loi du 14 floréal an XI, il est fait mention de cette rectification en marge des inscriptions, à la diligence du syndicat, dans les deux mois de la date où la répartition nouvelle est devenue définitive; le privilège s'exerce conformément à cette dernière répartition.

TITRE IV. — DISPOSITIONS GÉNÉRALES.

— 9. Si une opération de drainage aggrave les dépenses d'un cours d'eau réglées par la loi du 14 floréal an XI, les terrains drainés sont compris dans les propriétés intéressées, et imposées conformément à cette loi.

— 10. Un règlement d'administration publique détermine les conditions et les formes des prêts faits par le Trésor public, les mesures propres à assurer l'emploi des fonds provenant de ces prêts à l'exécution des travaux de drainage, les formes de la surveillance de l'administration sur l'exécution et l'entretien des travaux de drainage effectués avec les prêts faits par le Trésor public, et, en général, toutes les mesures nécessaires à l'exécution de la présente loi.

DÉCRET portant règlement d'administration publique pour l'exécution des lois des 17 juillet 1856 et 28 mai 1858, en ce qui concerne les prêts destinés à faciliter les opérations de drainage.

(La loi du 28 mai 1858 a substitué la société du crédit foncier de France à l'Etat, pour les prêts à faire jusqu'à concurrence de cent millions, en vertu de la loi du 17 juillet 1856, sur le drainage, et une convention a été passée le 28 avril 1858 entre le ministre des finances et le ministre de l'agriculture, d'une part, et le gouverneur du crédit foncier, d'autre part.)

TITRE I. — FORME ET INSTRUCTION DES DEMANDES DE PRÊTS.

ART. 1er. Tout propriétaire qui veut obtenir un prêt par application des lois des 17 juillet 1856 et 28 mai 1858 adresse sa demande au ministre de l'agriculture, du commerce et des travaux publics.

Cette demande énonce :

1° La somme qu'il veut emprunter, et s'il y a lieu, celle pour laquelle il entend concourir à la dépense;

2° Les noms et prénoms des fermiers ou colons partiaires;

Il est joint un extrait de la matrice et du plan cadastral, avec indication de la situation et de l'étendue des terrains à drainer.

— 2. Les demandes de prêt, avec les pièces à l'appui, sont soumises à une commission formée près du ministère de l'agriculture, du commerce et des travaux publics, sous le titre de commission supérieure du drainage.

Les membres de cette commission sont nommés par le ministre.

— 3. Après délibération de la commission, la demande de prêt est renvoyée, s'il y a lieu, à l'ingénieur chargé du service hydraulique dans le département de la situation des biens.

Dans la quinzaine qui suit l'envoi, l'ingénieur visite les terrains à drainer, procède aux opérations et vérifications nécessaires pour apprécier l'utilité de l'entreprise projetée, et donne son avis sur l'admissibilité de la demande de prêt.

Son rapport est adressé au préfet, qui le transmet, dans les dix jours, avec ses propositions, au ministre de l'agriculture, du commerce et des travaux publics.

— 4. Le ministre adresse, s'il y a lieu, les pièces à la société du crédit foncier de France, afin qu'elle vérifie les titres de propriété et la situation hypothécaire du demandeur.

Si la société juge que les garanties offertes par le demandeur sont suffisantes, le ministre statue, après avis de la commission supérieure.

L'arrêté du ministre qui autorise le prêt en détermine les conditions générales et notamment les délais dans lesquels les travaux devront être commencés et achevés.

— 5. Si la demande de prêt est formée par un syndicat, cette demande doit contenir, outre les indications prescrites par l'article 1er du présent règlement, la délibération des intéressés qui donne au syndicat pouvoir de contracter un emprunt soumis aux dispositions des lois des 17 juillet 1856 et 28 mai 1858.

Cette demande est instruite comme il est dit aux articles 2, 3 et 4.

TITRE II. — CONDITIONS DES PRÊTS ET SURVEILLANCE DE L'ADMINISTRATION SUR L'EXÉCUTION ET L'ENTRETIEN DES TRAVAUX.

— 6. Les fonds prêtés ne peuvent être employés qu'aux travaux du drainage, le crédit foncier doit s'assurer qu'ils reçoivent leur destination.

— 7. Les travaux sont exécutés par l'entrepreneur, sous la surveillance de l'adminitration.

Le montant du prêt est remis à l'emprunteur par à-comptes successifs, aux époques fixées et proportionnellement au degré d'avancement des travaux, constaté par l'ingénieur chargé de la surveillance, de manière que le solde ne soit versé qu'après leur exécution complète.

— 8. L'ingénieur doit refuser le certificat nécessaire à l'emprunteur pour toucher tout ou partie du prêt, si les travaux sont mal exécutés.

En cas de réclamation contre le refus de l'ingénieur, il est statué par le préfet qui suspend provisoirement, s'il y a lieu, le paiement des termes de l'emprunt.

Si les travaux sont interrompus sans que l'entrepreneur ait remboursé, le préfet peut autoriser la société du crédit foncier à faire exécuter, en son lieu et place, les travaux nécessaires pour rendre productive la dépense déjà faite jusqu'à concurrence des sommes à verser pour compléter le prêt.

Le tout sans préjudice des actions à intenter par la société du crédit foncier devant les tribunaux civils, à raison de l'inexécution du contrat.

— 9. L'entretien des travaux du drainage, reste soumis au contrôle du crédit foncier, jusqu'à l'entière libération de l'emprunteur.

TITRE III. — DISPOSITIONS GÉNÉRALES.

— 10. Le département de l'agriculture, du commerce et des travaux publics supporte les frais de l'instruction administrative des demandes de prêts et de surveillance des travaux.

Les frais de l'expertise mentionnée dans l'article 6 de la loi du 16 juillet 1856, ceux de l'acte de prêt, de l'inscription du privilège et de l'hypothèque supplémentaire, dans le cas où elle a été requise, enfin le coût des mainlevées et de la quittance, sont seuls à la charge de l'emprunteur.

Le montant en est recouvré par le crédit foncier, dans le cas où il en aurait fait l'avance.

— 11. Nos ministres secrétaires d'Etat aux départements de l'agriculture, du commerce et des travaux publics et des finances sont chargés, chacun en ce qui le concerne, de l'exécution du présent décret.

Fait à Biarritz, le 23 septembre 1858.

NAPOLÉON.

Contre-signé : ROUHER.

LOI relative à l'assainissement et à la mise en culture des landes de Gascogne (19 juin 1857.)

ART. 1er. Dans les départements des Landes et de la Gironde, les terrains communaux actuellement soumis au parcours du bétail seront assainis et ensemencés ou plantés en bois au frais des communes qui en seront propriétaires.

— 2. En cas d'impossibilité ou de refus de la part des communes de procéder à ces travaux, il y sera pourvu aux frais de l'État, qui se remboursera de ses avances, en principal et intérêts sur le produit des coupes et des exploitations.

Le découvert provenant de ses avances ne pourra excéder six millions de francs.

— 3. Les ensemencements ou plantations ne pourront être faits annuellement, dans chaque commune, que sur le douzième, au plus, en superficie de ses terrains, à moins qu'une délibération du conseil municipal n'autorise les travaux sur une étendue plus considérable.

— 4. Les parcelles de terrains communaux qui seront susceptibles d'être mises en culture seront, après avoir été assainies, vendues ou affermées par la commune.

Les avances qui auraient été effectuées par l'Etat seront prélevées sur le prix.

— 5. Les travaux prescrits par les articles précédents ne pourront être entrepris qu'en vertu d'un décret impérial, rendu en Conseil d'Etat, qui en règlera l'exécution.

Ce décret sera précédé d'une enquête et d'une délibération du conseil municipal intéressé.

— 6. Des routes agricoles. destinées à desservir les terrains qui font l'objet de la présente loi, seront exécutées aux frais du Trésor public. Le réseau de ces routes sera déterminé par décrets rendus en Conseil d'Etat.

— 7. Les terrains nécessaires à l'établissement de ces routes seront fournis par les communes traversées.

Si elles n'en sont pas propriétaires. ils seront acquis par elles dans les formes déterminées par la loi du 21 mai 1836 pour les chemins vicinaux.

— 8. L'entretien de ces routes restera à la charge de l'Etat pendant cinq ans à partir de leur exécution; et ultérieurement, à la charge, soit du département, soit des communes, suivant le classement qui en aura été fait en routes départementales ou en chemins vicinaux de grande communication.

— 9. Un règlement d'administration publique déterminera :

1° Les règles à observer pour l'exécution et la conservation des travaux ;

2° Le mode de constatation des avances qui seraient faites par l'Etat et les mesures propres à assurer leur remboursement en principal et intérêts ;

3° Les formalités préalables à la mise en vente ou en location des terrains assainis et destinés à la culture, conformément à l'article 4 ;

4° Enfin, toutes les autres dispositions propres à l'exécution de la présente loi.

— 10. La loi du 10 juin 1854 relative au libre écoulement des eaux provenant du drainage est applicable aux travaux qui seront exécutés en vertu de la présente loi.

LOI relative aux mauvais traitements exercés envers les animaux domestiques (15 mars, 13 juin et 2 juillet 1850).

ARTICLE UNIQUE. — Seront punis d'une amende de cinq à quinze francs, et pourront l'être d'un à cinq jours de prison, ceux qui auront exercé publiquement et abusivement de mauvais traitements envers les animaux domestiques. — La peine de la prison sera toujours appliquée en cas de récidive.

LOI *sur les vices rédhibitoires.*

On appelle vices rédhibitoires les défauts cachés qu'avait une chose au moment de la vente, et qui donnent lieu de la part de l'acheteur à une action pour faire annuler la vente de cette chose.

Voici les dispositions de la loi du 20 mai 1838, concernant les vices rédhibitoires dans les ventes et échanges des animaux domestiques :

Art. 1er. Sont réputés vices rédhibitoires, et donnent seuls ouverture à l'action résultant de l'article 1641, code Napoléon, dans les ventes ou échanges des animaux domestiques ci-dessous dénommés, sans distinction des localités où les ventes ou échanges auront lieu, les maladies ou défauts ci-après, savoir :

Pour le cheval, l'âne ou le mulet, la fluxion périodique des yeux, l'épilepsie ou le mal caduc, la morve, le farcin, les maladies anciennes de poitrine ou vieilles courbatures, l'immobilité, la pousse, le cornage chronique, le tic sans usure des dents, les hernies inguinales intermittentes, la boiterie intermittente pour cause de vieux mal.

Pour l'espèce bovine, la phthysie pulmonaire ou pommelière.

L'épilepsie ou le mal caduc.
Les suites de la non délivrance,   } après le départ chez
Le renversement du vagin ou } le vendeur.
   de l'utérus,   }

Pour l'espèce ovine, la clavelée : cette maladie, reconnue chez un seul animal entraînera la rédhibition de tout le troupeau.

La rédhibition n'aura lieu que si le troupeau porte la marque du vendeur.

Le sang de rate ; cette maladie n'entraînera la rédhibition du troupeau qu'autant que, dans le délai de la garantie, sa perte constatée s'élèvera au quinzième au moins des animaux achetés. Dans ce dernier cas, la rédhibition n'aura lieu également que si le troupeau porte la marque du vendeur.

— 2. L'action en réduction de prix, autorisée par l'article 1644 du Code Napoléon, ne pourra être exercée dans les ventes et échanges d'animaux énoncés dans l'article premier ci-dessus.

— 3. Le délai pour intenter l'action rédhibitoire sera, non compris le jour fixé pour la livraison, de trente jours pour le cas de fluxion périodique des yeux et d'épilepsie ou mal caduc ; de neuf jours pour tous les autres cas.

— 4. Si la livraison de l'animal a été effectuée ou s'il a été conduit, dans les délais ci-dessus, hors du lieu du domicile du vendeur, les délais seront augmentés d'un jour par cinq myriamètres de distance du domicile du vendeur au lieu où l'animal se trouve.

— 5. Dans tous les cas, l'acheteur, à peine d'être non recevable, sera tenu de provoquer, dans les délais de l'article 3 , la nomination d'experts chargés de dresser procès-verbal; la requête sera présentée au juge de paix du lieu où se trouvera l'animal. Ce juge nommera immédiatement, suivant l'exigence des cas, un ou trois experts qui devront opérer dans le plus bref délai.

— 6. La demande sera dispensée du préliminaire de conciliation, et l'affaire instruite et jugée comme matière sommaire.

—7. Si, pendant la durée des délais fixés par l'article 3, l'animal vient à périr, le vendeur ne sera pas tenu de la garantie, à moins que l'acheteur ne prouve que la perte de l'animal provient de l'une des maladies spécifiées dans l'article 1er.

— 8. Le vendeur sera dispensé de la garantie résultant de la morve et du farcin pour le cheval, l'âne ou le mulet, et de la clavelée pour l'espèce ovine, s'il prouve que l'animal, depuis la livraison, a été mis en contact avec des animaux atteints de cette maladie.

Remarquons que, pour que l'action rédhibitoire soit recevable, il ne suffit pas que l'acheteur ait fait constater le vice rédhibitoire par des gens de l'art avant l'expiration du délai fixé par la loi sus-rapportée, mais il faut que l'action elle-même ait été intentée avant ce délai. (Ainsi jugé par la cour de cassation, 20 mai 1840).

Quand il y a eu acte de commerce, l'action rédhibitoire doit être portée devant le tribunal de commerce; dans le cas contraire, devant le tribunal de première instance, si le prix de la vente est supérieur à 200 francs, ou devant le juge de paix, si le prix n'est pas supérieur à cette somme.

CALENDRIER DU CULTIVATEUR

OU

TRAVAIL DE CHAQUE MOIS DE L'ANNÉE.

Il est essentiel de faire en temps convenable les labours, les ensemencements, les plantations, les greffes, les récoltes, les différents travaux de l'agriculture. Un beau temps, un jour favorable, une température propice, l'à-propos bien choisi de l'époque de l'année, déterminent une bonne opération. Ainsi, il est important de ne pas négliger de faire à temps ces divers travaux : c'est un soin dont on est amplement récompensé par le succès des cultures et par l'abondance comme par la qualité avantageuse des récoltes.

Janvier.

Dans ce mois, qui est ordinairement un des plus froids de l'année et le plus sujet au mauvais temps, le cultivateur, forcé de garder la maison, doit s'y occuper du soin de raccommoder les instruments aratoires et de fabriquer les ruches. On aiguise les échalas pour la vigne. Lorsque le temps permet de sortir, on relève les fossés d'assainissement et de clôture. On peut aussi couper les saules, nettoyer les arbres et les taillis, faire les labours d'hiver, répandre la marne, appliquer le fumier en couverture, continuer le défrichement des landes, réparer et tondre les haies, couper du soutrage, surveiller les abeilles afin qu'elles ne manquent pas de nourriture et que les ruches soient toujours abritées. On sème déjà la fève et les pois pour avoir des primeurs. On élève pour repiquer sur couche des plants de laitue, de chicorée, de choux-fleurs hâtifs. Tout ceci ne doit se pratiquer que dans les terrains bien exposés et très-chauds.

Février.

Ce mois nous amène quelquefois d'assez beaux jours, et c'est alors qu'il faut fumer les prés, les jardins et les couches ; labourer et fumer les terres qu'on destine à recevoir de l'avoine, des pois, des chanvres, des lins ; semer ces graines ; tailler les vignes et les arbres fruitiers, provigner, préparer les échalas ; planter toutes les espèces d'arbres à fruit, d'arbres de forêt et d'arbustes qui s'accommodent de notre climat ; émonder et écheveiller les arbres ; couper les bois, défricher, exploiter les taillis et les tétards ; charbonner, couper les osiers. — Dans les années précoces, sur les terres légères et bien exposées, où la végétation commence à s'annoncer, on sème des fèves, des navets, des carottes, de l'ognon, des porreaux, des choux, des topinambours. des panais, des épinards, des radis, du persil, du cerfeuil, du céléri, des laitues, des asperges. On plante l'ail, la ciboule, l'échalotte, les petits ognons de l'année précédente. On continue à faire des couches de primeur; on sème sous châssis, ou, à défaut de châssis, sous cloches, quelques melons, des concombres. On commence à planter des pommes de terre, on enlève les filets des fraisiers que l'on serfouit et amende. On fait les boutures des arbres qu'on veut multiplier. Vers la fin du mois, on coupe des greffes pour les conserver jusqu'au 10 ou 12 du mois de mars, et l'on met en terre les graines et les noyaux que l'on a stratifiés dans le sable pendant l'hiver.

Mars.

Les travaux de la campagne commencent particulièrement dans le mois de mars. On continue les labours et les ensemencements entrepris en février. Il faut pendant ce mois, surveiller l'assainissement des terres; drain ; terminer la conduite des fumiers pour les cultures du printemps; commencer les irrigations par un temps chaud et sec; étaupiner; cesser de faire pâturer les prés non arrosés. Continuer à tailler et à provigner la vigne; donner le premier labour; tailler, planter et greffer les arbres fruitiers; planter les pommes de terre. On sème encore des fèves. des pois, toute espèce de légumes et la plupart des fleurs. On forme les nouvelles aspergeries, et on travaille les anciennes. On enlève les drageons de l'artichaut pour les mettre en place; on découvre, on nettoie et on serfouit les vieux pieds. On fait des couches nouvelles pour les melons, les concombres, les piments, les tomates. On plante pour graine des ognons, des carottes, des betteraves, des salsifis, et tous les légumes destinés à la multiplication. On met en place les boutures reprises, les marcottes, les drageons enracinés. On fait les semis d'arbres résineux. On crée des pépinières. Il faut aussi visiter les ruches; nettoyer les rayons moisis et détruire les teignes.

AVRIL.

C'est dans le mois d'avril que la nature commence à se renouveler; les coteaux se parent de verdure; une foule d'oiseaux font retentir l'air de leur ramage, et les hommes et les troupeaux se répandent dans les campagnes. Comme ce mois décide ordinairement de la moisson, il est bon de surveiller les semailles et les hersages sur les céréales de mars, d'examiner les blés, les sarcler, les échardonner. — On continue à labourer les terres pour semer orge, maïs, betterave, trèfle, luzerne, sainfoin, lin, etc. On récolte le trèfle incarnat.

On sème en plates-bandes toutes les fleurs et les plantes indiquées dans les mois précédents pour les châssi, et les couches. — On sème les diverses espèces de chouxs les pois, quelques fèves, le céleri, des citrouilles, des tomates ou pommes d'amour, des piments, des radis, des lentilles, des laitues, des chicorées, du persil, etc.

On plante les arbres verts. On couvre de feuilles les semis et le sol de nouvelles plantations, afin de concentrer dans la terre une grande fraîcheur. Quand l'année est retardée et que la sève n'a pas encore été mise en mouvement, on peut greffer en avril des poiriers et des pommiers avec des rameaux coupés en février, et conservés fraîchement en terre, à l'ombre, dans un lieu sain. On continue le drainage.

Mai.

Le mois de mai est ordinairement le plus beau de l'année. Les ruisseaux ne coulent que parmi les fleurs des prairies. Le rossignol se joint au concert des autres oiseaux; l'homme semble renaître avec toute la nature: tout s'anime, se vivifie, et nous offre le tableau de la création. — Pendant ce mois, il faut sarcler les blés; biner les plantes sarclées; herser les orges et avoines; semer le maïs, le lin, le chanvre, le colza, le sarrasin, le millet, les haricots, les betteraves; biner et lier la vigne; redoubler ses soins pour toutes les parties de l'agriculture. On peut encore œilletonner les artichauts, en replanter de nouveaux; semer les laitues, en replanter. Dans les terres tardives, et lorsqu'on n'a pas été libre de faire ces travaux plus tôt, on peut continuer les ensemencements prescrits pour le mois d'avril, tels que les melons, les concombres, le céleri, la chicorée, les radis, les choux, les choux-fleurs, les tomates, les piments; et quelques graines de fleurs et d'arbres d'agrément. On multiplie, par drageons, enracinés, les oreilles d'ours et les primevères; on fait sur couche des boutures de géranium, d'héliotrope et d'autres fleurs ou arbustes de serre ou d'orangerie.

Les arbres d'orangerie sont enfin exposés, mais avec précaution, au grand air, auquel on les accoutume par degrés, en couvrant d'abord le jour, puis jour et nuit, l'appartement qui les renfermait. C'est ordinairement après le 15 mai, quand le temps est beau, qu'on met les orangers en plein air.

On rame les pois et les haricots. On éclaircit les ensemencements qui sont trop drus, tels que les ognons, les carottes, les salsifis; on coupe les filets des fraisiers. On greffe le châtaignier. On récolte les essaims. On continue le drainage.

JUIN.

On commence à s'apercevoir, dans ce mois, de ce que promet la récolte; les prairies semblent attendre la main du faucheur; les oiseaux occupés du soin de leurs familles ne traversent les airs que pour fournir aux besoins de leurs petits; le laboureur voit avec plaisir l'épi faire pencher la tête du chaume. C'est ordinairement vers le 20 de ce mois que commencent les fauchaisons: on choisit pour cette récolte le moment où les plantes qui sont en plus grand nombre sont en pleine fleur. Le vigneron lie les vignes, les ébourgeonne; chacun travaille son jardin, sème de la laitue, de la chicorée, pour en replanter le reste de l'été. On arrose les melons et les plantes qui ont besoin d'arrosement; on greffe à la pousse des fruits à noyau, les jasmins, les orangers, les rosiers, etc. On recueille les graines qui sont mûres. On sarcle le maïs et les récoltes sarclées. On sème encore des fournitures, des choux-fleurs, des raves, des radis, des haricots-suisses, des poids-michauds, des épinards. — On butte les pommes de terre.

On recueille les graines des renoncules, des oreilles d'ours, des tulipes. On tire de terre les ognons, les bulbes et les grines des tulipes, des jacinthes, des anémones, à mesure que les feuilles ou fanes se sont complètement desséchées.

On cueille déjà, à la fin du mois, quelques poires précoces : l'amire Joannet, et la petite muscade. Les nouvelles pommes sont : le carmin de juin et la pomme paradis. — Plusieurs variétés de cerises et d'abricots hâtifs. Les avant-pêches-blanches; les groseilles, les framboises, le cassis, sont les premiers fruits d'été.

On récolte aussi à la fin de juin le seigle, le colza, la navette d'hiver, le trèfle incarnat à graines, le lin, etc.

Juillet.

Les coteaux et les plaines commencent à se dorer; les moissonneurs se répandent dans les champs, et, vers le 20 juillet, le froment tombe sous la faucille. On récolte aussi le colza, l'avoine d'hiver, l'orge, le chanvre et les légumes d'été. Il faut continuer à butter les pommes de terre et le maïs; biner à la houe à cheval les plantes sarclées; semer de gros navets pour servir à la nourriture des bestiaux, des radis noirs, des épinards, des ognons blancs pour passer l'hiver, des choux-fleurs, quelques salades et des fournitures; donner la troisième façon aux vignes; arroser les prés aussitôt après la coupe et l'enlèvement du foin. — On sarcle, on bine, on arrose si le temps est sec.

Dans ce mois, on jouit de presque toutes les productions de l'année : on recueille la fleur d'oranger, le soir et le matin on récolte toutes les graines qui sont mûres.

Les espèces de fruits que l'on peut cueillir sont : *(poires :)* muscat Robert, bourdon, Madeleine, cuisse-madame, Rousselet hâtif, Beau-tent, Bellissime d'été, etc. (*Pommes :*) Passe-Pomme, Calleville d'été. — (*Abricots :*) Abricot blanc, Abricot commun et autres variétés.—(*Pêches :*) l'Avant-Pêche et la Petite-Mignonne. — (*Prunes :*) Prune-Royale hâtive, Précoce de Tours, Monsieur hâtif, Prune Pêche. etc. (*Cerises :*) Bigarreaux, Griottes, Cerise de Montmorenci et plusieurs autres variétés. — Les Groseilles à grappes.

Août.

Au commencement de ce mois, on continue la moisson qui n'a pas été faite en juillet ; on récolte le blé d'hiver et de mars, l'avoine du printemps, le pavot ou œillette ; les féveroles d'hiver, le lin, les chanvres. On continue les binages dans les récoltes sarclées. On sème des navets, du trèfle incarnat ou farouche, des choux pommés hâtifs, des légumes et des fournitures.

On recueille la graine de cerfeuil, de persil, de laitues, de raves, de radis, d'ognons, de carottes, de betteraves.— On plante quelques griffes d'anémones pour fleurir en automne et en hiver. On met en terre les ognons de Crocus, de perce-neige, de couronne impériale, et même de tulipes.

C'est le temps d'écussonner à œil dormant les amandiers, les abricotiers, les pêchers et les poiriers. On écussonne le poirier sur le cognassier.

Les fruits de toute sorte qui mûrissent en août étant très nombreux, nous nous dispenserons de les énumérer. (Voir chapitre sixième, 3ᵉ partie.)

Septembre.

Les travaux de ce mois consistent à fumer, labourer et préparer les terres pour les ensemencements d'automne ; faire les préparatifs pour la vendange ; récolter le maïs, les haricots, les féveroles de printemps, les pommes de terre ; semer des choux, des épinards, des panais, des carottes ; planter des fraisiers ; mettre en terre les ognons de jonquilles, de tulipes, de jacinthes ; semer en place des pieds-d'allouette, du pavot, et diverses fleurs qui deviennent plus fortes que celles qu'on ne sème qu'au printemps. lier le céleri et continuer de le butter. — Récolter les fruits d'automne indiqués dans le chapitre 6ᵉ (arboriculture.)

Octobre.

C'est dans ce mois qu'on fait la récolte des fruits, et qu'on commence dans beaucoup d'endroits, à dépouiller les coteaux des présents de l'automne. Partout où les vendanges ne sont point commencées, on les commence, on achève d'enlever à la vigne son fruit précieux ; on fait des raisins secs, des pruneaux, du raisiné, du vin et du cidre. — On continue la récolte du maïs, du millet, du panis, du sorgho, des betteraves, des carottes, des pommes de terre, des citrouilles, des navets, de la garance. La plupart des semailles d'automne se font en octobre. On transporte les engrais et l'on donne les derniers labours pour ensemencer le froment et le seigle. — On fait la récolte du regain qui n'a pas été fauché en septembre. On sème encore les lupins, les pois, les fèves, l'orge. On plante, vers le milieu de ce mois. toutes les espèces d'ognons. A la fin d'octobre, comme en avril, les jardins doivent être entièrement couverts de légumes, ou semés, ou repiqués.

Après la chute des feuilles on peut transplanter toutes sortes d'arbres. — A la fin du mois, on met dans le sable, pour l'hiver, après les avoir arrachées par un beau jour, les carottes, les navets, les salsifis et la chicorée. Enfin, après avoir, dans les mois précédents, rempli ses granges et ses greniers, on travaille dans celui-ci à remplir les caves, le cellier et le fruitier.

Il est temps de rentrer dans la serre, et même dans l'orangerie, les arbres, les arbustes et les plantes qui craignent la gelée et le froid.

Novembre.

Partout où le froment et le seigle n'ont point été semés, on se hâte, au commencement de ce mois, de labourer les terres et d'achever les dernières semailles. — On continue à planter toutes les espèces d'arbres fruitiers et autres On s'occupe de marner, terrer, drainer, curer les fossés, rigoles et sillons d'écoulement; de nettoyer les prés, enlever les joncs, les souches et les buissons; de surveiller les terres ensemencées afin de s'assurer que les eaux n'y séjournent pas.

On achève la récolte des plantes et racines qui craignent le froid, les pommes de terre, les carottes, les panais, les betteraves, etc. — On couvre soigneusement les artichauts.

On met en terre, à cette époque, les ognons à fleurs et les griffes.

Décembre.

Dans ce mois, la nature paraît tout-à-fait engourdie. à peine aperçoit-on la moindre verdure ; les brouillards, les pluies et le froid retiennent chacun auprès de son foyer ; mais l'intempérie de la saison ne peut retenir un laboureur vigilant ; il profite de tous les moments pour réparer et nettoyer son domaine ; il tient ses écuries et ses étables propres ; il visite et soigne ses bestiaux ; et lorsqu'il peut sortir, il va terrer ou marner ses terres, couvrir de fumier le pied des arbres et certaines plantes potagères qui n'ont pu l'être en novembre.

On peut si le temps le permet transporter les terres et les feuilles pour composts ; défricher les landes, les vieilles prairies et les luzernières ; curer et confectionner les fossés et rigoles d'assainissement.

OBSERVATIONS.

Ce calendrier s'applique à toutes les contrées de la France. Toutefois on devra avoir égard, en le consultant, à l'influence que les intempéries des saisons exercent sur la végétation et sur les travaux de culture.

Les printemps froids et humides retardent forcément les labours, les hersages et les ensemencements.

Les printemps froids et secs nuisent à la germination des semences, retardent la végétation des céréales et des prairies, et par conséquent les soins à leur donner.

Les étés pluvieux retardent la fenaison et la moisson.

Les étés froids et humides nuisent à la maturité du raisin et retardent les vendanges.

Enfin, les automnes humides contrarient les semailles des céréales, l'arrachage des racines et rendent ces opérations très-tardives.

Dans le midi, les semailles du froment et du seigle s'exécutent un mois plus tard en automne que dans le nord. Par contre, la moisson se fait en juin ou dans la première quinzaine de juillet. Dans les départements de l'est, du nord et de l'ouest, on ne l'exécute ordinairement qu'à la fin de juillet.

FIN.

TABLE DES MATIÈRES.

PREMIÈRE PARTIE.

AGRICULTURE PROPREMENT DITE·

CHAPITRE PREMIER.

ETUDE DU SOL.

SECTION PREMIÈRE.

CHAPITRE DEUXIÈME.

AMÉLIORATION DU SOL.

SECTION PREMIÈRE.

Pages.

SECTION DEUXIÈME.

SECTION TROISIÈME.

SECTION QUATRIÈME.

SECTION CINQUIÈME.

SECTION SIXIÈME.

Chapitre Sixième.

PLANTES COMMERCIALES.

SECTION PREMIÈRE.

SECTION DEUXIÈME.

SECTION TROISIÈME.

DEUXIÈME PARTIE.

HORTICULTURE.

CHAPITRE PREMIER.

ÉTABLISSEMENT D'UN JARDIN.

SECTION PREMIÈRE.

SECTION DEUXIÈME.

SECTION TROISIÈME.

Pages.

CHAPITRE QUATRIÈME.

DES PLANTES AROMATIQUES.

CHAPITRE CINQUIÈME.

DES PLANTES MÉDICINALES.

Chapitre Sixième.

CULTURE DES FLEURS.

SECTION PREMIÈRE.

SECTION DEUXIÈME.

SECTION TROISIÈME.

CHAPITRE SEPTIÈME.

ARBUSTES A FLEURS.

CHAPITRE HUITIÈME.

ORANGERIE ET SERRES.

SECTION PREMIÈRE.

TROISIÈME PARTIE.

ARBORICULTURE.

ARBRES FRUITIERS.

CHAPITRE PREMIER.

PÉPINIÈRES.

SECTION PREMIÈRE.

Chapitre Quatrième.

VERGER.

SECTION PREMIÈRE.

SECTION DEUXIÈME.

SECTION TROISIÈME.

CHAPITRE CINQUIÈME.

TAILLE.

SECTION PREMIÈRE.

SECTION DEUXIÈME.

SECTION TROISIÈME.

Pages.

SECTION QUATRIÈME.

SECTION CINQUIÈME.

CHAPITRE SIXIÈME.

CHOIX DES ESPÈCES DE FRUITS.

SECTION PREMIÈRE.

SECTION DEUXIÈME.

SECTION TROISIÈME.

Pages.

Chapitre Septième.

CULTURE DE LA VIGNE.

Pages.

Chapitre Huitième.

ARBRES FORESTIERS.

SECTION PREMIÈRE.

SECTION DEUXIÈME.

SECTION TROISIÈME.

Chapitre Neuvième.

ABEILLES.

Chapitre Dixième.

LÉGISLATION RURALE.

SECTION PREMIÈRE.

Pages.

CALENDRIER DU CULTIVATEUR.

OU

FIN DE LA TABLE.

PRIX :

Broché : 2 fr. 20 c. — Cartonné : 2 fr. 50 c.

POUR LES ÉCOLES ;

Broché : 1 fr. 90 c. — Cartonné : 2 fr. 20 c.

Rendu franco à domicile.

MONT-DE-MARSAN

Ve LECLERCQ, IMPRIMEUR DE LA PRÉFECTURE.